建筑业企业建造员考试培训教材

水利水电工程管理与实务

建筑业企业建造员考试培训教材编审委员会　组织编写
吴明军　主编
王劲波　唐英敏　参编

中国建筑工业出版社

图书在版编目(CIP)数据

水利水电工程管理与实务/《建筑业企业建造员考试培训教材》编审委员会组织编写，吴明军主编. —北京：中国建筑工业出版社，2009

建筑业企业建造员考试培训教材

ISBN 978-7-112-11181-7

Ⅰ. 水… Ⅱ. ①建…②吴… Ⅲ. ①水利工程-工程施工-建筑师-资格考核-自学参考资料②水力发电工程-工程施工-建筑师-资格考核-自学参考资料 Ⅳ. TV51

中国版本图书馆CIP数据核字(2009)第151916号

责任编辑：朱首明 吉万旺

责任设计：赵明霞

责任校对：兰曼利 王雪竹

建筑业企业建造员考试培训教材

水利水电工程管理与实务

建筑业企业建造员考试培训教材编审委员会 组织编写

吴明军 主编

王劲波 唐英敏 参编

*

中国建筑工业出版社出版、发行(北京西郊百万庄)

各地新华书店、建筑书店经销

北京天成排版公司制版

廊坊市海涛印刷有限公司印刷

*

开本：787×1092毫米 1/16 印张：11¼ 字数：280千字

2009年9月第一版 2013年10月第四次印刷

定价：**35.00**元

ISBN 978-7-112-11181-7

(18429)

建筑业企业建造员考试培训教材
编审委员会

前言

根据建设部《注册建造师管理规定》（建设部令第153号）、《注册建造师执业管理办法》（建市［2008］49号）以及建设部有关建筑业企业项目经理资质管理制度向建造师（建造员）执业资格制度过渡的有关精神，建造员注册受聘后，可以担任建设小型工程施工管理的项目负责人，从事法律、法规或建设行政主管部门规定的相关业务，为此四川省建筑业协会组织编写了建筑业企业建造员考试培训教材。

本套教材共四册，分别为《建设工程施工管理》、《建筑工程管理与实务》、《公路与市政公用工程管理与实务》、《水利水电工程管理与实务》，建设工程法规及相关知识未编写教材，可使用建造师执业资格考试用书编写委员会编写的《建设工程法规及相关知识》。

建筑业企业建造员考试培训教材以国家颁布的现行规范、标准为依据，从建造员执业的专业范围和担任小型工程（小型工程规模标准按照建设部《关于印发〈注册建造师执业工程规模〉（试行）的通知》建市［2007］171号）项目施工负责人的职业需要出发，既有专业基础理论，更注重职业实际操作能力培养。该教材主要作为建筑业建造员考试培训教材使用，也可供高、中等职业院校实践教学和建筑行业初、中级专业技术人员自学使用。

《建设工程施工管理》由杨露江主编，刘兴胜、洪玲参编；《建筑工程管理与实务》由曾虹主编，郎松军参编；《公路与市政公用工程管理与实务》由杨转运主编，姜建华、刘素玲、袁芳、王水江、文娟娟、孙亮参编；《水利水电工程管理与实务》由吴明军主编，王劲波、唐英敏参编。本套书的编写得到了四川省建筑职业技术学院的大力支持。由于水平有限，本教材还需在教学和实践中不断完善，敬请广大建筑业企业施工管理技术人员和教师提出宝贵意见。

本教材经建筑业企业建造员考试培训教材编审委员会审定，由中国建筑工业出版社出版。

建筑业企业建造员考试培训教材编审委员会

目　　录

第一篇　水利水电工程技术

第二篇 水利水电工程施工管理实务

第三篇 水利水电工程建设法规及强制标准

第一篇　水利水电工程技术

本篇围绕水工建筑物的主要类型，介绍水利水电工程技术知识，包括水利水电工程建筑物及建筑材料、工程测量、施工导流、主体工程施工、渠系建筑物施工和水闸结构施工等，同时介绍了水利水电工程施工技术安全方面的有关知识。

第一章　水工建筑物及其建筑材料

第一节　水工建筑物的类型及组成

水工建筑物的主要类型有拦水坝(分为土石坝、混凝土坝)、水电站、渠系建筑、水闸和泵站。本节将介绍一些常用水工建筑物。

一、水利水电工程及水工建筑物等级划分

（一）水利水电工程等别

水利水电工程根据其工程规模、效益及在国民经济中的重要性，从高到低划分为Ⅰ、Ⅱ、Ⅲ、Ⅳ、Ⅴ五等，见表1-1。

水利水电工程分等指标　　**表1-1**

工程等别	工程规模	水库总库容(10^8m^3)	防洪		治涝	灌溉	供水	发电
			保护城镇及工矿企业的重要性	保护农田(10^4亩)	治涝面积(10^4亩)	灌溉面积(10^4亩)	供水对象重要性	装机容量(10^4kW)
Ⅰ	大(1)型	≥10 (10亿方及以上)	特别重要	≥500	≥200	≥150	特别重要	≥120
Ⅱ	大(2)型	1.0～10 (1亿～10亿方)	重　要	100～500	60～200	50～150	重　要	30～120
Ⅲ	中型	0.1～1.0 (1000万～1亿方)	中　等	30～100	15～60	5～50	中　等	5～30
Ⅳ	小(1)型	0.01～0.1 (100万～1000万方)	一　般	5～30	3～15	0.5～5	一　般	1～5
Ⅴ	小(2)型	0.001～0.01 (100万方以下)		<5	<3	<0.5		<1

（二）水工建筑物级别

1. 永久性水工建筑物级别划分

永久性水工建筑物根据其所在工程的等别和建筑物的重要性，从高到低划分为Ⅰ、Ⅱ、Ⅲ、Ⅳ、Ⅴ五级，见表1-2。

永久性水工建筑物级别　　**表1-2**

工程等别	主要建筑物级别	次要建筑物级别	工程等别	主要建筑物级别	次要建筑物级别
Ⅰ	1	3	Ⅳ	4	5
Ⅱ	2	3	Ⅴ	5	5
Ⅲ	3	4			

2. 临时性水工建筑物级别划分

水利水电工程施工期使用的临时性挡水和泄水建筑物，根据其保护对象的重要性、失事后果、使用年限和临时建筑物规模，按表 1-3 从高到低划分为 3、4、5 三级。

临时性水工建筑物级别　　表 1-3

级别	保护对象	失事后果	使用年限（年）	临时性水工建筑物规模	
				高度（m）	库容（10^8m^3）
3	有特殊要求的 1 级永久性水工建筑物	淹没重要城镇、工矿企业、交通干线或推迟总工期及第一台（批）机组发电，造成重大灾害和损失	＞3	＞50	＞1.0
4	1、2 级永久性水工建筑物	淹没一般城镇、工矿企业或影响工程总工期及第一台（批）机组发电而造成较大经济损失	1.5～3	15～50	0.1～1.0
5	3、4 级永久性水工建筑物	淹没基坑，但对总工期及第一台（批）机组发电影响不大，经济损失较小	＜1.5	＜15	＜0.1

二、土石坝

土石坝是利用当地土、石材料建造的一种坝型，也是现代世界各国所普遍采用的一种坝型。一般由四部分组成：坝身、防渗体、护坡、排水设施。土石坝按其施工方式的不同，可分为碾压式土石坝、水中填土坝和水力冲填坝。其中碾压式土石坝是目前采用最多的一种坝型。根据土料在坝身内的配置以及防渗实施的设置，可分为以下三种类型（如图 1-1 所示）：

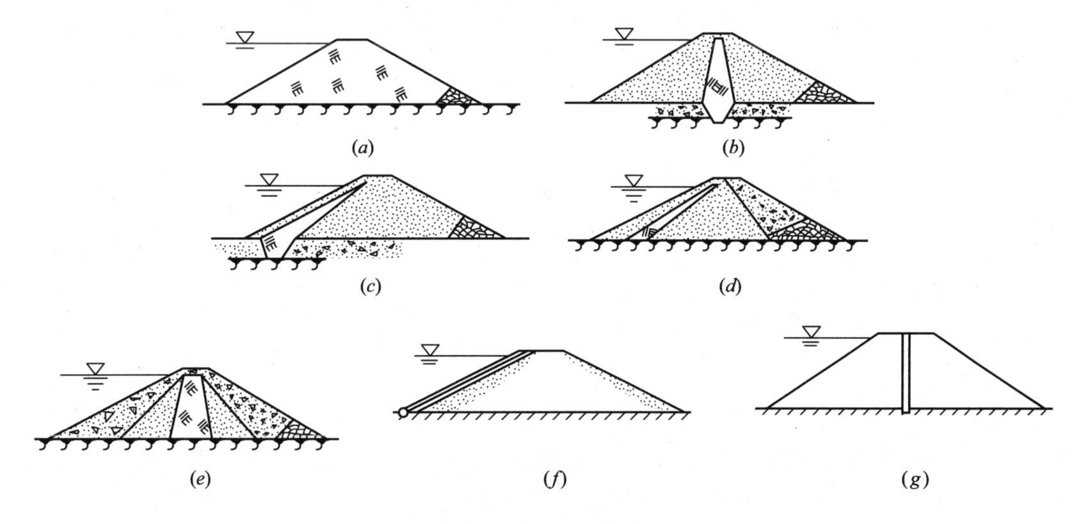

图 1-1　土石坝类型

(a)均质坝；(b)土质防渗心墙坝；(c)斜墙坝；(d)多种土质坝；(e)多种土质坝；(f)面板坝；(g)人工防渗芯墙坝

1. 均质坝，坝体基本上由一种透水性较弱的黏性土料（如壤土、粉土等）填筑而成，坝体既是防渗体又是支承体。

2. 分区坝，坝体由若干种透水性不同的土料分区而成。有土质防渗心墙坝、斜墙坝、多种土质坝等几种类型。

3. 人工防渗材料坝，其防渗体由沥青混凝土、钢筋混凝土或其他人工材料组成，而其余部分由土石料构成。以防渗体位置不同可分为面板坝和人工防渗芯墙坝。

三、混凝土坝

混凝土坝的主要类型有重力坝、拱坝等，它们的结构类型和特点如下。

（一）重力坝的结构类型和特点

1. 重力坝通常根据坝的高度、筑坝材料、泄水条件和断面结构形式进行分类，如图 1-2 所示。

（1）按坝的高度分类：分为高坝、中坝、低坝。坝高大于 70m 的为高坝，坝高在 30～70m 之间的为中坝，坝高小于 30m 的为低坝。

（2）按筑坝材料分类：分为混凝土重力坝和浆砌石重力坝。

（3）按泄水条件分类：分为溢流坝和非溢流坝。一般坝体中段溢流，而其余坝段不溢流。

（4）按坝的结构形式分类：分为实体重力坝(如图 1-2 所示)、空腹重力坝和宽缝重力坝(如图 1-3 所示)等。

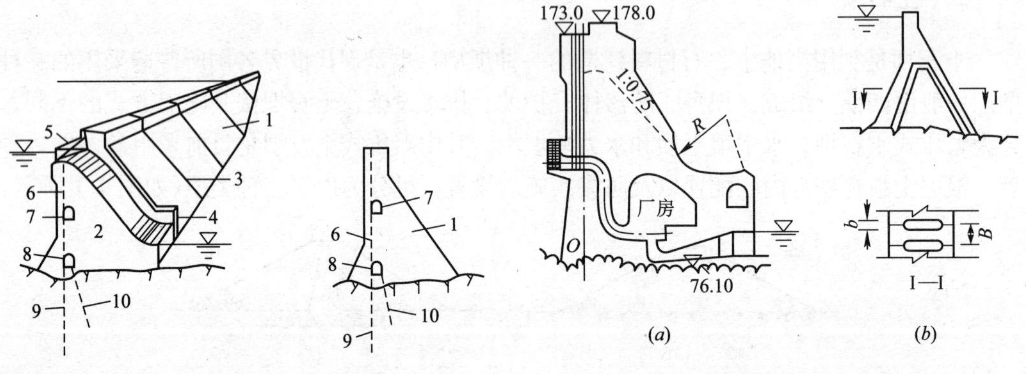

图 1-2　实体重力坝示意图

1—非溢流重力坝；2—溢流重力坝；3—横缝；4—导墙；5—闸门；6—坝体排水管；7—交通、检查和坝体排水廊道；8—坝基灌浆、排水廊道；9—防渗帷幕；10—坝基排水孔幕

图 1-3　空腹重力坝和宽缝重力坝

(*a*)空腹重力坝；(*b*)宽缝重力坝

2. 重力坝的工作特点

重力坝的根本特点是，在承受巨大的静水压力、扬压力等力的作用情况下，主要依靠坝体自重产生的抗剪(滑)力来保持稳定，而不滑动、不倾倒、不浮起。具有重心低、底面大、应力小、稳定性好的特点。重力坝之所以得到很广泛的应用，还因为其有以下几个优点。

（1）安全可靠：重力坝剖面尺寸大，应力较低，筑坝材料强度高，耐久性好，抵抗水的渗漏、洪水漫顶、地震和战争破坏的能力都比较强。

（2）适应性强：重力坝对地形、地质条件的适应性很强。在任何形状的河谷都可以建造。由于坝基承担的压应力不高，因此对地基的要求也较低，甚至在坝高不大的情况下可以修建在土基上。

（3）泄洪方便：重力坝可以在坝身设置泄水孔，也可以设置成溢流坝，一般不用另设河岸式泄水道。

（4）便于施工导流：在施工期间可以利用坝体缺口部位导流，节省工程量。

（二）拱坝的结构类型和特点

1. 拱坝的结构类型

拱坝有多种类型。常见的有单曲拱坝、双曲拱坝、斜拱坝、周边缝拱坝、双拱坝、空腹拱坝、预应力拱坝等。

2. 拱坝的工作特点

拱坝是一个空间的壳体结构，平面上呈拱形。拱坝主要依靠两岸拱端的反力作用把大部分荷载传递到两岸的基岩上，少部分荷载通过垂直梁的作用传给底部基岩，以维持其稳定。

四、水电站

（一）水电站的类型及布置形式

水电站的类型可以按照水轮机组的工作水头大小、水库的调节能力、水电站建筑物的组成特征、水电站的装机容量大小等多种方式进行划分。其中按水轮发电机组的工作水头大小，可分为高水头、中水头、低水头水电站；按水库的调节能力，可分为无调节和有调节水电站；按水电站建筑物的组成特征，可分为坝式、河床式、引水式水电站；按装机容量大小，可分为大型、中型以及小型水电站。

坝式水电站、河床式水电站、引水式水电站是水电站的三种典型布置形式。

（二）水电站的组成

水电站主要由以下几种建筑物组成：

1. 挡水建筑物：用来截断水流、集中落差，形成水库的坝、闸等建筑物，如土石坝、混凝土重力坝等。

2. 泄水建筑物：用以宣泄洪水或放水以供下游使用或放水以降低水库水位的建筑物，如溢洪道、泄洪隧洞、放水底孔等。

3. 进水建筑物：从河道或水库按水电站发电要求而引进发电流量的引水道首部建筑物，如有压的深孔、浅孔式进水口或无压的开敞式进水口。

4. 引水及尾水建筑物：引水建筑物用以将发电用水由水库输送给水轮机发电机组，尾水建筑物用以把发电用过的水流排入下游。常见的建筑物为渠道、隧洞、压力管道等，也包括渡槽、涵洞、倒虹吸等交叉建筑物。

5. 平水建筑物：在水电站负荷变化时，用以平稳引水或尾水建筑物中的流量及压力(水深)变化、保证电站调节稳定的建筑物，如有压引水道中的调压室、无压引水道末端的压力前池等。

6. 发电、变电和配电建筑物：包括安装水轮机发电机组的主厂房(包括安装场)及其控制、辅助设备的副厂房、安装变压器的变压器场及安装高压配电装置的高压开关站。它们常集中在一起，统称为厂房枢纽。

7. 其他建筑物：如过船、过鱼、过木、拦沙、冲沙等建筑物。

五、渠系建筑物

为保证渠道安全、正常地使用，在渠道上修建的各种建筑物，统称为渠系建筑物。主要类型有渡槽、涵洞和倒虹吸管等。

（一）渡槽的组成及类型

渡槽由槽身、支承结构、基础及进出口建筑物四部分组成。按分类方式不同，渡槽有以下几种类型。如图 1-4 所示。

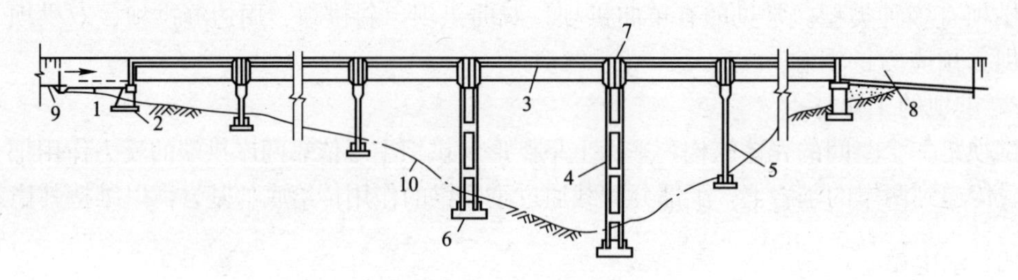

图 1-4　渡槽纵剖面图

1—进口段；2—重力式槽台；3—槽身；4—双排架槽墩；5—单排架槽墩；6—排架基础；7—伸缩缝；8—出口段；9—渠道；10—地面线

按渡槽所用材料分，有木渡槽、砖石渡槽、无筋及少筋混凝土渡槽、钢筋混凝土渡槽以及钢丝网水泥渡槽等。

按槽身断面形式分，有 U 形槽、梯形槽、矩形槽等。

按渡槽支承结构形式分，有梁式、拱式、悬吊式等。

按渡槽施工方法分，有现浇整体式、预制装配式及预应力渡槽等。

（二）涵洞的构造及分类

涵洞主要由进出口、洞身及基础组成。根据承担的任务、水流状态及结构形式不同，涵洞有以下几种类型。

按承担任务不同，有输水涵洞、排水涵洞、交通涵洞等类型。

按水流状态不同，分有压、无压和半有压等类型。

按结构形式不同，有圆形管涵、箱形涵洞、盖板涵洞、拱形涵洞等。

（三）倒虹吸管的构造及布置形式

倒虹吸管一般由进口、管身和出口组成。根据管道埋设情况及压力水头大小，倒虹吸管主要有竖井式、斜管式、曲线式、桥式等布置形式。如图 1-5 所示。

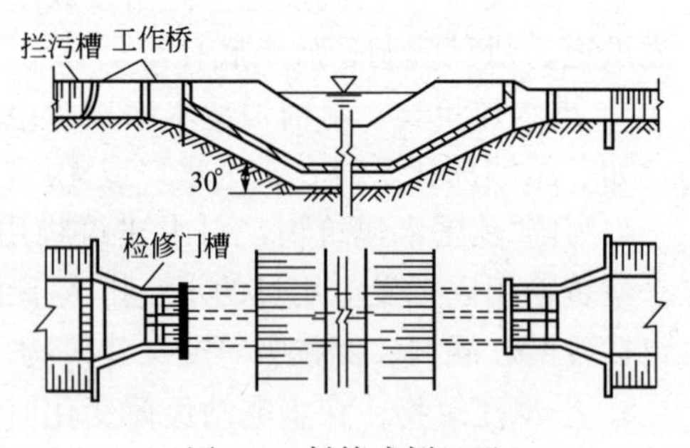

图 1-5　斜管式倒虹吸

六、水闸

水闸是一种既能挡水又能泄水的低水头水工建筑物，通过闸门启闭来控制水位和流量，以满足防洪、灌溉、排涝等的需要。

（一）水闸的类型

水闸按其承担的任务不同，可分为以下 6 种。

1. 节制闸：枯水期用于拦截河道，抬高水位，以满足上游引水或航运的需要；洪水期提闸泄洪，控制下泄水量和上游水位，保证下游河道安全或根据下游用水需要调节放水流量。

2. 进水闸：建在河道、水库或湖泊的岸边，用来控制引水流量，以满足灌溉、发电或供水的需要。有渠首闸、分水闸、斗门等。

3. 分洪闸：常建于河道的一侧，用来将超过下游河道安全泄量的洪水泄入湖泊或洼地，削减洪峰，保证下游河道的安全。

4. 排水闸：常建于江河沿岸，用来排除内河或低洼地区对农作物有害的渍水。具有双向挡水，双向过流的特点。

5. 挡潮闸：用来防止海水倒灌。涨潮是关闭，退潮是开闸泄水。

6. 冲沙闸：用来排除进水闸、节制闸前或渠系中沉积的泥沙，防止渠道和闸前河道淤积。

此外，还有为排除冰块、拦截漂浮物而设置的排冰闸、排污闸等。

水闸按闸室结构形式不同还可分为开敞式、胸墙式、涵洞式等。

（二）水闸的组成及作用

水闸由闸室和上、下游连接段构成。如图 1-6 所示。

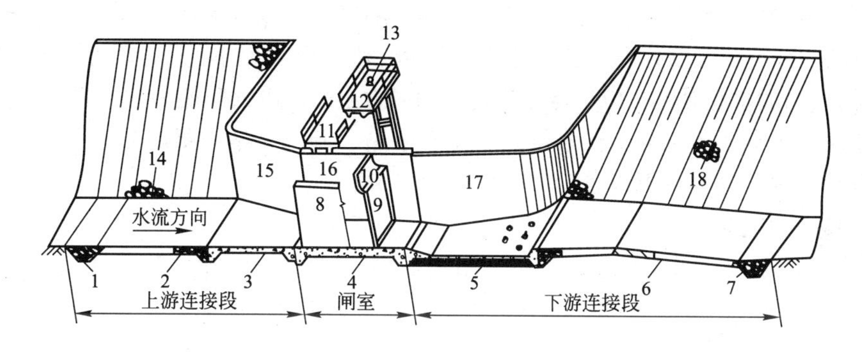

图 1-6 水闸的组成部分

1—上游防冲槽；2—上游护底；3—铺盖；4—底板；5—护坦(消力池)；6—海漫；7—下游防冲槽；8—闸墩；9—闸门；10—胸墙；11—交通桥；12—工作桥；13—启闭机；14—上游护坡；15—上游翼墙；16—边墩；17—下游翼墙；18—下游护坡

1. 闸室

闸室是水闸的主体，起挡水和调节水流的作用，包括底板、闸墩、闸门、边墩、胸墙、工作桥、交通桥、启闭机等。底板是闸室的基础，用以将闸室上部结构的重量级荷载传至地基，并依靠其与地基的摩擦力来维持闸室的稳定，兼有防渗和防冲的作用。底板按其结构形式可分为平底板、低堰底板和反拱底板。在工程中应用较多的是平底板，按底板与闸墩的连接方式不同，平底板又可分为整体式和分离式两种。闸墩的作用主要是分隔闸孔和支承闸门、胸墙、工作桥、交通桥。闸门用来控制过闸水流流量。胸墙的作用是挡水，以减小闸门的高度。工作桥用来安置启闭机和工作人员操作闸门。设置交通桥的目的是为了联系两岸的交通。

2. 上游连接段

上游连接段处于水流行近区，其作用是引导水流平稳的进入闸室，保护两岸及河床免遭冲刷，并与闸室等共同构成防渗体，以保证两岸和闸基的抗渗稳定性。上游连接段一般包括铺盖、护底、护坡及上游翼墙。铺盖紧靠闸室底板，主要起防渗作用，但设计时应满足抗冲的要求。护底、护坡的作用是防止进闸水流冲刷，保护河床和铺盖。上游翼墙的作用是引导水流平顺进入闸孔，并起侧向防渗作用。有重力式、悬臂式、扶壁式和空箱式等结构形式。

3. 下游连接段

下游连接段的主要作用是消除过闸水流的剩余能量，引导出闸水流均匀扩散，调整流速分布和减缓流速，防止水流出闸后对下游的冲刷。下游连接段包括护坦、海漫、防冲槽、下游翼墙及下游护坡等。护坦紧接闸室之后，起消减水流多余动能及防冲的作用。海漫的作用是继续消除护坦出流剩余动能、扩散水流、调整流速分布、防止河床冲刷等。防冲槽是海漫末端的防护措施，用来防止河床冲坑向上游发展。下游翼墙引导水流均匀扩散，兼有防冲及侧向防渗的作用。下游护坡的作用与上游护坡的作用相同。

七、泵站

（一）泵站的分类

泵站可以按照水泵的类型、动力、工程任务以及工程规模等进行分类。

1. 按水泵的类型分类：可以分为离心泵站、轴流泵站以及混流泵站。

2. 按动力分类：可以分为以电动机为动力的电动泵站；以内燃机为动力的内燃机泵站；以水轮机为动力的水轮泵站；以风能作为动力的风力泵站；以太阳能为动力的太阳能泵站。

3. 按任务分类：可以分为供水泵站、排水泵站、调水泵站、蓄能泵站等。

4. 按工程规模分类：可以分为大、中、小型泵站。

（二）泵站的组成

泵站主要由泵房、进出水管道、进出水建筑物(如进水池、出水池等)以及变电站等组成。如图 1-7 所示。

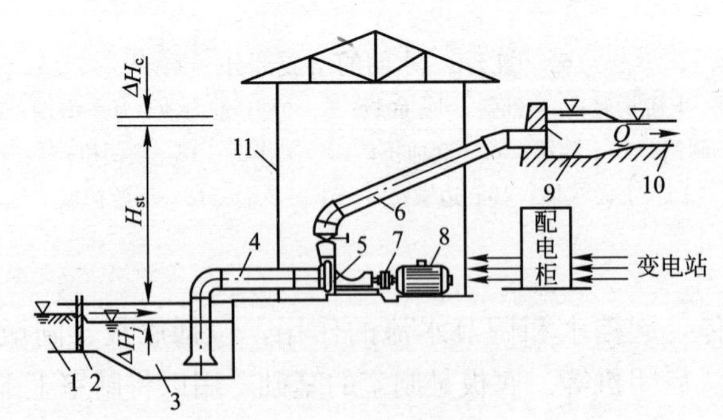

图 1-7 泵站示意图

1—水渠；2—拦污栅；3—进水池；4—进水管；5—水泵；6—出水管；7—传动装置；8—电动机；9—出水池；10—干渠；11—泵房

第二节 水工建筑材料

一、水工建筑材料的分类

建筑材料常按材料的物理化学成分、来源、使用功能等进行分类。

（一）按材料的物理化学成分分类

1. 有机材料

（1）植物材料。如木材、植物纤维及其制品等。

（2）沥青材料。如石油沥青及沥青制品等。

（3）合成高分子材料。如塑料、涂料等。

2. 无机材料

（1）金属材料。如碳钢、铁、铝等。

（2）非金属材料。如天然石材、水泥、石灰、混凝土等。

3. 复合材料

复合材料是由两种或两种以上的材料复合而成，它的优点是可以克服单一材料的弱点，发挥其综合特性。常见的复合材料有以下几种。

（1）无机非金属材料与有机材料复合。如聚合混凝土、沥青混凝土、水泥刨花板等。

（2）非金属材料与金属材料复合。如钢筋混凝土、钢丝网混凝土等。

（3）其他复合材料。如人造大理石、人造花岗石、水泥石棉制品等。

（二）按材料的来源分类

1. 天然建筑材料。如土料、石料、砂、木材等。

2. 人工建筑材料。如水泥、石灰、土工合成材料、高分子聚合物等。

（三）按材料的使用功能分类

1. 结构材料。如混凝土、木材、钢材等。

2. 防水材料。如防水砂浆、防水混凝土、膨胀混凝土、镀锌钢板、膨胀橡胶嵌缝条等。

3. 胶凝材料。如石膏、石灰、水玻璃、水泥、沥青、树脂等。

4. 装饰材料。如天然石材、陶瓷制品、玻璃制品、装饰砂浆、塑料制品等。

5. 防护材料。如钢材覆面、护木等。

6. 保温隔热材料。如石棉板、矿渣棉、泡沫混凝土、纤维板等。

二、混凝土

混凝土是由无机胶凝材料(如水泥、石膏等)或有机胶凝材料(沥青、树脂等)、水、骨料和外加剂、掺合料，按一定比例拌合并在一定条件下凝结、硬化而成的复合固结材料的总称。一般的混凝土指水泥混凝土，它是由水泥和水、砂、石、外加剂等按一定比例配制，经搅拌、成型、养护、凝结、硬化而成的复合固结工程材料。

（一）混凝土骨料的分类和质量要求

混凝土骨料指在混凝土中起骨架作用的砂、石等材料，其中砂称为细骨料，粒径在0.15～4.75mm之间；石为粗骨料，粒径大于4.75mm。

1. 砂的分类。按其产源不同可以分为河砂、湖砂、海砂和山砂。工程上采用最多的是河砂。按技术要求分为Ⅰ类、Ⅱ类、Ⅲ类。Ⅰ类宜用于强度等级大于C60的混凝土；Ⅱ类宜用于强度等级为C30～C60及有抗冻、抗渗或其他要求的混凝土；Ⅲ类宜用于强度等级小于C30的混凝土和砂浆配制。按粗细程度不同可分为粗砂、中砂和细砂。

2. 砂的主要质量要求。

(1) 配制混凝土的砂要求洁净，不含杂质，且砂中云母、硫化物、硫酸盐、氯盐和有机杂质等的含量应符合规范要求。

(2) 砂的粗细程度和颗粒级配。砂的粗细程度是指不同粒径的砂粒混合在一起的平均粗细程度。通常有粗砂、中砂、细砂之分。砂的颗粒级配是指砂子大小颗粒的搭配比例。如果是同样粗细的砂，砂的空隙最大，而两种粒径的砂搭配起来，空隙有所减小，三种粒径的砂搭配，空隙更小。由此可见，砂子的空隙率取决于砂料各级粒径的搭配程度。级配好的砂子，不仅可以节省水泥，还可以提高混凝土和砂浆的密实度及强度。

(3) 砂的坚固性。指砂在自然风化和其他物理化学因素作用下抵抗破裂的能力。

3. 粗骨料的分类。普通混凝土中的粗骨料有碎石和卵石(砾石)。碎石是由天然岩石或大卵石经破碎、筛分而得到的粒径大于4.75mm的岩石颗粒。卵石是由天然岩石经自然风化、水流搬运和分选、堆积形成的粒径大于4.75mm的岩石颗粒，可分为河卵石、海卵石、山卵石等几种。卵石、碎石按技术要求分为Ⅰ类、Ⅱ类、Ⅲ类。Ⅰ类宜用于强度等级大于C60的混凝土；Ⅱ类宜用于强度等级为C30～C60及有抗冻、抗渗或其他要求的混凝土；Ⅲ类宜用于强度等级小于C30的混凝土。

4. 粗骨料的主要质量要求。

(1) 骨料中有害杂质含量。粗骨料中常含有一些有害杂质，如黏土、淤泥、细屑、硫酸盐、硫化物和有机杂质，其含量应符合规范规定。

(2) 骨料的最大粒径及颗粒级配。粗骨料的最大粒径指的是其公称粒级的上限。当骨料用量一定时，其比表面积随着粒径的增大而减小。粒径越大，保证一定厚度润滑层所需的水泥浆或砂浆的用量就少，可节省水泥用量。因此，粗骨料的最大粒径在条件允许的情况下应尽可能选得大些。但对于普通配合比的结构混凝土，尤其是高强混凝土，骨料粒径最好不大于40mm。粗骨料的最大粒径还受结构形式、配筋疏密及施工条件的限制。

(3) 颗粒形状及表面特征。粗骨料的颗粒形状及表面特征会影响其对水泥的粘结性和混凝土的和易性。碎石有棱角、表面粗糙，具有吸收水泥浆的孔隙特性，与水泥的粘结性较好；卵石多为圆形，表面光滑且棱角少，与水泥的粘结性较差，但混凝土拌合物的工作性较好。但针、片状颗粒不仅受力时容易折断，其架空作用更会增大骨料的空隙率，不但影响混凝土的强度，还会使混凝土拌合物的工作性较差，其在骨料中的含量应符合规范规定。

(4) 骨料的强度。为保证混凝土强度的要求，粗骨料都必须是质地坚实，具有足够的强度。通常采用岩石立方体强度和压碎指标来检验。

(5) 骨料体积稳定性。体积稳定性是指骨料因干湿或冻融交替等作用不致引起体积变化而导致混凝土破坏的性质。一般采用硫酸钠溶液浸渍法来检验。

(6) 骨料的含水状态。根据含水状态骨料可分为干燥状态、气干状态、饱和面干状态和湿润状态。计算普通混凝土配合比时，一般以干燥状态的骨料为基准，大型水利工程常以饱和面干状态的骨料为基准。

(二) 混凝土的分类

1. 按密度分类。特重混凝土，密度大于2700kg/m^3，工程中可用于防辐射材料；重混凝土，密度1900～2500kg/m^3；轻混凝土，密度小于1900kg/m^3，常用作保温隔热材料。轻混凝土又可分为①轻骨料混凝土，密度800～1900kg/m^3；②多孔混凝土，密度

$300\sim1200kg/m^3$。

2. 按性能和用途分类。可以分为结构混凝土、耐热混凝土、耐火混凝土、防水混凝土、绝热混凝土、防护混凝土、补偿收缩混凝土等。

3. 按胶凝材料分类。可分为硅酸盐水泥混凝土、铝酸盐水泥混凝土、沥青混凝土、硫黄混凝土、石膏混凝土等。

4. 按流动性分类。干硬性混凝土，混凝土坍落度小于10mm且须用维勃稠度(s)表示其稠度的混凝土，维勃稠度的测试方法是将混凝土拌合物按一定方法装入坍落度筒内，按一定方法捣实，装满刮平后，将坍落度筒垂直向上提起，把透明圆盘转到混凝土截头圆锥体顶面，开启振动台，同时计时，记录当圆盘底面布满水泥浆时所用时间，超过所读秒数即为该混凝土拌合物的维勃稠度值。此方法适用于骨料最大粒径不超过40mm，维勃稠度在5～30s之间的混凝土拌合物的稠度测定。混凝土拌合物流动性按维勃稠度大小，可分为4级：超干硬性(≥31s)；特干硬性(30～21s)；干硬性(20～11s)；半干硬性(10～5s)。塑性混凝土，坍落度为10～90mm的混凝土；流动性混凝土，坍落度为100～150mm的混凝土；大流动性混凝土，坍落度等于或大于160mm的混凝土。

5. 按强度分类。可分为普通混凝土，抗压强度10～50MPa；高强混凝土，抗压强度大于等于60MPa；超高强混凝土，抗压强度大于等于100MPa。

（三）混凝土的主要性能

混凝土的主要性能包括和易性、强度、变形性能及耐久性等。

1. 混凝土拌合物的和易性。和易性是指混凝土拌合物在拌合、运输、浇筑、振捣过程中，不发生分层、离析、泌水等现象，并获得质量均匀、密实的混凝土的性能。和易性能反映混凝土拌合物拌合均匀后，在各施工环节中各组成材料能较好地一起流动的特性，包括流动性、黏聚性和保水性。

(1) 流动性。流动性指混凝土拌合物在自重或施工机械振捣的作用下产生流动，并均匀、密实地填满模型的性能。但流动性大的拌合物，其黏聚性及保水性较差。流动性通常采用坍落度来测量，坍落度以“mm”计，坍落度越大表示流动性越大。按坍落度大小，混凝土可分为：低塑性混凝土(坍落度为10～40mm)、塑性混凝土(坍落度为50～90mm)、流动性混凝土(坍落度为100～150mm)、大流动性混凝土(坍落度≥160mm)。

(2) 黏聚性。黏聚性指拌合物有一定的黏聚力，在运输及浇筑过程中不致出现分层离析，是混凝土拌合物保持整体均匀的性能。黏聚性不好的拌合物，振捣后容易出现蜂窝、空洞等现象，会严重影响工程质量。黏聚性的检查方法是用捣棒在已坍落的拌合物锥体一侧轻打，若锥体渐渐下沉，表示黏聚性良好；如果锥体突然倒塌部分崩裂或发生石子离析，表示黏聚性不好。

(3) 保水性。保水性指混凝土拌合物具有一定的涵养内部水分的能力，在施工中不致出现严重的泌水现象。保水性以混凝土拌合物中稀浆析出的程度评定，提起坍落度筒后，如有较多稀浆从底部析出，拌合物锥体因失浆而骨料外露，证明其保水性不好。反之，表示混凝土拌合物的保水性良好。

(4) 影响混凝土拌合物和易性的因素

影响混凝土拌合物和易性的因素很多，主要有水泥浆含量、水泥浆的稀稠、含砂率的大小、原材料的种类及外加剂等。

① 水泥浆含量的影响。在混凝土的水灰比不变的情况下，单位体积混凝土内水泥浆含量越多，拌合物的流动性越大；但若水泥砂浆过多，骨料不能将水泥浆很好地保持在拌合物内，混凝土拌合物将会出现流浆、泌水现象，使拌合物的黏聚性及保水性变差。因此，混凝土内水泥浆的含量，以使混凝土拌合物达到要求的流动性为准，不应任意加大。

② 含砂率的影响。混凝土含砂率是指砂的用量占砂、石总用量(质量计)的百分数。混凝土中的砂浆应包裹石子颗粒并填满石子空隙。砂率过小，砂浆量不足，不能在石子周围形成足够的砂浆润滑层，将降低拌合物的流动性，严重影响混凝土的黏聚性及保水性，使石子分离、水泥浆流失，甚至出现溃散现象；砂率过大，石子含量相对较少，骨料的空隙及总表面积都较大，在水灰比及水泥用量一定的条件下，混凝土拌合物显得干稠，流动性显著降低；在保持混凝土流动性不变的条件下，会使混凝土的水泥浆用量显著增大。因此，混凝土拌合应尽量采用合理砂率。合理砂率是在水灰比及水泥用量一定的条件下，使混凝土拌合物保持良好的黏聚性和保水性并获得最大流动性的含砂率。

③ 水泥浆稀稠的影响。在水泥品种一定的情况下，水泥浆的稀稠取决于水灰比的大小。当水灰比较小时，水泥浆较稠，拌合物的黏聚性较好，泌水较少，但流动性较小，反之，水灰比较大时，拌合物流动性较大但黏聚性较差，泌水较多。普通混凝土的常用水灰比一般为 0.40～0.75。

④ 其他因素的影响。拌合物和易性还受水泥品种、掺合料品种及掺量、骨料种类、粒形及级配、混凝土外加剂以及混凝土搅拌工艺和环境温度等条件的影响。

2. 混凝土的强度。混凝土的强度分为抗压强度、抗拉强度、抗弯强度和抗剪强度等。混凝土主要用于承受压力。

(1) 抗压强度。有立方体抗压强度和棱柱体抗压强度。立方体抗压强度是以边长为150mm 的立方体试件，在标准养护条件下，养护至 28d 龄期，在一定条件下加压(所谓标准试验方法)至破坏时试件单位面积承受的压力。我国现行标准规定以混凝土的立方体抗压强度值作为混凝土强度等级的依据，以 f_{cu}表示。有 14 个等级：即 C15、C20、C25、C30、C35、C40、C45、C50、C55、C60、C65、C70、C75、C80。棱柱体抗压强度是按标准实验方法，以边长为 150mm×150mm×300mm 的标准试件，在标准条件下养护 28d，受压后测得的强度，即为棱柱体抗压强度，以 f_{ck}表示。

(2) 抗拉强度。我国采用立方体的劈裂抗拉实验来测定混凝土的抗拉强度，混凝土的抗拉强度一般只有抗压强度的 1/13～1/10。在结构设计中抗拉强度是确定混凝土抗裂度的重要指标。

3. 混凝土的变形性能。混凝土的变形包括化学收缩、温胀干缩、温度变形、荷载作用下的变形等。混凝土在硬化和使用过程中，由于受物理、化学及力学等因素的影响，常会发生各种变形，这些变形是导致混凝土产生裂缝的主要原因之一，从而影响混凝土的强度及耐久性。

4. 混凝土的耐久性。混凝土的耐久性是指混凝土在使用环境的长期作用下，能抵抗外部和内部的不利影响，保持使用性能，经久耐用的性质，主要包括抗渗性、抗冻性、抗侵蚀、抗碳化、抗磨、抗碱-骨料反应等。

(1) 混凝土的抗渗性。抗渗性是指混凝土抵抗压力液体渗透作用的能力，是决定混凝土耐久性的最主要的因素。抗渗性是混凝土的一项重要性质，不仅关系到混凝土的挡水、防水性能，还直接影响到混凝土的抗冻性及抗侵蚀性。

混凝土在液压作用下产生渗漏的主要原因，是其内部存在连通的渗水孔道。孔道的产生是由于水泥浆中多余水分蒸发留下的毛细管道、混凝土浇筑过程中产生的泌水通道、混凝土振捣不密实、由于温度应力产生的裂缝等。因此，提高混凝土抗渗性的关键是提高混凝土的密实度或改变混凝土的孔隙特征。

混凝土的抗渗性用抗渗等级(P)表示，即按标准实验方法，以28d龄期的混凝土作为标准试件，测得其所能承受的最大水压力(MPa)来确定。可分为P2、P4、P6、P8、P10、P12等6个等级，即表示混凝土承受的水压分别为0.2MPa、0.4MPa、0.6MPa、0.8MPa、1.0MPa、1.2MPa时不出现渗漏。

(2) 混凝土的抗冻性。抗冻性是指混凝土在水饱和状态下，能经受多次冻融循环作用而不破坏，强度也不严重降低的性能。特别是寒冷地区既接触水又受冻的建筑物和构筑物、寒冷环境的建筑物等，都要求混凝土必须有一定的抗冻性。

混凝土受冻融破坏的原因是其内部的空隙和毛细孔中的水结冰产生体积膨胀和冷藏水的迁移。当膨胀力超过混凝土的抗拉强度时，混凝土就会发生细微裂缝，在冻融循环作用下，混凝土内部的细微裂缝逐渐增大和扩大，从而导致混凝土强度降低甚至破坏。

混凝土的抗冻性以抗冻等级(F)表示。抗冻等级按28d龄期的试件用快冻实验方法测定，有F50、F100、F150、F200、F300、F400等6个等级，数字表示混凝土能承受的最大冻融循环次数。

影响混凝土抗冻性的因素主要有：水泥品种、强度等级、水灰比、骨料的品质等。提高混凝土抗冻性的主要措施是：提高混凝土密实度；减小水灰比；掺适量外加剂；严格控制施工质量，振捣密实，加强养护等。

(3) 混凝土的抗侵蚀性。环境介质对混凝土的化学侵蚀主要是对水泥石的侵蚀，氯化物对混凝土的侵蚀性最强。混凝土中氯化物的含量应符合规范要求。提高混凝土的抗侵蚀性主要措施有：选用合适的水泥品种；控制施工质量，提高混凝土的密实度等。

混凝土碱-骨料反应也是影响混凝土耐久性的重要因素之一。混凝土碱-骨料反应指的是混凝土内水泥中的碱($Na_2O+0.658K_2O$)与骨料中的活性SiO_2反应，生成碱-硅酸凝胶(Na_2SiO_3)，并吸收水分而膨胀，导致混凝土开裂破坏的现象。但是，碱-骨料反应很慢，其破坏作用经过很多年之后才会出现。

(4) 提高混凝土耐久性的主要措施：

① 严格控制混凝土的水灰比。因为水灰比是影响混凝土密实性的主要因素，为保证混凝土的耐久性，必须严格控制水灰比。

② 在选用混凝土所用的材料时，应符合规范要求。

③ 合理选择骨料级配。可使混凝土在保证和易性的条件下，减少水泥的用量，并有较好的密实性，满足混凝土耐久性的条件下也更经济。

④ 掺加适量的外加剂。可减少混凝土的用水量及水泥用量，改善混凝土的孔隙构造，可有效提高混凝土的抗渗性及抗冻性。

⑤ 保证混凝土的施工质量。在混凝土的施工中，应做到搅拌彻底、浇筑均匀、振捣密实、加强养护，以保证混凝土的耐久性。

三、胶凝材料

胶凝材料主要有石膏、石灰、水玻璃、水泥、沥青等。胶凝材料按其化学组成可分为有机胶凝材料(如沥青)和无机胶凝材料；无机胶凝材料又可分为气硬性胶凝材料(如石灰、水玻璃等)和水硬性胶凝材料(如水泥)。

(一) 石灰。石灰是工程中常用的胶凝材料之一，具有较好的可塑性，但强度很低且耐水性较差，使用过程中体积收缩较大，因此，石灰一般不宜单独使用，通常掺入一定量的骨料或纤维材料或水泥以提高抗拉强度，抵抗收缩引起的开裂。

(二) 水玻璃。水玻璃是一种碱金属硅酸盐水溶液，俗称“泡花碱”，通常为青灰色或黄灰色黏稠液体，具有较强的粘结力。水玻璃可作为灌浆材料常用于加固地基，可增加土的密实度和强度；也可作为涂料，可提高材料的防水性和抗风化性；钢筋上涂刷水玻璃可起到一定阻锈的作用；可与多种矾配制成防水剂用于防水砂浆和防水混凝土；可以和耐酸粉、耐酸骨料等配合制成耐酸砂浆和耐酸混凝土，常用于防腐工程；可作为胶粘剂用于修补块材的裂缝等；利用水玻璃的耐热性还可以配制耐热砂浆和耐热混凝土。

(三) 沥青。工程中常用的沥青材料主要是石油沥青和煤沥青。石油沥青是原油蒸馏后的残渣。根据提炼程度的不同，在常温下成液体、半固体或固体。石油沥青按生产方法分为：直馏沥青、溶剂脱油沥青、氧化沥青、调合沥青、乳化沥青、改性沥青等；按外观形态分为：液体沥青、固体沥青、稀释液、乳化液、改性体等；按用途分为：道路沥青、建筑沥青、防水防潮沥青、以用途或功能命名的各种专用沥青等。

(四) 水泥。水泥是水硬性胶凝材料，常用来拌制混凝土及砂浆，也可用作灌浆材料。常用的水泥品种有：硅酸盐水泥、普通硅酸盐水泥、矿渣硅酸盐水泥、火山灰质硅酸盐水泥、粉煤灰硅酸盐水泥、铝酸盐水泥、硫铝酸盐水泥等。根据工程所处的环境条件、建筑物的特点及不同的建筑部位，应当选用合适的水泥品种。水位变化区的外部混凝土、建筑物溢流面和经常遭受水流冲刷的混凝土，应选用硅酸盐水泥、普通硅酸盐水泥、大坝硅酸盐水泥，避免采用火山灰质硅酸盐水泥；有抗冻要求的混凝土，应选用硅酸盐水泥、普通硅酸盐水泥、大坝硅酸盐水泥，并掺加适量的外加剂，以提高抗冻性；大体积建筑内部的混凝土应选用矿渣硅酸盐水泥、粉煤灰硅酸盐水泥、火山灰质硅酸盐水泥等，以适应低热性的要求；水中和地下部位的混凝土宜采用矿渣硅酸盐水泥、粉煤灰硅酸盐水泥、火山灰质硅酸盐水泥等。此外，高强度等级的水泥，适用于配制高强度混凝土或低早强混凝土；低强度等级的水泥，适用于配制低强度等级的混凝土和配制砌筑砂浆等。

四、混凝土外加剂

(一) 外加剂的分类。外加剂按其主要功能可以分为四类：

1. 改善混凝土拌合物流动性能的外加剂，包括各种减水剂、引气剂和泵送剂等。

2. 调节混凝土凝结时间、硬化性能的外加剂，包括速凝剂、缓凝剂、早强剂和泵送剂等。

3. 改善混凝土耐久性的外加剂，包括引气剂、防水剂、着色剂等。

4. 改善混凝土其他性能的外加剂，包括引气剂、膨胀剂、防冻剂、着色剂等。

（二）外加剂的选择和使用。在混凝土中掺加外加剂，可明显改善混凝土的技术性能，取得显著的技术经济效果。但选择外加剂的时候应注意以下几点：

1. 外加剂品种、品牌很多，效果各异，特别是对于不同品种的水泥其效果也不同。使用时应根据工程需要和现场的材料条件，参考有关资料并通过试验确定。

2. 外加剂掺量确定。混凝土掺量过小，往往达不到预期效果；掺量过大，会影响混凝土质量，甚至会造成质量事故，应通过试验确定最佳掺量。

3. 外加剂掺加方法。掺加外加剂必须保证其均匀度，一般不能直接加入混凝土搅拌机内；对于可溶于水的外加剂，应先配成一定浓度的水溶液，随水加入搅拌机；对不溶于水的外加剂，应与适量水泥或砂混合均匀后加入搅拌机内。

五、钢材

（一）钢筋的分类

1. 钢筋按化学成分可分为碳素结构钢(低碳钢，含碳量小于0.25%；中碳钢，含碳量0.25%～0.60%；高碳钢，含碳量0.60%～1.40%)和普通低合金钢(合金元素总含量小于5%)。

2. 按生产工艺钢筋可分为热轧钢筋(HPB235、HRB335、HRB400和HRB500)、热处理钢筋(RB150)、冷拉钢筋(冷拉Ⅰ、Ⅱ、Ⅲ、Ⅳ级)、冷轧带肋钢筋(LL550、LL650、LL800)、冷轧扭钢筋(LZNⅠ、Ⅱ型)、预应力钢丝(包括光面钢丝、刻痕钢丝和螺旋钢丝)和预应力钢绞线等。

3. 钢筋按其外形可分为光面钢筋和变形钢筋两种。通常光面钢筋的直径不小于6mm，变形钢筋的直径不小于10mm。

4. 按其力学性能可分为有屈服点的(热轧钢筋、冷拉热轧钢筋)和无屈服点的钢筋(钢丝、热处理钢筋)。

（二）钢材的工艺性能

1. 冷弯性能。是指钢材在常温下承受弯曲变形的能力。冷弯试验可以检验钢材颗粒组织、结晶情况和非金属夹杂物的分布等缺陷，也可以作为鉴定焊接性能的一个指标。

2. 焊接性能。在焊接过程中，由于高温作用和焊接后急剧冷却作用，在焊缝及其附近区域将发生晶体组织及结构变化，产生局部变形及内应力，会降低焊接的质量。因此，焊缝处的性质应尽可能与母材相同，焊接才牢固可靠。

（三）钢筋的主要力学性能

钢筋的主要力学性能有抗拉性能、抗冲击性能、耐疲劳性能及硬度等。

由于化学成分及制造工艺的不同，钢筋的机械性能有很大不同。按其力学基本性能来分，有三种类型：一种是热轧Ⅰ、Ⅱ、Ⅲ、Ⅳ级钢筋，钢的力学性质相对较软，常称为软钢；另一种是热处理钢筋及高强钢丝，其力学性质高强而硬，常称为硬钢；还有是冷拉钢筋。

1. 软钢的力学性能

软钢从开始加载到拉断，有四个阶段，即弹性阶段、屈服阶段、强化阶段与破坏阶段。下面以Ⅰ级钢筋的受拉应力-应变曲线为例来说明软钢的力学性能，如图1-8所示。

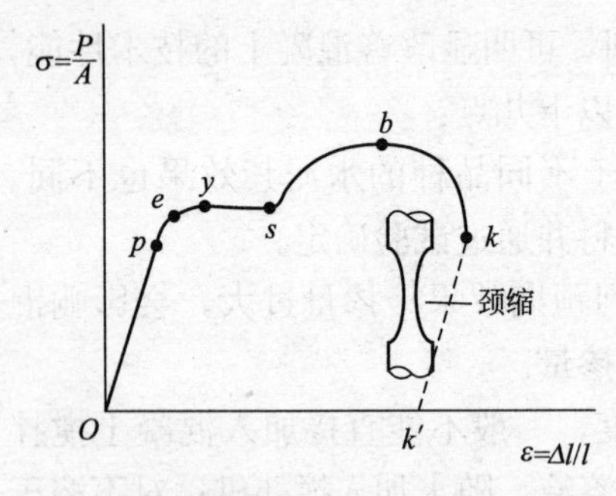

图 1-8 软钢拉伸的应力-应变曲线

屈服强度(流限)是软钢的主要强度指标。在混凝土中的钢筋，当应力达到屈服强度后，荷载不增加，应变会继续增大，使得混凝土裂缝开展过宽，构件变形过大，结构不能正常使用。所以软钢钢筋的受拉强度限值以屈服强度为准。

钢材中含碳量越高，屈服强度和抗拉强度就越高，伸长率就越小，流幅也相应缩短。

2. 硬钢的力学性能

硬钢强度高，但塑性差，脆性大。从加载到拉断，基本上不存在屈服阶段，如图 1-9 所示。所以力学计算中，其强度计算以“协定流限”为准。所谓的协定流限是指经过加载及卸载后尚存有 0.2%永久残余变形时的应力，用 $\delta_{0.2}$表示。$\delta_{0.2}$一般相对于抗拉极限强度的 70%～85%。

硬钢塑性差，伸长率小，因此，用硬钢配筋的钢筋混凝土构件中，受拉破坏时往往突然断裂，在破坏前没有明显的预兆。

3. 冷拉钢筋的力学性能

在建筑工程中，常对钢筋进行冷拉，使钢材的内部结构发生变化，从而提高钢筋的屈服强度。冷拉是节约钢筋的一项有效措施，一般可节约钢材 10%～20%。所谓冷拉，就是将钢筋拉伸超过它的屈服强度，然后放松，经过一段时间之后，钢筋就会获得比原来的屈服强度更高的新的屈服强度值。但钢筋冷拉也会增加钢筋的脆性，这是不利的一面。

4. 钢筋的疲劳强度

由于钢材内部有杂质和气孔，外表面有斑痕缺陷，以及表面形状突变引起的应力集中，钢筋在多次重复加载时，会呈现疲劳特性，应力集中过大时，使钢材发生微裂纹，在重复应力作用下，裂纹会扩展而发生突然断裂。

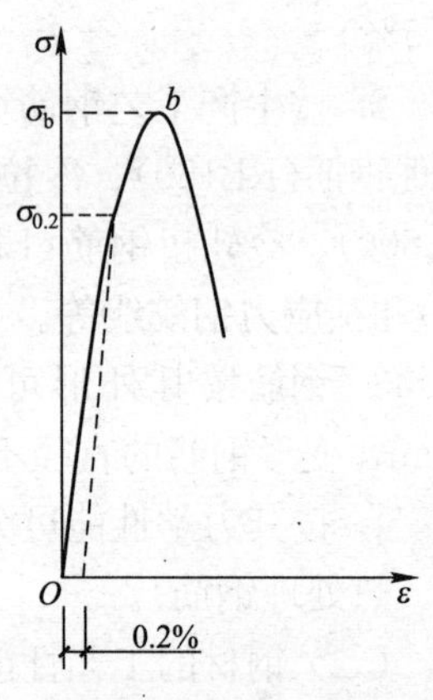

图 1-9 硬钢拉伸的应力-应变曲线

第二章　水利水电工程施工测量和施工放样

第一节　常用测量仪器简介

一、水准仪

水准仪主要由望远镜、水准器、基座三个部分组成。按精度不同可分为普通水准仪和精密水准仪。工程测量中一般使用DS3型微倾式普通水准仪，D、S分别代表“大地测量”和“水准仪”的汉语拼音的第一个字母，数字3代表该仪器精度，即每千米往返测量高差中数的偶然中误差为±3mm。水准仪用于水准测量，即利用水准仪提供的一条水平视线，借助于带有分划的尺子，测量出两地面间的高差，然后根据测得的高差和已知点的高程，推算出另一点的高程。

二、经纬仪

经纬仪主要由照准部、水平度盘、竖直度盘、水准器和基座组成。按精度不同可分为DJ07、DJ1、DJ2、DJ6、DJ10等，D、J分别代表“大地测量”和“经纬仪”的汉语拼音的第一个字母，数字表示该仪器精度。经纬仪是进行角度测量的主要仪器，它包括水平角测量和竖直角测量。水平角用于确定地面点的平面位置，竖直角用于确定地面点的高程。经纬仪还可用于低精度测量中的视距测量。

三、全站仪

全站仪是一种集自动测距、测角、计算、数据自动记录及传输功能为一体的自动化、数字化、智能化的三维坐标测量与定位系统，主要由电子经纬仪、光电测距仪和数据记录装置组成。全站仪的功能是测量水平角、竖直角和斜距，借助于仪器内的处理软件，可有多种使用功能，如计算并显示平距、高差及镜站点的三维坐标，还可进行偏心测量、面积计算等。

第二节　常用测量仪器的使用方法

一、水准仪的使用

1. 安置水准仪和粗平。先选好平坦、坚固的地面作为水准仪的安置点，然后张开三脚架使其高度处于合适的位置，架头大致水平，再用连接螺旋将水准仪固定在三脚架上，将架腿的脚尖踩实。调整三个脚螺旋，使圆水准气泡居中即为粗平。

2. 调焦和照准。整平后，将望远镜望着明亮的背景，转动目镜调焦螺旋，使十字丝清晰；用望远镜的准星和照门瞄准水准尺，然后旋紧制动螺旋固定望远镜；转动物镜调焦螺旋，待水准尺成像清晰后，再转动水平微动螺旋，使十字丝竖丝照准水准尺；瞄准目标后，眼睛可在目镜处上下移动，如发现十字丝与目标影像有相对移动，读数、随眼睛的移动而改变，说明有视差；产生视差的原因是十字丝与目标影像分划板不重合，将影响读数的准确性；消除视差的办法是先调目镜调焦螺旋看清十字丝，再继续仔细地转动物镜调焦螺旋，直到尺像与十字丝平面重合。

3. 精平。转动微倾螺旋，同时察看水准管气泡观察窗，当符合水准泡成像吻合时，表明已经精确整平。

4. 读数。当符合水准气泡居中时，立即根据十字丝中丝在水准尺上读数。不论使用的水准仪是正像还是倒像，读数总是由注记小的一端向大的一端读出。通常读数保留四位数。

二、经纬仪的使用

1. 对中和整平。有用垂球对中及经纬仪整平的方法和用光学对中器对中及经纬仪整平的方法。用光学对中器对中时先目估初步对中，并使三脚架架头大致水平；转动和推拉对中器目镜调焦，使地面标准点成像清晰，且分划板上中心圆圈也清晰；转动仪器脚螺旋，使地面标志点影像位于圆圈中心；伸缩调节三脚架架腿，使圆水准器气泡居中；进行精确整平，先转动仪器照准部，使水准管平行于任意两个脚螺旋连线，转动脚螺旋使气泡居中，然后将照准部旋转 90°，旋转第三个脚螺旋，使气泡居中，反复进行以上步骤，直到仪器转到任何位置，气泡都居中为止；检查光学对中器，此时若标志点位于圆圈中心则对中、整平完成，若仍有偏差，可稍松动连接螺旋，在架头上移动仪器，使其准确对中，然后重新进行精确整平，直到对中和整平均达到要求为止。

2. 照准。先进行目镜调焦，再粗瞄目标，经物镜调焦，最后准确瞄准目标。

3. 读数。打开反光镜，调整其位置，使读数窗内进光明亮均匀，然后进行读数显微镜调焦，使读数窗内分划清晰，进行读数。

第三节 施工测量的特点

（一）施工测量的精度要求取决于建筑物和构筑物的结构、材料、大小、用途和施工方法等因素。

（二）施工放样与地形测图工作过程正好相反，测图工作是以地面控制点为基础，测算出碎部点的平面位置和高程，并绘制成地形图。放样工作则需要根据图纸上设计好的建筑物或构筑物的位置和尺寸，算出其各部分特征点至附近控制点的水平距离、水平角及高差等放样数据，然后以地面控制点为基础，将建筑物或构筑物的特征点在实地标定出来。

（三）施工测量易受施工现场的影响，由于施工现场交叉作业频繁、机械设备多，而且土石方的填挖又造成地形的变化等一些因素的影响，各种测量标志必须埋设在稳固且不易破坏的位置，并应妥善保管和经常的检查，如被破坏应及时修复。

第四节 土坝的放样

土坝施工放样的主要内容包括：坝轴线的测设、坝身控制测量、清基开挖线的放样、坡脚线和坝体边坡线的放样等。

一、坝轴线的测设

土坝的坝轴线即坝顶中心线，如图 2-1 所示，一般由设计部门根据坝址的具体条件选定。为了实地标出它的位置，首先应根据设计图上坝轴线端点的坐标及坝址附近的测图控制点坐标计算放样数据，由于放样方法的不同，放样数据可以是水平角、水平距离，也可以是坐标增量等，然后放样出坝轴线的端点位置。放样时，除了放样坝轴线端点的位置外，还需放样出轴线中间一点。

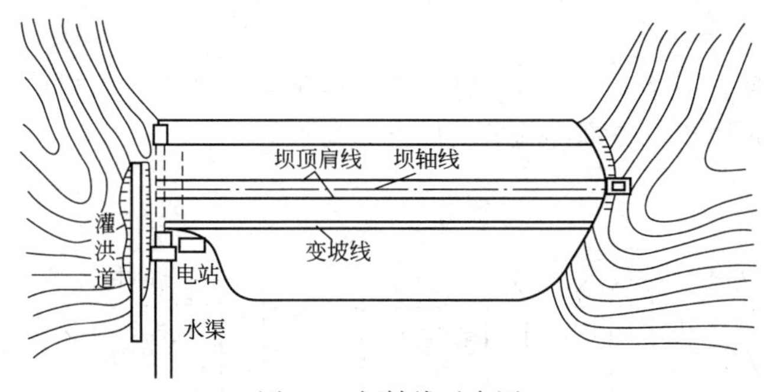

图 2-1 坝轴线示意图

二、坝身控制测量

坝轴线是土坝施工放样的主要依据，但是，在进行整个坝体细部点的施工放样时，只有一条坝轴线是不能满足施工需要的，还必须建立坝身控制测量，为细部点的测设提供依据。坝身控制测量主要有平面控制测量和高程控制测量。

1. 平面控制测量。包括平行于坝轴线的直线测设和垂直于坝轴线的直线测设。

2. 高程控制测量。为了进行坝体的高程放样，需在施工范围外布设水准基点，水准基点要埋设永久性标志，并构成环形路线，用三等精度测定它们的高程。此外，还应在施工范围内设置临时性水准点，这些临时性水准点应靠近坝体，以便安置 1～2 次仪器就能放出需要的高程点。临时水准点应与水准基点构成复合水准路线，按四等精度施测。临时水准点一般不采用闭合路线施测，以免用错起算高程而引起事故。

三、清基开挖线的放样

清基开挖线就是坝体与自然地面的交线，即自然地面上的坝脚线。为了使坝体与地基紧密结合，增强大坝的稳定性，必须清除坝基自然地面的松散土壤、树根等杂物。在清理基础时，测量人员应事先根据设计图纸放出清基开挖线，以确定清基开挖范围。

四、坡脚线的放样

基础清理完工后，坝体与地面的交线称为坡脚线。它是填筑土石和浇筑混凝土的边界线。坡脚线的测设主要有逐渐趋近法和平行线法。

五、坝体边坡线的放样

坝体坡脚线标定后，即可在标定范围内填土。填土要分层进行，每层厚约 0.3m，每填一层都要进行碾压。测量人员在碾压后要及时确定填土的边界即边坡，土坝边坡通常采用坡度尺法或轴距杆法放样。

六、土坝修坡桩的测定

土坝碾压后应进行修整，使坡面与设计要求相符，修整后用草皮或石块护坡。修坡常用水准仪法和经纬仪法。

第五节 水闸的放样

水闸的施工放样，如图 2-2 所示，包括测设水闸的主轴线 AB 和 CD，闸墩中线、闸孔中线、闸底板的范围以及各细部的平面位置和高程等。

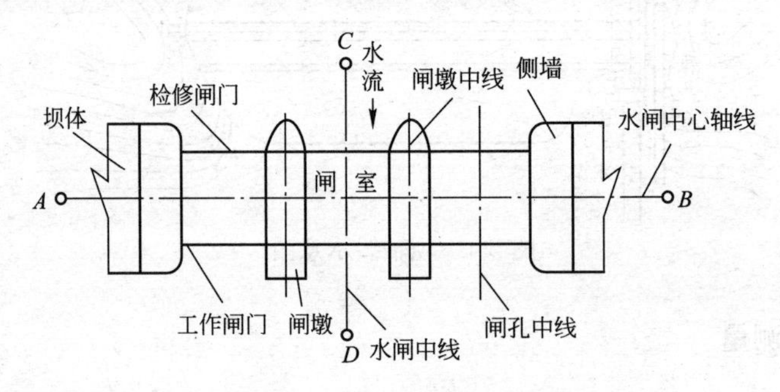

图 2-2 水闸放样平面示意图

一、水闸主轴线的放样

水闸主要轴线的放样就是在施工现场标定水闸轴线端点的位置。首先，从水闸设计图上量出轴线端点的坐标，根据所采用的放样方法、轴线端点的坐标及邻近测图控制点的坐标计算所需放样数据，计算时要注意进行坐标系的换算，然后将仪器安置在测图控制点上进行放样。先放样出相互垂直的两条主轴线，两条主轴线确定后，还应在其交点安置仪器检测两线的垂直度，若误差超限，应以闸室为基准，重新测设一条与其垂直的直线作为纵向主轴线。主轴线测定后，应向两端延长至施工范围外，并埋设标志以示方向。其目的是检查端点位置是否发生移动，并作为恢复端点位置的依据。

二、闸底板的放样

闸底板的放样目前大多采用比较简单的全站仪测距法。如图 2-3 所示，在主轴线的交点 O 安置全站仪，根据闸底板设计尺寸，在轴线 CD 上分别向上、下游各测设底板长度的一半，得 G、H 两点。在 G、H 点分别安置仪器，以轴线 CD 定向，测设与 CD 线相垂直的两条方向线，两方向线分别与边墩中线交于 E、F、P、Q

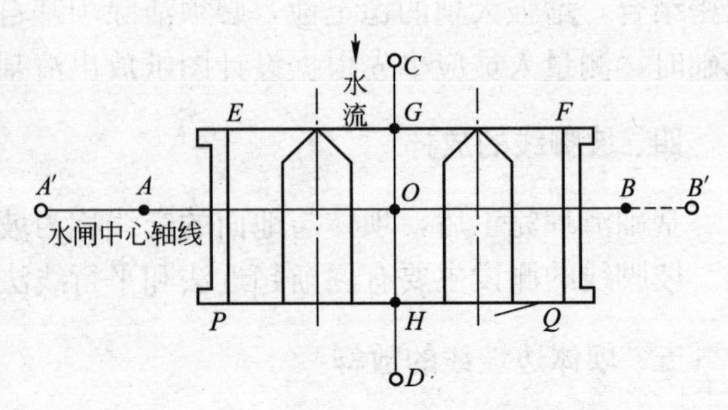

图 2-3 水闸放样的主要控制线

点，这四个点即为闸底板的四个角点。

底板的高程放样是根据底板的设计高程及临时水准点的高程，采用水准测量的方法，根据水闸的不同结构和施工方法，在闸墩上标志出底板的高程位置。

三、闸墩的放样

闸墩放样时首先放出闸墩中线，然后以中线为依据放出闸墩的轮廓线。闸墩中线是根据主轴线测设的，以主轴线 AB 和 CD 为依据，在现场定出闸孔中线、闸墩中线、闸墩基础开挖线以及闸底板的边线等。待水闸基础打好混凝土垫层后，在垫层上再精确地放出主要轴线和闸墩中线，然后根据闸墩中线放出闸墩平面位置的轮廓线。

闸墩平面位置的轮廓线分为直线和曲线，直线部分可用直角坐标法放样，闸墩上游一般设计成椭圆形曲线，放样前，应根据椭圆方程式计算放样数据，然后根据极坐标法放样。

闸墩各部位高程的测设可根据施工现场布设的临时水准点，按高程放样方法在模板内侧标出高程点。但随着墩体的增高，有些部位的高程不能用水准测量法放样时，可用钢卷尺从已浇筑的混凝土高程点上直接丈量放出设计高程。

第三章　水利水电工程施工导流

第一节　导流基本概念

施工导流是指在河床中修筑围堰维护基坑，并将河道中各时期的上游来水量按预定的方式导向下游，以创造干地施工的条件。它是水利枢纽工程总体设计的主要组成部分，是选定枢纽布置、永久建筑物形式、施工程序和施工总进度的重要因素。施工导流贯穿于工程施工的全过程。

施工导流的方法主要有两种：即全段围堰法导流（河床外导流）和分段围堰法导流（河床内导流）。

一、全段围堰法导流

全段围堰法导流是在河床主体工程的上下游各建一道拦河围堰，使上游来水通过预先修筑的临时或永久泄水建筑物（如明渠、隧洞等）泄向下游，主体建筑物在排干的基坑中进行施工，主体工程建成或接近建成时再进行临时泄水道封堵。这种方法的特点是：工作场面大，河床内的建筑物在一次性围堰的围护下建造。

全段围堰法按泄水建筑物的类型不同可分为明渠导流、隧洞导流和涵管导流等。

1. 明渠导流

上下游围堰一次拦断河床形成基坑，保护主体建筑物干地施工，天然河道水流经河岸或滩地上开挖的导流明渠泄向下游。如图 3-1 所示。

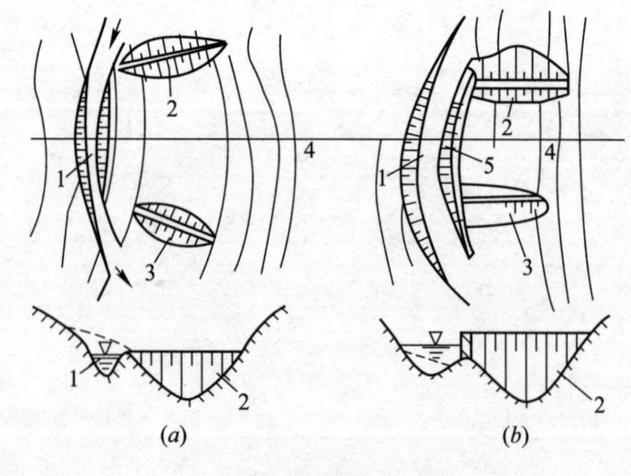

图 3-1　明渠导流示意图

(a)在岸坡上开挖的明渠；(b)在滩地上开挖并设有导墙的明渠

1—导流明渠；2—上游围堰；3—下游围堰；

4—坝轴线；5—明渠外导墙

坝址河床较窄或河床覆盖层很深，分期导流困难，且具备下列条件之一者，可考虑采用明渠导流：河床一岸有较宽的台地、垭口或古河道；导流流量大，地质条件不适于开挖导流隧洞；施工期有通航、排冰、过木要求；总工期紧，不具备挖洞经验和设备。

国内外工程实践证明，在导流方案比较过程中，如明渠导流和隧洞导流均可采用时，一般选择明渠导流。这是因为明渠开挖可采用大型设备，加快施工进度，对主体工程提前开工有利。对于施工期间河道有通航、过木和排冰要求时，明渠导流明显更有利。

2. 隧洞导流

即上下游围堰一次拦断河床形成基坑，保护主体建筑物干地施工，天然河道水流全部由导流隧洞宣泄的导流方式。如图 3-2 所示。

隧洞导流流量不大，坝址河床狭窄，两岸地形陡峭，如一岸或两岸地形、地质条件良好，可考虑采用隧洞导流。

3. 涵管导流

涵管导流是利用涵管进行导流，涵管通常布置在河岸岩滩上，其位置在枯水位以上，这样可在枯水期不修围堰或只修一小段围堰而先将涵管埋好，然后再修上下游全段围堰，将河水经涵管下泄。如图 3-3 所示。

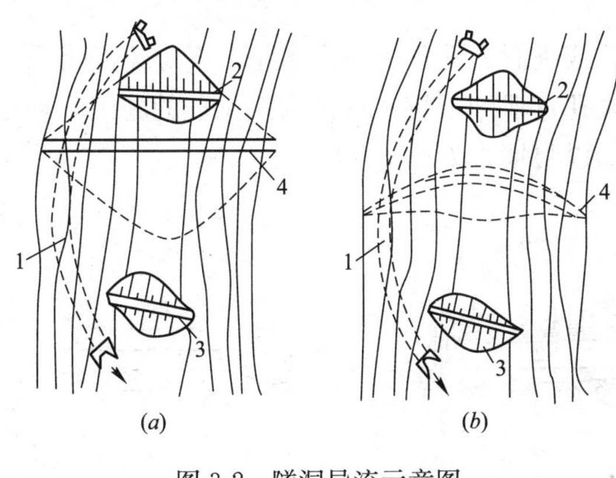

图 3-2 隧洞导流示意图

(a)土石坝枢纽；(b)混凝土坝枢纽

1—导流隧洞；2—上游围堰；3—下游围堰；4—主坝

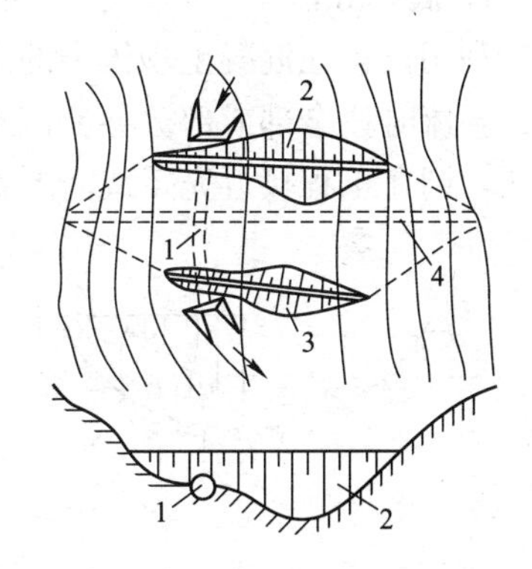

图 3-3 涵管导流示意图

1—导流涵管；2—上游围堰；

3—下游围堰；4—土石坝

涵管一般是钢筋混凝土结构。当有永久涵管可以利用或修建隧洞有困难时，采用涵管导流是合理的。在某些情况下，可在建筑物基岩中开挖沟槽，必要时予以衬砌，然后封上混凝土或钢筋混凝土顶盖，形成涵管。利用涵管导流往往可以获得经济可靠的效果。由于涵管的泄水能力较低，所以一般用于导流流量较小的河流上或只用来担负枯水期的导流任务。

为了防止涵管外壁与坝身防渗体之间的渗流，通常在涵管外壁每隔一定距离设置一个截流环，以延长渗径，减少渗流的破坏作用。此外，必须严格控制涵管外壁防渗体的压实质量。涵管管身的温度缝或沉陷缝中的止水必须严格施工。

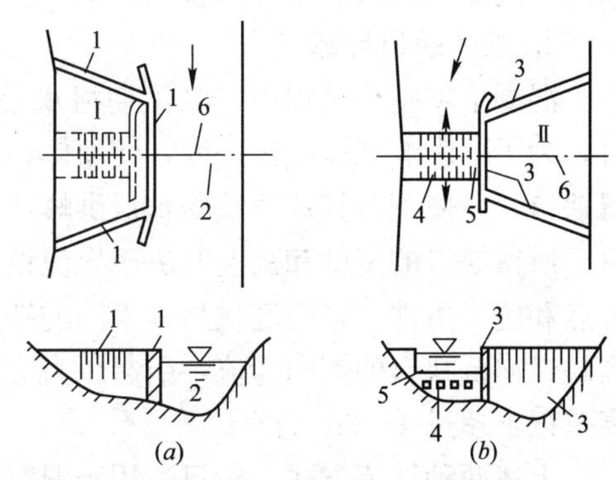

图 3-4 分期导流布置示意图

(a)束窄河床导流；(b)底孔与缺口导流

1—一期围堰；2—束窄河床；3—二期围堰；

4—导流底孔；5—坝体缺口；6—坝轴线

二、分段围堰法导流

分段围堰法也称分期围堰法或河床内导流，就是用围堰将建筑物分段分期围护起来进行施工的方法。根据不同时期泄水道的特点，分期导流方式有束窄河床导流和底孔与缺口导流等。如图 3-4 所示。

所谓分段就是从空间上将河床围护成几个

干地施工的基坑段进行施工。所谓分期，就是从时间上将导流过程划分成阶段。但是，段数分得越多，围堰工程量越大，施工也越复杂；同样，期数分得越多，工期有可能拖得越长。因此，在工程实践中，二段二期导流法采用得最多。只有在比较宽阔的通航河道上施工，不允许断航或其他特殊情况下，才采用多段多期导流法。

分段围堰法导流一般适用于河床宽阔、流量大、施工期较长的工程，尤其在通航河流和冰凌严重的河流上。这种导流方法的费用较低，国内外一些大、中型水利水电工程采用较多。分段围堰法导流，前期由束窄的原河道导流，后期可利用事先修建好的泄水道导流。常见泄水道的类型有底孔、缺口等。

1. 底孔导流

利用设置在混凝土坝体中的永久底孔或临时底孔作为泄水道是二期导流经常采用的方法。导流时让全部或部分导流流量通过底孔宣泄到下游，保证后期工程的施工。如是临时底孔，则在工程接近完工或需要蓄水时加以封堵。如图 3-5 所示。

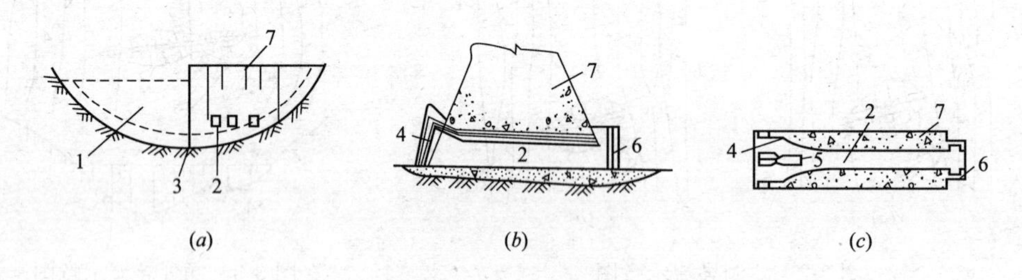

图 3-5　底孔导流

(*a*)下游立视图；(*b*)底孔纵断面；(*c*)底孔水平剖面

1—二期坝体；2—底孔；3—二期纵向围堰；4—封闭闸门门槽；5—中间墩；6—出口封闭门槽；7—已浇筑的混凝土坝体

底孔导流的优点是挡水建筑物上部的施工可以不受水流的干扰，有利于均衡连续施工，这对修建高坝特别有利。若坝体内设有永久底孔可以用来导流时，更为理想。底孔导流的缺点是：由于坝体内设置了临时底孔，钢材用量增加；如果封堵质量不好，会削弱坝体的整体性，还有可能漏水；在导流过程中底孔有被漂浮物堵塞的危险；封堵时由于水头较高，安放闸门及止水等均较困难。

2. 坝体缺口导流

混凝土坝施工过程中，当汛期河水暴涨暴落，其他导流建筑物不足以宣泄全部流量时，为了不影响坝体施工进度，使坝体在涨水时仍能继续施工，可以在未建成的坝体上预留缺口，以便配合其他建筑物宣泄洪峰流量，待洪峰过后，上游水位回落，再继续修筑缺口。所留缺口的宽度和高度取决于导流设计流量、其他建筑物的泄水能力、建筑物的结构特点和施工条件。采用底坎高程不同的缺口时，为避免高低缺口单宽流量相差过大，产生高缺口向低缺口的侧向泄流，引起压力分布不均匀，需要适当控制高低缺口间的高差，其高差以不超过 4～6m 为宜。

上述两种导流方式一般只适用于混凝土坝，特别是重力式混凝土坝。至于土石坝或非重力式混凝土坝，应采用分段围堰法导流，常与隧洞导流、明渠导流等河床外导流方式相结合。

第二节　导流围堰及其施工险情

一、围堰

围堰是导流工程中临时的挡水建筑物，用来围护施工中的基坑，保证水工建筑物能在干地施工。在导流任务结束后，如果围堰对永久建筑物的运行有妨碍或没有考虑作为永久建筑物的一部分时，应予拆除。

水利水电工程中经常采用的围堰按其所使用的材料，可分为土石围堰、混凝土围堰、钢板桩格型围堰和草土围堰等；按围堰与水流方向的相对位置，可分为横向围堰和纵向围堰；按导流期间基坑淹没条件，可分为过水围堰和不过水围堰。过水围堰除需要满足一般围堰的基本要求外，还要满足围堰顶过水的专门要求。

（一）围堰的类型

1. 土石围堰

土石围堰是用当地材料和开挖弃料填筑而成的，是水利水电工程中采用最为广泛的一种围堰形式。其特点为：构造简单，施工方便，易于拆除，工程造价低，可以在流水中、深水中、岩基或有覆盖层的河床上修建。但其工程量较大，堰身沉陷变形也较大。

土石围堰断面较大，一般用于横向围堰。但在宽阔河床的分期导流中，由于围堰束窄，河床增加的流速不大，也可作为纵向围堰，但需注意防冲设计，以确保围堰安全。

2. 混凝土围堰

混凝土围堰是用常态混凝土或碾压混凝土建筑而成。混凝土围堰宜建在岩石地基上。混凝土围堰抗冲与抗渗能力强，挡水水头高，底宽小，堰顶可溢流。尤其是在分段围堰法导流施工中，用混凝土浇筑的纵向围堰可两面挡水，易于与永久混凝土建筑物相连接，必要时还可以过水，因此采用得比较广泛。有拱形混凝土围堰和重力式混凝土围堰等。

3. 草土围堰

草土围堰是一种以麦草、稻草、芦柴、柳枝和土为主要原料的草土混合结构。草土围堰施工简单、速度快、取材容易、造价低，拆除也方便，具有一定的抗冲、抗渗能力，堰体的重度较小，特别适用于软土地基。但这种围堰不能承受较大的水头，所以仅限水深不超过6m、流速不超过3.5m/s、使用期两年以内的工程。按其所用草料形式的不同，可分为散草法、捆草法、埽捆法三种；按其施工条件可分为水中填筑和干地填筑两种。

4. 钢板桩格形围堰

钢板桩格形围堰是重力式挡水建筑物，由一系列彼此相接的格体构成。按照格体的平面形状，可分为筒形格体、扇形格体和花瓣形格体。格体内填充透水性强的填料，如砂、砂卵石或石渣等。在向格体内填料时，必须保持各格体内的填料表面大致均衡上升，因高差太大会使格体变形。

钢板桩格形围堰的优点有：坚固、抗冲、抗渗、围堰断面小、便于机械化施工；钢板桩的回收率高，可达70%以上；尤其适用于束窄度大的河床段作为纵向围堰。但由于需要大量的钢材，且施工技术要求较高，目前仅应用于大型工程中。

（二）围堰的拆除

围堰是临时建筑物，导流任务完成后，应按设计要求拆除，以免影响永久建筑物的施工及运转。

土石围堰相对来说断面较大，拆除工作一般是在运行期限的最后一个汛期过后，随上游水位的下降，逐层拆除围堰的背水坡和水上部分。土石围堰的拆除一般可用挖土机或爆破开挖等方法。

钢板桩格形围堰的拆除，首先要用抓斗或吸石器将填料清除，然后用拔桩机起拔钢板桩。混凝土围堰的拆除，一般只能用爆破法炸除，但应注意，必须使主体建筑物或其他设施不受爆破危害。

二、围堰施工险情判断与抢险技术

施工期间，尤其是汛期来临时，围堰以及基坑在高水头作用下发生的险情主要有漏洞、管涌和漫溢等。

1. 漏洞

(1) 漏洞产生的原因

漏洞产生的原因是多方面的，一般说来有：围堰堰身填土质量不好，有架空结构，在高水位作用下，土块间部分细料流失；堰身中夹有砂层等，在高水位作用下，砂粒流失。发生在堰脚附近的漏洞，很容易与一些基础的管涌险情相混淆，这样是很危险的。

(2) 漏洞险情的判别

漏洞贯穿堰身，使水流通过孔洞直接流向围堰背水侧。漏洞的出口一般发生在背水坡或堰脚附近。漏洞险情进水口的探测：①水面观察。漏洞形成初期，进水口水面有时难以看到漩涡。可以在水面上撒一些漂浮物，如纸屑、碎草或泡沫塑料碎屑，若发现这些漂浮物在水面打漩或集中在一处，即表明此处水下有进水口；②潜水探漏。漏洞进水口如水深流急，水面看不到漩涡，则需要潜水探摸；③投放颜料观察水色。

(3) 漏洞险情的抢护方法

① 塞堵法

塞堵漏洞进口是最有效最常用的方法。一般可用软性材料塞堵，如针刺无纺布、棉被、棉絮、草包、编织袋包、网包、棉衣及草把等，也可用预先准备的一些软楔、草捆塞堵。在有效控制漏洞险情的发展后，还需用黏性土封堵闭气，或用大块土工膜、篷布盖堵，然后再压土袋或土枕，直到完全断流为止。

② 盖堵法

一种是用复合土工膜排体或篷布盖堵。当洞口较多且较为集中，逐个堵塞费时且易扩展成大洞时，可采用大面积复合土工膜排体或篷布盖堵，可沿临水坡肩部位由上往下，顺坡铺盖洞口，或从船上铺放，盖堵离堤肩较远处的漏洞进口，然后抛压土袋或土枕，并抛填黏土，形成前戗截渗。

另一种是就地取材盖堵。当洞口附近流速较小、土质松软或洞口周围已有许多裂缝时，可就地取材用草帘、苇箔等重叠数层作为软帘，也可临时用柳枝、秸料、芦苇等编扎软帘。软帘下沉时紧贴边坡，然后用长杆顶推，顺堤坡下滚，把洞口盖堵严密，再盖压土袋，抛填黏土，达到封堵闭气。

采用盖堵法抢护漏洞进口，需防止盖堵初始时，由于洞内断流，外部水压力增大，洞口覆盖物的四周进水。因此洞口覆盖后必须立即封严四周，同时迅速用充足的黏土料封堵闭气。否则一旦堵漏失败，洞口扩大，将增加再堵的困难。

③ 戗堤法

当堤坝临水坡漏洞口多而小，且范围又较大时，在黏土备料充足的情况下，可采用抛黏土填筑前戗或临水筑子堤的办法进行抢堵。

2. 管涌

(1) 抢护原则

抢护管涌险情的原则是制止涌水带砂，而留有渗水出路。这样既可使砂层不再被破坏，又可以降低附近渗水压力，使险情得以控制和稳定。

(2) 抢护方法

① 反滤围井

在管涌口处用编织袋或麻袋装土抢筑围井，井内同步铺填反滤料，从而制止涌水带砂，以防险情进一步扩大，当管涌口很小时，也可用无底水桶或汽油桶做围井。这种方法适用于发生在地面的单个管涌或管涌数目虽多但比较集中的情况。围井内必须用透水料铺填，切忌用不透水材料。根据所用反滤料的不同，反滤围井可分：砂石反滤围井、土工织物反滤围井及梢料反滤围井等。

② 反滤层压盖

该方法用于堰内出现大面积管涌或管涌群，在料源充足的情况下，可降低涌水流速，制止地基泥砂流失，稳定险情。反滤层压盖必须用透水性好的砂石、土工织物、梢料等材料，切忌使用不透水材料。

3. 漫溢

漫溢是指实际洪水位超过现有堰顶高程，或风浪翻过堰顶，洪水漫过基坑内。通常，土石围堰不允许堰身过水。

根据上游水情和预报，对可能发生的漫溢险情，其抢护的措施是：抓紧洪水到来前的宝贵时间，在堰顶上加筑子堤。堰顶高要超出预测推算的最高洪水位，做到子堤不过水，但从堰身稳定考虑，子堤也不宜过高。各种子堤的外脚一般都应距大堤外肩0.5～1.0m。抢筑各种子堤前应彻底清除各种表面杂物，将表层刨毛，以利新老土层结合，并在堰轴线开挖一条结合槽，深20cm左右，底宽30cm左右。

第三节 截流及基坑排水

一、截流的前期准备

截流前要做大量准备工作，其中包括：为截流所必需的块石和其他材料准备储放场地，为导流准备人工泄水道，加固龙口区河底以及初步束窄河道等。

(一) 截流材料与料场

大河截流通常要求在施工现场集中数万立方米石料。石料堆放场应尽可能靠近截流断面，并结合石料运往施工现场的运输路线布置堆料场。料场最好位于下游侧，以避免在截流期间由于水位的升高而使料场受到浸没。石料堆放场的工作面应很宽阔，满足装料强度要求。除石料堆放场地外，还须考虑大块石、混凝土四面体、混凝土立方体等大块体材料的堆放场。混凝土四面体和立方体的堆放场最好与其制备场地相结合。

（二）泄水道

泄水道的准备工作，一般包括下列一些内容：开挖引水渠和尾水渠、混凝土建筑物准备过流、拆除围堰以及基坑过水。引水渠一般只是为了满足截流需要而设置的临时性建筑物。随着水库水位的上升，引水渠将被淹没。因此，其开挖断面尺寸应尽量减小。尾水渠是水电站和溢洪道泄流所必需的，是水利枢纽中的永久性建筑物。所以，尾水渠线路的选择一般应与主体建筑物的布置相结合，渠道断面应按运用条件进行设计。围堰的拆除一般须分几个阶段进行。此项工作通常应在截流前最后一次洪水过后立即开始。围堰的部分拆除，应在混凝土建筑物为过水做好准备和基坑开始过水前结束。基坑过水之前，应先将下游围堰再拆除一部分，以便形成一个不太大的缺口而使水流能够溢过下游围堰。

基坑过水前，用于施工导流的混凝土建筑物的水下施工工作应全部结束。截流期间用于泄流的孔口应全部开启，并为泄流做好准备。对安装在这些孔口上的闸门，最好能预先进行试验性启闭。对截流期间不准备用来泄水的所有其他泄水建筑物，其上下游均应用闸门加以封闭。

（三）加固龙口区河底及初步束窄河道

河道加固及其初步束窄可在截流当年内进行，也可在截流的前几年内进行。为了避免大量抛石施工集中在截流那一年，河底加固和戗堤的填筑最好尽可能地提前。

河底加固和河道束窄工作，一般可在一年内除大洪水的洪峰期外的任何季节里进行。河底加固工作可利用水路运输从水上进行。河道的初步束窄，可利用汽车从一岸或两岸以进占法向水中抛填土石料来完成，在一定条件下也可部分地依靠水路运输。选择束窄河道的施工方法，其决定性因素是如何将石料运到施工现场。当用进占法抛投石料修筑两岸戗堤段时，可视施工现场的实际情况和所要求的筑堤强度，采用各种载重能力的自卸卡车。

除上述前期准备外，如果利用浮桥或固定支架工作桥采用平堵方法进行截流还须增加一项工作，即设置驳船、架设浮桥或在河中架设固定工作桥。只有在做好上述各项准备工作以后，才可进入截流的最后一道工序——封堵龙口。

二、截流的基本方法

截流工程就是指在导流泄水建筑物接近完工时，即以进占方式自两岸或一岸建筑戗堤形成龙口，并将龙口防护起来，待到导流泄水建筑物完工以后的有利时机，以最短时间将龙口堵住，截断河流。截流是整个河川水利枢纽施工导流过程中最为复杂的一个阶段。它要求在河道中修筑一定高度的挡水结构，将水流暂时或永久地导入新的泄水道中去。

河道截流过程开始后，先逐步束窄河道，使留下的过流断面能满足泄放计算流量的给定要求，且流速不得超过设计流速。在被束窄的河段上进行截流时，留下的缺口通常称作龙口。截流过程通常也是将水流引向专为截流而设置的泄水道的过程。随着河道逐步束窄，水位逐渐变高，河流中的流量在龙口与泄水道之间进行分配，最后全部经由泄水道下泄。

截流方法的选择，应充分分析水力学参数、施工条件和难度、抛投物的数量和性质，并进行技术经济比较，要与分流建筑物的规划和围堰施工要求结合起来全面考虑。

选择龙口位置时，应着重考虑地质、地形及水力条件。从地质条件来看，龙口应尽量选在河床抗冲刷能力强的地方，如基岩裸露或覆盖层较薄处。从地形条件来看，龙口河底不宜有顺流向陡坡和深坑。龙口周围应有比较宽阔的场地，与料场和特殊截流材料堆场的距离近些，便于布置交通道路和组织高强度施工。从水力条件来看，对于有通航要求的河流，预留龙口一般均布置在深槽主航道处，有利于合龙前的通航。

(一) 抛投块料截流

抛投块料截流是最常用的截流方法，特别适用于大流量、大落差的河道上的截流。该法是在龙口抛投石块或人工块体(混凝土方块、混凝土四面体、钢丝笼、竹笼、柳石枕、串石等)堵截水流，迫使河水经导流建筑物下泄。抛入龙口中的材料数量，主要取决于龙口中的水流流速、流量和截流河段的规模。采用抛投块料截流，按不同的抛投合龙方法可分为平堵、立堵和混合堵三种。

1. 平堵

平堵法截流是沿龙口全线均匀地逐层抛投截流材料，先下小料，随着流速增加，逐渐抛投大块料，使堆筑戗堤均匀地在水下上升，直至高出水面，截断河床。如图 3-6 所示。这种方法的龙口一般是部分河宽，也可能是全河宽。就其水力学实质来说，平堵截流过程中龙口宽度基本不变，主要是从垂直方向束窄水流。为了利用平堵法截流，一般均用自卸汽车在预先架设好的浮桥或固定栈桥上进行抛投。

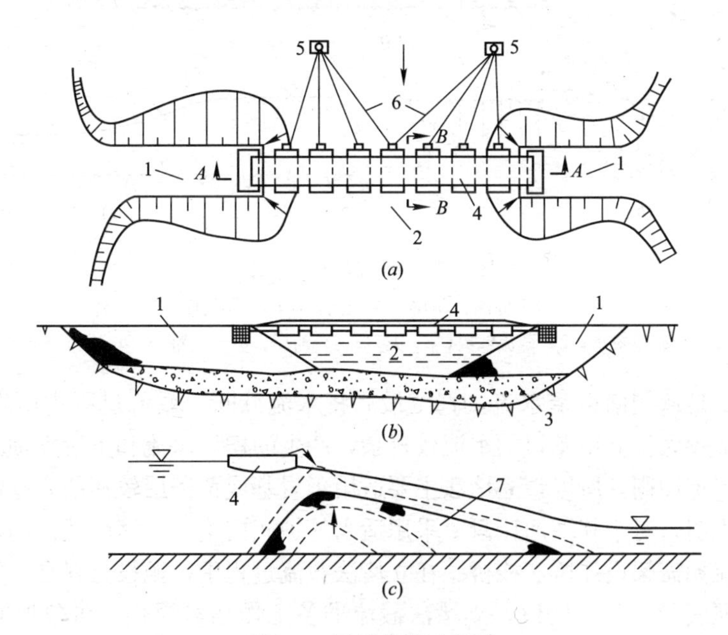

图 3-6 平堵截流示意图

(a)平面图；(b)A—A 剖面图；(c)B—B 剖面

1—截流戗堤；2—龙口；3—覆盖层；4—浮桥；5—锚墩；6—钢缆；7—截流抛石体

采用平堵法截流时，除了上述浮桥、栈桥设施和自卸汽车外，还常利用开口驳船、自卸木船等设备直接向水中逐层抛投截流材料。但是，这种方法多用于平抛护底，一般不能用于龙口的最后拦断。

一般说来，平堵法截流比立堵法截流的单宽流量和最大流速为小，水流条件较好，可以减小对龙口基床的冲刷。由于平堵法架设浮桥及栈桥，对机械化施工有利，可在整个龙口范围内全线多点同时抛投，一般来说抛投强度较大。平堵截流开始时，龙口流速还比较小，在此条件下抛投的底层材料覆盖了龙口部位的河床。因此，平堵对龙口护底的要求不高，所以特别适用于易冲刷的地基上截导流工程。

但是，平堵截流费用较高，技术复杂，一般需要架桥，而且栈桥施工、浮桥架设和锚定工作常常碍航。因此，平堵截流主要用于平原软基河流、架桥方便且对通航影响不大的情况。

2. 立堵

立堵法截流是将截流材料从龙口一端向另一端或从两端向中间抛投进占，逐渐束窄龙口，直到全部拦断。如图 3-7 所示。截流材料通常用自卸汽车在进占戗堤端部直接卸料入水，有时也需借助推土机将材料推入水中。

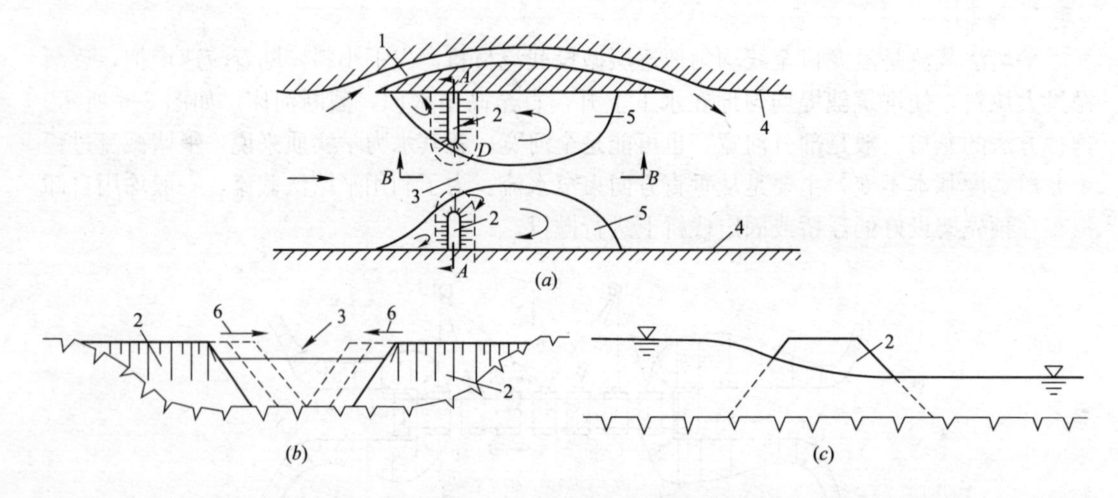

图 3-7 立堵截流示意图

(*a*)平面图；(*b*)*A*—*A* 剖面；(*c*)*B*—*B* 剖面

1—分流建筑物；2—截流戗堤；3—龙口；4—河岸；5—回流区；6—进占方向

立堵法主要是从侧向束窄水流，直至最后将水流截断。截流过程中所发生的最大流速、单宽流量都较大，立堵龙口的水流较复杂，产生的楔形水流和下游立轴漩涡易造成对龙口及河床的严重冲刷。所以，立堵法主要适用于岩基或覆盖层较薄的岩基河床。不过国内外大量实践表明，对于软基河床只要采用适当的护底措施，立堵法截流同样也能成功。

立堵法截流无需架设浮桥、栈桥。在立堵法截流过程中，抛投材料是沿戗堤前沿边坡滚动或滑动至河底稳定的。所以，立堵法截流准备工作相对简化，可争取时间、节约投资。抛投材料除了采用一般块石和混凝土四面体、立方体外，也可采用钢丝笼、废弃的预制构件捆成长条状截流材料，使其长边顺水流方向，既可增加材料的抗冲稳定性能，又容易使材料沿端部边坡滚入水中。

3. 混合堵

混合堵是采用立堵和平堵相结合的截流方法。有先平堵后立堵和先立堵后平堵两种。用得比较多的是先从龙口两端下料，保护戗堤头部，同时进行护底工程并将龙口底槛高程抬到一定高度，最后用立堵截断河流。

（二）其他截流方法

除了平堵、立堵及混合堵法抛填块石戗堤进行截流外，在水工建设实践中还有一些其他的截流方法，它们虽然都有局限性，但仍有一定的意义。

一般当坝址处于峡谷地区且岩石坚硬、岸坡陡峻、交通不便或缺乏运输设备时，可采用定向爆破截流。合龙时，为了瞬间抛入大量材料封闭龙口，除了用定向爆破岩石外，还可在河床上预先浇筑巨大混凝土块体，将其支撑体用爆破法炸断，使块体落入水中，将龙口封闭。

冲填法也是一种特殊情况下的截流方式，它是用水力机械方法开采并向截流断面运送土料。有时截流前先在截流河段上铺一层垫底层，还可以根据情况对大型挖泥船的吸泥泵和旋转铣刀做改进，使其能用来开采和运送大块山岩材料。

下闸截流则是在泄水道中预先修建闸墩，最后采用下闸的方式截断水流。

每种截流方法都有一定的适用条件。根据我国的国情以及国内外截流技术的发展趋势，一般情况下应优先考虑立堵法。如果河床易冲刷，可先平抛护底；如果河床基岩面过于光滑，可先平抛一些抗冲性能好的材料加糙河床；如果龙口处有深坑或水深过大，为了缩短最后合龙的持续时间和防止戗堤塌方，可适当先平抛一部分。

三、降低截流难度的措施

截流工程是整个水利枢纽施工的关键，它的成败直接影响工程进度。因此，事先必须周密规划设计并做好细致的人力、物力与技术上的准备。截流工程难易程度取决于河道流量、泄水条件、龙口落差、流速、地形地质条件、材料供应情况、施工方法、施工设备等因素。在综合考虑工程实际条件的情况下，应采用适当的措施，改善截流条件，从而降低截流难度。一般是从分流条件、龙口条件、抛投料稳定、加大截流强度等方面来采取措施以降低截流难度。

（一）加大分流量，改善分流条件

要改善龙口截流条件，必须增大分流能力。分流条件好坏直接影响到截流过程中龙口的流量、落差和流速，分流条件好，截流就容易。改善分流条件的措施有：

1. 合理确定导流建筑物的尺寸、断面形式以及底部高程；

2. 确保泄水建筑物上下游引渠开挖和上下游围堰拆除的质量；

3. 在永久泄水建筑物泄流能力不足时，可专门修建截流分水闸或其他形式泄水道来帮助分流，提高分流能力；

4. 增大截流建筑物的泄水能力。

（二）改善龙口水力条件

龙口水力条件是影响截流的重要因素。为了改善截流条件，直接降低龙口落差，这也是减小龙口流速与单宽流量的有效措施。改善龙口水力条件的措施有双戗截流、三戗截流、宽戗截流、平抛垫底等。

1. 双戗截流

双戗截流采取上下游两道戗堤，协同进行截流，以分担落差。通常采取上下戗堤立堵，少量也有采用双戗平堵以分担落差，或上戗平堵、下戗立堵。常见的进占方式有上下戗轮换进占、双戗固定进占和以上两种进占方式混合使用。也有以上戗进占为主，由下戗配合进占一定距离，局部壅高上戗下游水位，减少上戗进占的龙口落差和流速，改善龙口水力条件。

采用双戗进占可以分担落差，降低截流的难度，也便于就地取材，避免使用或少使用大块料和人工块料。但是，双戗进占也有缺点。由于二线施工，施工组织比单戗截流复杂；又由于二戗堤进占的进度要求严格，施工指挥相对困难。如果是在软基上截流，则采用双线进占时因龙口均要求护底，会大大增加护底的工程量。另外，如果在通航河道截流，船只需要经过两个龙口，困难会比较多。因此，双戗截流应谨慎采用。

2. 三戗截流

三戗截流采取三道戗堤，协同进行截流，利用第三戗堤进一步来分担落差，从而可以在更大的总落差情况下完成截流任务。

3. 宽戗截流

宽戗截流是增大戗堤宽度以分散水流落差，改善龙口水流条件。增大戗堤宽度和上述扩展断面一样，可以分散水流落差。宽戗进占前线宽，工程量也大为增加，要求投抛强度大。所以，只有当戗堤可以作为坝体(土石坝)的一部分时才宜采用。

4. 平抛垫底

只有当戗堤可以作为对于流量较大，水位较深的河道，河床基础覆盖层较厚时，常采取在龙口部位一定范围抛投适宜填料，以抬高河床底部高程，降低龙口流速，减少截流抛投强度，达到降低截流难度的目的。

5. 增大抛投料的稳定性，减少块料流失

增大抛投料的稳定性，减少块料流失的主要措施有采用特大块石、葡萄串石、钢构架石笼、混凝土块体等来提高投抛体的本身稳定。截流实践证实，拦石坎起到了拦阻块料流失、增加抛投料稳定的作用。

6. 加大截流施工强度

加大截流施工强度，加快施工速度，可减少龙口的流量和落差，起到降低截流难度的作用，并可减少投抛料的流失。截流(抛投)强度受抛投前沿工作面大小的制约，同时与备料数量和堆料场布置以及运输设备和线路布置等因素有关。加大截流施工强度的主要措施有加大材料供应量、改进施工方法、增加施工设备投入等。

四、基坑排水布置

基坑排水系统的布置通常应考虑两种不同情况：一种是基坑开挖过程中的排水系统布置；另一种是基坑开挖完成后修建建筑物时的排水系统布置。布置时，应尽量同时兼顾这两种情况，并且使排水系统尽可能不影响施工。

基坑开挖过程中的排水系统布置应以不妨碍开挖和运输工作为原则。一般常将排水干沟布置在基坑中部，以利于两侧出土，如图3-8所示。随着基坑开挖工作的进展，逐渐加深排水干沟和支沟。通常保持干沟深度为1.0～1.5m，支沟深度为0.3～0.5m。集水井多布置在建筑物轮廓外侧，井底应低于干沟沟底。但是，由于基坑坑底高程不一，有的

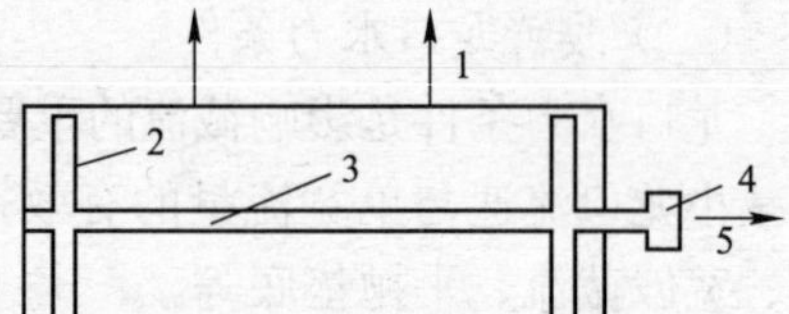

图3-8 基坑开挖过程中排水系统布置图

1—运土方向；2—支沟；3—干沟；4—集水井；5—水泵抽水

工程就采用层层设截流沟、分级抽水的办法，即在不同高程上分别布置截水沟、集水井和水泵站进行分级抽水。

建筑物施工时的排水系统通常都布置在基坑四周。排水沟应布置在建筑物轮廓线外侧，且距离基坑边坡坡脚不少于0.3～0.5m。排水沟的断面尺寸和底坡大小取决于排水量的大小，一般排水沟底宽不小于0.3m，沟深不大于1.0m，底坡不小于2‰。在密实土层中，排水沟可以不用支撑，但在松土层中，则需用木板或麻袋装石来加固。

水经排水沟流入集水井后，利用在井边设置的水泵站，将水从集水井中抽出。集水井布置在建筑物轮廓线以外较低的地方，它与建筑物外缘的距离必须大于井的深度。井的容积至少要能保证水泵停止抽水10～15min后，井水不致漫溢。集水井可为长方形，边长1.5～2.0m，井底高程应低于排水沟底1.0～2.0m。在土中挖井，其底面应铺填反滤料，在密实土中，井壁用框架支撑；在松软土中，利用板桩加固。如板桩接缝漏水，尚需在井壁外设置反滤层。集水井不仅可用来集聚排水沟的水量，而且还应有澄清水的作用，因为水泵的使用年限与水中含沙量的多少有关。为了保护水泵，集水井宜稍微偏大、偏深一些。

为防止降雨时地面径流进入基坑而增加抽水量，通常在基坑外缘边坡上挖截水沟，以拦截地面水。截水沟的断面及底坡应根据流量和土质而定，一般沟宽和沟深不小于0.5m，底坡不小于2‰，基坑外地面排水系统最好与道路排水系统相结合，以便自流排水。

明式排水系统最适用于岩基开挖。对砂砾石或粗砂覆盖层，在渗透系数K_s大于0.2cm/s，且围堰内外水位差不大的情况下也可用。一般认为当K_s<0.1cm/s时，以采用人工降低地下水位法为宜。

五、人工降低地下水位

经常性排水过程中，为了保持基坑开挖工作始终在干地进行，常常要多次降低排水沟和集水井的高程，变换水泵站的位置，影响开挖工作的正常进行。此外，在开挖细砂土、砂壤土一类地基时，随着基坑底面的下降，坑底与地下水位的高差愈来愈大，在地下水渗透压力作用下，容易发生边坡滑脱、坑底隆起等事故，甚至危及临近建筑物的安全，给开挖工作带来不良影响。

采用人工降低地下水位，可以改变基坑内的施工条件，防止流砂现象的发生，基坑边坡可以陡些，从而可以大大减少挖方量。人工降低地下水位的基本做法是：在基坑周围钻设一些井，地下水渗入井中后，随即被抽走，使地下水位线降到开挖的基坑底面以下，一般应使地下水位降到基坑底部0.5～1.0m处。

人工降低地下水位的方法按排水工作原理可分为管井法和井点法两种。管井法是单纯重力作用排水，适用于渗透系数K_s为10～250m/d的土层；井点法还附有真空或电渗排水的作用，适用于K_s为0.1～50m/d的土层。

(一) 管井法降低地下水位

管井法降低地下水位时，在基坑周围布置一系列管井，管井中放入水泵的吸水管，地下水在重力作用下流入井中，被水泵抽走。管井法降低地下水位时，须先设置管井，管井通常采用下沉钢井管，在缺乏钢管时也可用木管或预制混凝土管代替。

井管的下部安装滤水管节(滤头)时在井管外还需设置反滤层，地下水从滤水管进入井内，水中的泥沙则沉淀在沉淀管中。滤水管是井管的重要组成部分，其构造对井的出水量和可靠性影响很大。要求它过水能力大，进入的泥沙少，有足够的强度和耐久性。

井管的埋设可采用射水法、振动射水法及钻孔法下沉。射水下沉时，先用高压水冲土下沉套管，较深时可配合振动或锤击(振动水冲法)，然后在套管中插入井管，最后在套管与井管的间隙中间填反滤层并拔套管，反滤层每填高一次便拔一次套管，逐层上拔，直至完成。

管井中抽水可应用各种抽水设备，但主要的是普通离心式水泵、潜水泵和深井水泵，分别可降低水位 3～6m、6～20m 和 20m 以上，一般采用潜水泵较多。用普通离心式水泵抽水，由于吸水高度的限制，当要求降低地下水位较深时，要分层设置管井，分层进行排水。

在要求大幅度降低地下水位的深井中抽水时，最好采用专用的离心式深井水泵。每个深井水泵都是独立工作，井的间距也可以加大。深井水泵一般深度大于 20m，排水效率高，需要井数少。

（二）井点法降低地下水位

井点法与管井法不同，它把井管和水泵的吸水管合二为一，简化了井的构造。

井点法降低地下水位的设备，根据其降深能力分轻型井点(浅井点)和深井点等。其中最常用的是轻型井点，它是由井管、集水总管、普通离心式水泵、真空泵和集水箱等设备所组成的一个排水系统，如图 3-9 所示。

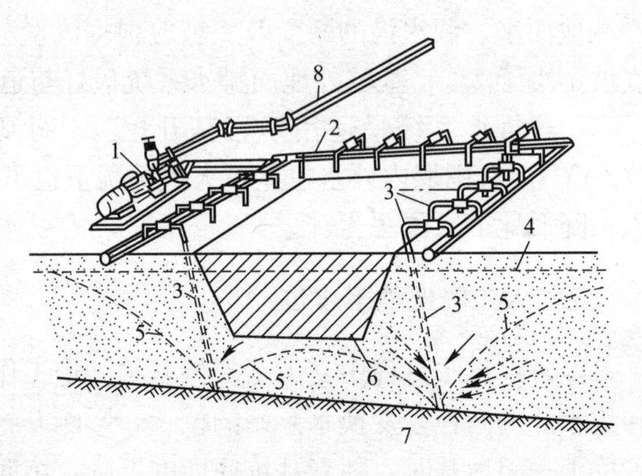

图 3-9 轻型井点系统

1—带真空泵和集水箱的离心式水泵；2—集水总管；3—井管；4—原地下水位；5—排水后水面降落曲线；6—基坑；7—不透水层；8—排水管

轻型井点系统的井点管是直径为 38～50mm 的无缝钢管，间距为 0.6～1.8m，最大可达 3.0m。地下水从井管下端的滤水管借真空泵和水泵的抽吸作用流入管内，沿井管上升汇入集水总管，流入集水箱，由水泵排出。轻型井点系统开始工作时，先开动真空泵，排除系统内的空气，待集水箱内的水面上升到一定高度后，再启动水泵排水。水泵开始抽水后，为了保持系统内的真空度，仍需真空泵配合水泵工作。这种井点系统也叫真空井点。井点系统排水时，地下水位的下降深度取决于集水箱内的真空度与管路的漏气情况和水头损失。一般集水箱内真空度为 80kPa，相当于吸水高度为 5～8m，扣除各种损失后，地下水位的下降深度为 4～5m。

当要求地下水位降低的深度超过 4～5m 时，可以像管井一样分层布置井点，每层控制范围为 3～4m，但以不超过 3 层为宜。分层太多，基坑范围内管路纵横，妨碍交通，影响施工，同时也增加挖方量，而且当上层井点发生故障时，下层水泵能力有限，地下水位回升，基坑有被淹没的可能。

真空井点抽水时，在滤水管周围形成一定的真空梯度，加速了土的排水速度，因此，即使在渗透系数小到 0.1m/d 的土层中，也能进行工作。

布置井点系统时，为了充分发挥设备能力，集水总管、集水管和水泵应尽量接近天然地下水位。当需要几套设备同时工作时，各套总管之间最好接通，并安装开关，以便相互支援。

井管的安设一般用射水法下沉。距孔口 1.0m 范围内，应用黏土封口，以防漏气。排水工作完成后，可利用杠杆将井管拔出。

深井点与轻型井点不同，它的每一根井管上都装有扬水器，因此，它不受吸水高度的限制，有较大的降深能力。

深井点有喷射井点和压气扬水井点两种。喷射井点由集水池、高压水泵、输水干管和喷射井管等组成。通常一台高压水泵能为 30～35 个井点服务，其最适宜的降水位范围为5～18m。喷射井点的排水效率不高，一般用于渗透系数为 3～50m/d、渗流量不大的场合。压气扬水井点是用压气扬水器进行排水，排水时压缩空气由输气管送来，由喷气装置进入扬水管，于是，管内密度较轻的水气混合液在管外水压力的作用下，沿水管上升到地面排走。为达到一定的扬水高度，就必须将扬水管沉入井中有足够的潜没深度，使扬水管内外有足够的压力差。压气扬水井点降低地下水位最大可达 40m。

第四章　水利水电工程主体工程施工

第一节　地基处理的基本方法

一、天然地基的类型和特点

水工建筑的地基一般分为岩石地基、砂砾石地基和软土地基等。岩石地基由岩石构成，质地坚硬。砂砾石地基是由砂砾石、砂卵石等构成的地基，它的孔隙大，因而渗透性强。软土地基是由淤泥、黏土、粉细砂等细粒土构成的地基，具有孔隙率大、压缩性大、含水量高、渗透系数小、承载力低、沉陷大、触变性强等特点，在外界影响下很易变形。由于工程地质和水文地质作用的影响，天然地基往往存在一些不同程度、不同形式的缺陷，需要经过人工处理，使地基具有足够的强度、整体性、抗渗性和耐久性。

二、地基处理的基本方法

地基处理的方法很多，要视地质情况、建筑物的类别、使用要求、结构形式及施工条件等因素并通过技术经济比较而定。例如，在风化层厚、岩石破碎等地方，应考虑开挖，挖除不符合设计要求的覆盖层；若不能全部清除或砂砾石地基较深时，往往要采用灌浆或建混凝土防渗墙等办法来提高地基强度、增加抗渗能力。对于软弱地基，可以从结构上采取措施，应用桩基、沉箱和沉井等基础将荷载传到地层深处，以提高地基的强度和稳定性。

水利水电工程地基处理的基本方法有开挖、灌浆、防渗墙、桩基础、锚固，此外还有置换法、排水法、挤实法等。

（一）开挖

土基开挖时，必须清除坝断面范围内地基、岸坡上的草皮、树根、含有植物的表土、蛮石、垃圾及其他废料，并将清理后的地基表面土层压实；坝体断面范围内的低强度、高压缩性软土及地震时易液化的土层应清除或处理；开挖的岸坡应大致平顺，不应成台阶状、反坡或突然变坡，岸坡上缓下陡时，变坡角应小于20°，岸坡不宜陡于1∶1.5；开挖时应留有0.2～0.3m的保护层，待填土前进行人工开挖。

岩基处理的方法很多，而开挖处理是岩基处理中最普遍、也是最可靠的一种方法。所谓开挖处理，就是按照设计要求，将风化、破碎、有缺陷的岩层挖掉，使坝体或其他水工建筑物修建在完整坚实的岩体上。

混凝土坝坝基开挖的深度，应根据坝基应力、岩石强度及其完整性，结合上部结构对地基的要求研究确定。高坝应挖至新鲜或微风化基岩；中坝宜挖至微风化或弱风化基岩。开挖过程中的注意事项包括：坝段的基础面上下游高差不宜过大，并尽可能开挖成大台阶状；两岸岸坡坝段基岩面，尽量开挖成有足够宽度的台阶状，以确保向上游倾斜；若基岩面高差过大或向下游倾斜，宜开挖成大台阶状，保持坝体的侧向稳定。对于靠近坝基面的缓倾角软弱夹层，埋藏不深的溶洞、溶蚀面应尽量挖除；开挖至距利用基岩面0.5～1.0m时，应采用手风钻钻孔，小药量爆破，以免造成基岩产生或增大裂隙。

所有的混凝土坝工程几乎都要进行岩基开挖。一般情况下，开挖的工程量都很大，需要投入大量人力、物力，占用相当长的工期。因此，如何多快好省地做好开挖处理，对于加快水利水电建设，具有相当重要的意义。

（二）灌浆

岩基灌浆是提高基岩强度，加强基岩整体性和抗渗性的有效措施。岩基灌浆处理是将某种具有流动性和胶凝性的浆液，按一定的配比要求，通过钻孔用灌浆设备压入岩层的孔隙中，经过硬化胶结以后形成结石，以达到改善基岩物理力学性能的目的。砂砾石地基灌浆和岩基灌浆的施工方法、工艺等方面的要求，有很多是相同的。但是，砂砾石地基由于地层结构方面的特点，在其中进行灌浆，有一些特殊的要求，包括判断砂石地基的可灌性、灌浆材料的特殊性以及灌浆方法的特殊要求等。岩基灌浆按目的不同，有固结灌浆、帷幕灌浆和接触灌浆之分。

（三）防渗墙

防渗墙是修建在挡水建筑物或透水地层中的地下墙。利用专门机具钻凿圆孔或直接开挖槽孔，用泥浆护壁，孔内浇灌混凝土或其他防渗材料，或安装预制混凝土构件，而形成连续的防渗墙体。防渗墙也可用板桩、灌注桩、旋喷桩或定喷桩等各类桩体连续形成。防渗墙的基本形式是槽孔形和桩柱体连续墙，槽孔型防渗墙由一段段槽孔套接而成，桩柱体防渗墙由一个个桩柱套接而成。

（四）置换法

置换法是将建筑物基础底面以下一定范围内的软弱土层挖去，回填砂、碎石、粉煤灰等无侵蚀性、低压缩性的散粒材料，从而加速软土固结，提高地基承载力的一种方法。

（五）排水法

排水法是通过布置砂垫层、砂井、塑料多孔排水板等，使软土地基表层或内部形成水平或垂直排水通道，然后采取加压、抽气、抽水等措施，加速孔隙水的排出而使土固结和强度增长，提高地基土的稳定性。

（六）挤实法

挤实法是通过挤密或振动使土层密实，并在振动或挤密过程中回填砂、碎石或生石灰等，形成砂桩、碎石桩、灰土桩等，与桩间土形成复合地基，从而提高地基强度的一种方法。

三、不同类型地基的处理

（一）岩土地基处理方法

开挖、灌浆等处理方法是岩基的主要处理方法。

（二）砂砾石地基的处理方法

砂砾石地基的主要处理方法有开挖、防渗墙、桩基、帷幕灌浆、设水平铺盖、设排水通道等。

（三）软土地基的处理方法

软基的处理方法很多，诸如开挖回填、预压、换砂、打桩、设砂井、振动加固、筑截水墙、灌浆、打板桩、筑防渗墙、修铺盖、设减压井等。

第二节 地基灌浆处理技术

所谓灌浆就是利用灌浆机施加一定的压力，将配制的某种浆液通过预先设置的钻孔和灌浆管，灌入岩石地基、土或建筑物中，使其充填胶结成坚固、密实而不透水的整体。水利工程中常用的浆液主要有水泥灌浆、黏土灌浆、水泥黏土灌浆和化学灌浆等。

一、固结灌浆施工技术

固结灌浆是在岩体中通过向钻孔中灌浆以改善岩体物理力学性能的一种工程技术处理措施。其主要作用是提高岩体的整体性、抗压强度与弹性模量，减小岩体变形与上部建筑物的不均匀沉降。

1. 孔的布置

灌浆孔的排距、孔距、孔深等应根据地质条件、坝型、坝高以及水工建筑物对岩基的要求而定。孔距一般为2.5～5m，排距略小于孔距，其布置形式有方格形、梅花形、六角形等。孔深一般小于或等于10m，有特殊要求时刻进行深孔固结灌浆。

2. 灌浆方式

常用的灌浆方式有循环式和纯压式两种。为保证灌浆质量，固结灌浆常应在基岩表面浇筑的混凝土达到一定高度以起到盖重作用后进行，并应做好固结灌浆与坝体混凝土浇筑的安排。当基岩段小于6m时，全孔一次灌注；大于6m时，分段进行灌注。

3. 灌浆施工

固结灌浆多采用水泥浆，灌注浆液也应遵循由稀到浓、逐级变换的原则。灌浆施工时应遵循逐渐加密的原则，排间分序，排内加密。每一灌浆孔段的施工程序一般为：钻孔——钻孔冲洗——孔内压力水裂隙冲洗——部分钻孔进行简易压水——灌浆。特殊地质条件下需要进行群孔冲洗。

灌浆前应安设抬动观测装置，施工过程中不允许混凝土盖板发生抬动或抬动值不大于0.2mm，并随时注意观察有无冒浆及串浆现象发生。注浆的灌浆压力，浅孔一般为0.2～0.5MPa。灌浆结束后应做好封孔工作。

4. 适用范围

（1）混凝土重力坝多在坝基全面进行固结灌浆，有时为增加坝基的抗滑稳定，还在坝基上、下游一定范围内进行固结灌浆。

（2）混凝土拱坝或重力拱坝，除坝基进行固结灌浆外，对受力大的坝肩拱座岩体尤需进行固结灌浆。

（3）水工隧洞常在混凝土衬砌四周进行围岩固结灌浆。

（4）对位于地下水丰富区、岩体破碎地段，或地质条件非常复杂地段的水工隧洞，在开挖前，有时需先在大于洞径一定范围内钻放射形斜孔进行超前固结灌浆，以有利于开挖。

（5）土石坝在斜墙或心墙底部设置混凝土盖板，对盖板下的基岩进行固结灌浆，混凝土面板堆石坝对趾板下的基岩进行固结灌浆等。

二、帷幕灌浆施工技术

帷幕灌浆是指为建造水工建筑物地基防渗帷幕而进行的灌浆。帷幕灌浆是水工建筑物岩石地基防渗处理的主要手段。

1. 灌浆材料

常用的帷幕灌浆材料主要有水泥浆、水泥黏土浆和化学浆液等。水泥浆效果可靠，灌浆设备和工艺比较简单，材料成本不高，是最常用的灌浆浆液；水泥黏土浆成本低廉，但强度不高，多用于砂砾石层的防渗灌浆或强度要求不高的岩基灌浆；化学浆液成本较高，一般只在特殊情况下使用。

2. 灌浆方式

常用的帷幕灌浆方式有纯压式和循环式两种。纯压式帷幕灌浆浆液流动速度相对较小，容易产生沉淀，并堵塞岩层缝隙和管路，影响灌浆效果，多用于吸浆量大、并有大裂隙存在和孔深不超过15m的情况。循环式帷幕灌浆一方面使浆液始终保持循环流动状态，可以防止泥浆沉淀；另一方面又可以根据进浆浆液相对密度的差值，判断岩层的吸浆情况。工程中多采用循环式帷幕灌浆。

3. 灌浆方法

帷幕灌浆方法主要有自上而下分段灌浆法和自下而上分段灌浆法两种，有时也采用综合灌浆法及孔口封闭灌浆法。

进行帷幕灌浆时，坝体混凝土和基岩的接触段应先进行单独灌浆，其在岩石中的长度不得大于2m。以下各灌浆段的长度一般为5～6m，最大不超过10m。帷幕灌浆施工应遵循逐渐加密的原则，三排孔先灌边排孔，再灌中间排孔；双排孔一般先灌下游排孔，再灌上游排孔。

4. 灌浆施工

每一灌浆孔段的施工程序一般为：钻孔——钻孔冲洗——孔内裂隙压力水冲洗——简易压水——灌浆。灌浆压力是控制灌浆质量的重要指标，与孔深、岩层性质和灌浆段上有无压重等因素有关，可根据不同的计算公式得出参考值，也可参考类似工程所用值进行设计，再根据现场灌浆试验确定。灌浆开始后常用一次升压法(即灌浆开始时，一次将压力升高到预定的压力，并在此压力下灌注由稀到浓的浆液)，将灌浆压力尽快升到规定值。

灌注浆液应遵循由稀到浓，逐级变换的原则，遇注入率大时，也可越级变浓。对可灌性差的岩基，在必要时应采用加细水泥或化学材料灌浆。

5. 质量检查

帷幕灌浆质量检查的主要方法是钻检查孔，自上而下分段进行压水试验，采用单点法或五点法，求得透水率ξ值。岩基中帷幕灌浆的防渗标准主要根据地质条件、坝型、坝高、水工设计对岩基防渗的要求等而定。为了解灌浆压力对地基上抬的影响，一般宜进行地基抬动监测。

三、化学灌浆施工技术

化学灌浆是将一定的化学材料(无机或有机材料)配制成真溶液，用化学灌浆泵等压送设备将其灌入地层或缝隙内，使其渗透、扩散、胶凝或固化，以增加地层强度、降低地层渗透性、防止地层变形和进行混凝土建筑物裂缝修补的一项加固基础、防水堵漏和混凝土缺陷补强的技术。即化学灌浆是化学与工程相结合，应用化学科学、化学浆材和工程技术进行基础和混凝土缺陷处理(加固补强、防渗止水)，保证工程的顺利进行或借以提高工程质量的一项技术。

1. 化学浆液的类别

目前最常用的化学灌浆材料主要可分为两大类：一是防渗止水类，有水玻璃、丙烯酸盐、水溶性聚氨酯、弹性聚氨酯和木质素浆等；二是加固补强类，有环氧树脂、甲基丙烯酸甲酯、非水溶性聚氨酯浆等，近年来应用最多的是水玻璃、聚氨酯和环氧树脂。

2. 化学浆液的一般性能要求

(1) 浆液稳定性好，在常温常压下存放一定时间其基本性质不变；

(2) 浆液黏度小、流动性、可灌性好，浆液在凝胶或固化时收缩率小或不收缩；

(3) 浆液的凝胶或固化时间可在一定范围内按需要进行调节和控制，凝胶过程可瞬间完成，凝胶体或固结体有良好的抗渗性能；

(4) 凝胶体或固结体的耐久性好，不受气温、湿度变化和酸、碱或某些微生物侵蚀的影响；

(5) 浆液无毒、无臭，不易燃、易爆，对环境不造成污染，对人体无害；

(6) 浆液配制方便，灌浆工艺操作简便。

3. 化学灌浆施工

化学灌浆机理与水泥灌浆机理不同，化学浆液渗入地基十分缓慢，每段灌浆时间常长达十几小时，甚至几十小时。

(1) 化学灌浆方法。按浆液的混合方式来区分，有单液法灌浆和双液法灌浆两种。单液法灌浆施工简便，采用较多。

(2) 压送浆液的动力。帷幕化学灌浆多采用电动式比例泵或其他化学浆泵进行灌注，其主要优点是能保持连续供浆。小型工程也有采用手压泵的。

(3) 灌浆方式。采用纯压式。

(4) 灌浆开始条件。一般有两种：一种是以灌前压水试验透水率值为准，大于某值，如3Lu或5Lu时，灌注水泥浆，小于某值时，则进行化学灌浆；另一种是以在设计灌浆压力下求得孔段的注入率值为准，大于某值，例如大于3L/min或5L/min时，灌注水泥浆，小于此值时，进行化学灌浆。一般情况下宜采用后者。

(5) 灌浆结束标准。注入率小于0.1L/min或基本不吸浆时结束。为了防止灌浆时间过长，有的工程还规定了当灌浆时间达到若干小时后也可结束灌浆。

(6) 浆液聚合时间的确定。这是保证灌浆质量的一个重要因素，应根据地质条件、被灌介质、灌浆目的、注入率、施工工艺等情况而定。

(7) 灌浆结束后应注意的事项。剩余的废浆应倒在指定的地点，不得乱扔、乱倒，特别是不要倒入与饮用水源有联系的沟渠中，以免污染水源。

第三节 土石方开挖工程

一、土方开挖工程

(一) 土方开挖技术

1. 土方边坡

若土壁高度较高，土方边坡可根据各层土质及土体所受到的压力，可做成折线形或台阶形，以减少土方量。

土方边坡的大小应根据土质条件、开挖深度、地下水位、施工方法及工期长短、附近堆土距相邻建筑物情况等因素确定。当土质均匀且地下水位低于基坑或管沟底面标高，挖方边坡有时可做成直立壁不加支撑。

为了保证边坡和直立壁的稳定性，在挖方边坡上侧堆土方或材料以及有施工机械行驶时，应与挖方边缘保持一定距离。当土质良好时，堆土或材料应距挖方边缘 0.8m 以外，高度不宜超过 1.5m。在软土地区开挖时，挖出的土方应随挖随运走，不得堆放在边坡顶上，避免由于地面上加荷引起边坡塌方事故。

根据工程实践分析，造成边坡塌方的主要原因有以下几点：

(1) 雨水、地下水或施工用水渗入边坡，使土体的重量增大及抗剪能力降低，这是造成边坡塌方的最主要原因。

(2) 基坑边坡留的太陡，使土体本身的稳定性不够而发生塌方。

(3) 基坑上边缘附近大量堆土或停放机具，使土体中产生的剪应力超过土体的抗剪强度。

因此，为防止边坡塌方，除保证边坡大小与边坡上边缘的荷载符合规定要求外，在施工中还必须做好排除地面水工作，防止地表水、施工用水和生活用水浸入开挖场地或冲刷土方边坡。在雨期施工时，更应注意检查边坡的稳定性，必要时，可适当放缓边坡坡度或设置支撑，以防塌方。

2. 土壁支撑

基槽(坑)或管沟开挖时，如果土质或周围场地条件允许，采用放坡开挖往往是比较经济的。但是，如果在建筑物稠密的地区施工，有时不允许按规定的坡度进行放坡，或深基槽(坑)开挖时，放坡所增加的土方量过大，就需要用设置土壁支撑的施工方法，以保证土方开挖顺利进行和安全，并减少对相邻已有建筑物的不利影响。

土壁支承方法根据工程特点、土质条件、开挖速度、地下水位和施工方法等不同情况，可以选择钢(木)支撑、钢(木)板桩、钢筋混凝土护坡桩和钢筋混凝土地下连续墙等。

(1) 钢(木)支撑

开挖基槽(坑)或管沟常用的钢(木)支撑有横撑式支撑和锚碇式支撑等。

① 横撑式支撑

在开挖狭窄的基槽(坑)或管沟时，可采用横撑式支撑，如图 4-1 所示。横撑式支撑根据挡土板放置方式的不同，可以分为水平挡板支撑和垂直挡板支撑。水平挡板支撑由水平挡土板、竖楞木和

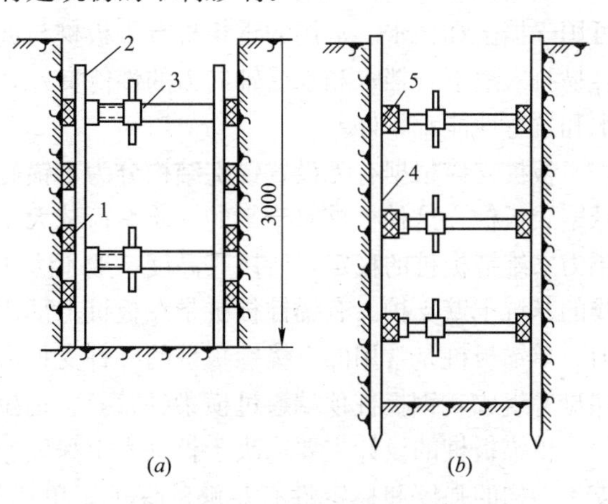

图 4-1 横撑式支撑

(a)水平挡板支撑；(b)垂直挡板支撑

1—水平挡土板；2—竖楞木；3—工具式横撑；4—竖直挡土板；5—横楞木

横撑三部分组成，它又可分为断续式和连续式两种。断续式水平挡土板支撑在湿度小的黏性土及挖土深度小于 3m 时采用。连续式水平挡板支撑用于较潮湿的或散粒的土，挖土深度可达 5m。垂直挡板支撑用于松散的和潮湿度很高的土，挖土深度不限。

采用横撑式支撑时，应随挖随撑，支撑牢固。施工中应经常检查，如有松动变形等现象，应及时加固或更换。支撑的拆除，应按回填土顺序依次进行。多层支撑拆除时，应按自下而上的顺序，在下层支撑拆除并回填土完成后才能拆除上层的支撑。拆除支撑时，应防止附近建筑物和构筑物等产生下沉和破坏，必要时应采取妥善的保护措施。

② 锚碇式支撑

当基坑宽度较大时，横撑自由长度(跨度)过大而稳定性不足或采用机械挖土基坑内不允许有水平支撑阻拦时，则可设置锚碇式支撑，如图 4-2 所示，即用拉锚来代替横撑，锚桩应设置在土体破坏棱体范围以外，以保证锚碇不失去应有的作用。

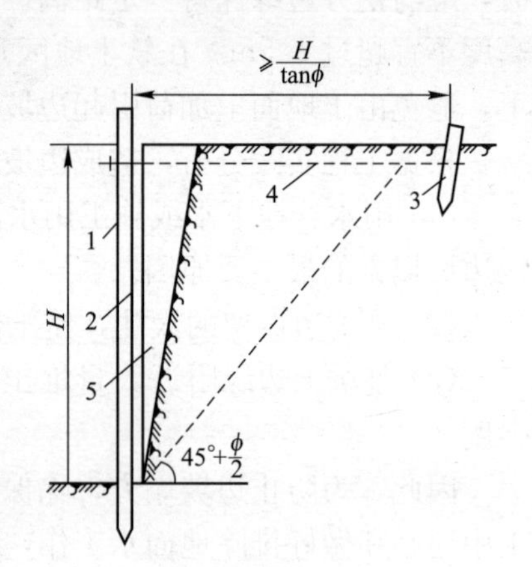

图 4-2 锚碇式支撑
(图中 ϕ—土的内摩擦角)
1—柱桩；2—挡土板；3—锚桩；
4—拉杆；5—回填土

(2) 板桩支撑

板桩是一种支护结构，可用它来抵抗土和水所产生的水平压力，既挡土又挡水。当开挖的基坑较深，地下水位较高又有可能出现流砂现象时，如果未采用井点降水方法，则宜采用板桩打入土中，使地下水在土中渗流的路线延长，降低水力坡度，阻止地下水渗入基坑内，从而防止流砂产生。在靠近原有建筑物开挖基槽(坑)时，为了防止原有建筑物基础下沉，通常也采用打板桩方法进行支护。

板桩的种类有钢板桩、木板桩和钢筋混凝土板桩等。钢板桩在临时工程中可重复多次使用，打设方便、强度高、应用最广泛。

钢板桩是由带锁口或钳口的热轧型钢制成，把这种钢板桩互相连接就形成钢板桩墙，可用于挡土和挡水。常用的钢板桩有平板桩与波浪形板桩(即“拉森”板桩)两类。平板桩容易打入地下，挡水和承受轴向力的性能良好，但长轴方向抗弯能力较小；波浪形板桩挡水和抗弯性能都较好。

板桩支撑根据有无设置锚碇结构分为不锚碇板桩和有锚碇板桩两类。无锚碇板桩即为悬壁式板桩，这种板桩对于土的性质、荷载大小等非常敏感，由于它仅依靠入土部分的土压力来维持板桩的稳定，所以其高度一般不大于 4m，否则就不经济，这种板桩仅适用较浅的基坑土壁支护。有锚锭板桩是在板桩上部用拉锚装置加以固定，以提高板桩的支护能力。单锚板桩是常用的有锚锭板桩的一种支护形式，它是由板桩、横梁、拉杆、锚锭桩和螺母等组成，钢板桩顶端通过横梁(槽钢)、钢拉杆、螺母固定在锚锭桩上。

单锚板桩的设计主要取决于板桩入土深度、截面弯矩和锚杆拉力三个要素，应使板桩支护结构的强度和稳定性有足够的保证。单锚板桩破坏主要有下列几种情况，如图 4-3 所示。

① 板桩底端向外移动。当板桩入土深度不够或由于挖土超深及坑底土过于软弱等，在土压力作用下，都可能产生板桩绕拉锚点转动，使板桩底端向外移动，见图 4-3(a)。

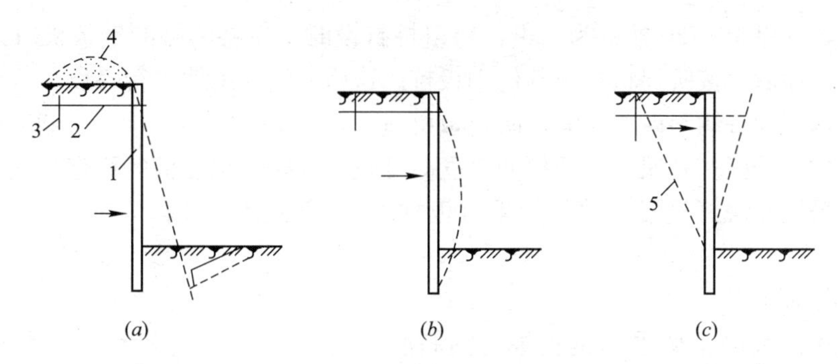

图 4-3 单锚板柱破坏形式

(a)板桩底端向外移动；(b)板桩弯曲破坏；(c)锚锭系统破坏

1—板桩；2—拉杆；3—锚锭；4—堆土；5—破坏面

② 板桩弯曲破坏。板桩本身断面太小，刚度不够，在土压力作用下失稳而弯曲破坏，见图 4-3(b)。

③ 锚锭系统破坏。锚锭系统破坏可能是拉杆强度不够被拉断，也可能是锚锭桩失效等，使板桩在土压力作用下向前倾倒，使土体滑动，见图 4-3(c)。

此外，也可能因为软黏土发生圆弧滑动而引起整个板桩墙的破坏。

后两种破坏情况常常是由于施工时，大量弃土无计划堆置于板桩后面的地面上所引起的，尤其是在雨期施工时更容易发生这种情况，因此，要特别注意这一点。

板桩施工时要正确选择打桩方法、打桩机械和流水段划分，以便使打设后的板桩墙有足够的刚度和良好的挡水作用。对封闭式的钢板桩墙要求做到墙面平直、平面尺寸准确，封闭合拢好。打桩流水段大小的划分直接影响合拢点的数量和误差积累。如流水段长则合拢点少，而误差积累大，封闭合拢时需调整的范围就大；如流水段短，则合拢点多，积累误差小，轴线位置较准确，但封闭合拢时调整次数多。一般情况下，打桩流水段大小，要根据打桩工程规模和打桩机械的特点加以正确划分。

钢板桩的打设，通常采用下面的方法：

① 单独打入法。此法是从板桩墙一角开始逐根打入，直至打桩工程结束。其优点是桩打设时不需要辅助支架，施工简便，打设速度快；缺点是易使桩的一侧倾斜，且误差积累后不容易纠正。因此，这种打法只适于对板桩墙质量要求一般，且板桩长度较小的情况。

② 围檩插桩法。此法是打桩前先在地面上沿板桩墙两侧每隔一定距离打入围檩桩，并在其上面安装单层围檩(如图 4-4 所示)或双层围檩，然后根据钢围檩上的画线，将钢板

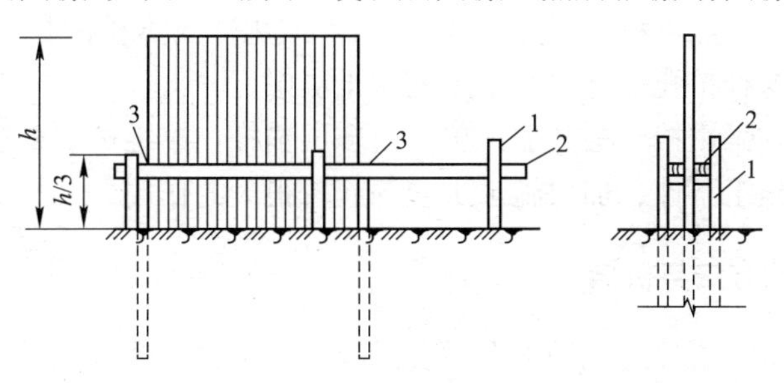

图 4-4 围檩插桩

1—围檩桩；2—围檩；3—定位钢板桩

桩逐根插入，并以10～20根桩为一组，每组桩打设时，先将两端的钢板桩打入地下，作为定位板桩，而后再按阶梯状打设其他钢板桩。这样一组一组地进行打设。这种打桩方法的优点是可以减少桩倾斜误差积累，防止板桩过大的倾斜和扭转，且易于实现封闭合拢，板桩墙施工质量较好。其缺点是插桩的自立高度较大，要注意插桩的稳定和施工安全。一般情况下多采用此法打设板桩墙。如果对板桩墙质量要求很高时，可以采用双层围檩插桩法。

(3) 土层锚杆

当开挖深度大的基坑采用钢板桩、钢筋混凝土桩作坑壁支撑时，若受周围场地限制，挡土桩顶端既不能作拉锚、又不能作悬臂桩，在这种情况下，采用土层锚杆是一种比较好的方法。土层锚杆是由锚头、拉杆和锚固体等组成，如图4-5所示。

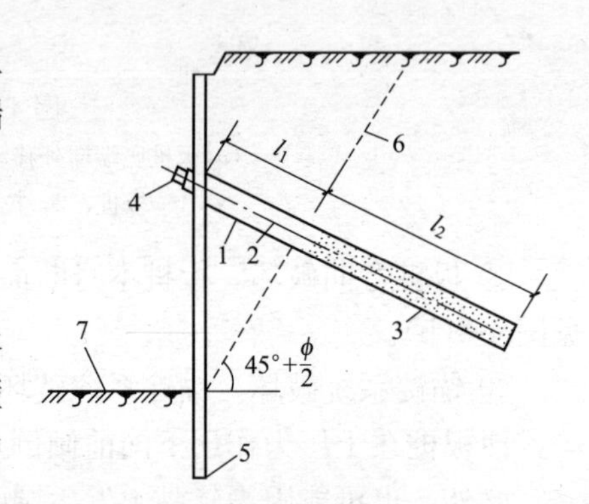

图4-5 土层锚杆示意图
1—钻孔；2—拉杆；3—锚固体；4—锚头；5—挡土桩；6—主动滑动面；7—基坑
l_1—非锚固段长度；l_2—锚固段

锚杆根据主动滑动面分为锚固段(有效锚固长度)和非锚固段(自由长度)。施工时，先在基坑侧壁钻倾孔(沿水平线向下倾斜10°～45°)，然后在孔中插入拉杆(螺纹钢筋、高强度钢丝束或钢绞线等)，再灌注水泥砂浆，必要时进行预应力张拉锚固。

土层锚杆一端插入土层中，另一端与挡土桩拉结，借助锚杆与土层的摩擦阻力产生的水平抗力来抵抗土的侧压力，维护挡土桩的稳定。

土层锚杆的类型主要有以下几种：

① 一般灌浆锚杆。用水泥砂浆(或水泥浆)灌注入孔中，将拉杆锚固于地层内部，拉杆所承受的拉力通过锚固段传递到周围地层中。

② 预压锚杆。它与一般灌浆锚杆不同的是在灌浆时施加一定压力，在压力下水泥砂浆渗入孔壁四周的裂缝中，并在压力下固结，从而使锚杆具有较大的抗拔力。

③ 预应力锚杆。先对锚固段用快凝水泥砂浆进行一次压力灌浆，然后将锚杆与挡土桩相连接，并施加预应力和锚固，最后再在非锚固段进行不加压力的灌浆。这种锚杆往往用于穿过松软地层而锚固在稳定的土层中，并使穿过的地层和砂浆都受有预加压力，在土压力作用下，可以减少挡土桩的位移。

④ 扩孔锚杆。一般土层锚杆钻孔直径为90～130mm，如用特制的内部扩孔钻头扩大锚固段的钻孔直径，一般可将直径加大3～5倍，或用炸药爆扩法扩大钻孔端头，均可提高锚杆的抗拔力。这种扩孔锚杆主要用于松软土层中。

深基础施工中，采用挡土桩并加设单层或多层锚杆，以维护坑壁稳定，防止塌方，保证施工安全，改善施工条件、加快施工进度等起着很大的作用。

二、土方的开挖方法与机械

开挖和运输是土方工程施工的两个主要过程，承担这两个过程施工的机械是各类挖掘机械、挖运组合机械和运输机械。

(一) 挖掘机械

挖掘机械的作用主要是完成挖掘工作，并将所挖土料卸在机身附近或装入运输工具。挖掘机械按工作机构可分为单斗式或多斗式两类。

1. 单斗式挖掘机

单斗式挖掘机由工作装置、行驶装置和动力装置等组成。工作装置有正向铲、反向铲、索铲和抓铲等；工作装置可用钢索或液压操作。行驶装置一般为履带式或轮胎式；动力装置可分为内燃机拖动、电力拖动和复合式拖动等几种类型。

正向铲挖掘机工作时，其支杆一般保持某一角度不变，可挖掘停机面以上的Ⅰ～Ⅳ级土，停机面以下则挖得很浅。在组织正向铲挖掘施工时，应注意下列几点：为了操作安全，使用时应将最大挖掘高度、最大挖掘半径值减少5％～10％；在挖掘黏性土时，工作面底部高度宜小于最大挖土半径时的挖掘高度，以防止出现土体倒悬的情况；为了发挥挖掘机的生产效率，工作面高度应不低于挖掘一次即可装满铲斗的高度。

挖掘的工作面，即挖掘机挖土时的工作空间称为掌子。根据掌子的布置不同，正向铲挖掘机有三种作业方式：正向挖土、侧向卸土；正向挖土、后方卸土；侧向挖土、侧向卸土。至于采用哪一种作业方式，应根据施工条件确定。

反向铲挖掘机。反向铲挖掘机能开挖停机面以下的土方，可就地甩土或装车，适用于中小型沟渠开挖、清基、清淤等工程，工作方式可分为沟端开挖和沟侧开挖。

2. 多斗式挖掘机

多斗式挖掘机是一种连续作业式机械，按构造不同，可分为链斗式和斗轮式两类。链斗式是由传动机械带动固定在传动链条上的土斗进行挖掘的，多用于挖掘河滩及水下砂砾料；斗轮式以固定在转动轮上的土斗进行挖掘，多用于挖掘陆地上土料。

（二）挖运组合机械

挖运组合机械是指由一种机械同时完成开挖、运输、卸土任务，有推土机、铲运机及装载机。

1. 推土机

推土机在水利工程施工中应用很广，可用于平整场地、开挖基坑、推平填方、堆积土料、回填沟槽等。推土机的运距不宜超过60～100m，挖深不宜大于1.5～2.0m，填高不宜大于2～3m。

推土机按安装方式可分为固定式和万能式两种；按操纵机构可分为索式及液压式两种；按行驶机构可分为轮胎式和履带式两种。

推土机的开行方式基本上是穿梭式的。为了提高推土机的生产率，应力求减少推土机两侧散失土料，一般可采用槽行开挖、下坡推土、分段铲土、集中推运及多机并列推土等方法。

2. 铲运机

铲运机是一种能铲土、运土和填土的综合性土方工程机械。它一次能铲运几立方米到几十立方米的土方，经济运距达几百米。铲运机能开挖黏性土和砂卵石，多用于平整场地、开采土料、修筑渠道和路基以及软基开挖等。

铲运机按操纵系统分为索式和液压式两种；按牵引方式分为施行式和自行式两种；卸土方式分为自由卸土、强制卸土和半强制卸土三种。

3. 装载机

装载机是一种工作效率高、用途广泛的工程机械，它不仅可对堆积的松散物料进行装、运、卸作业，还可以对岩石、硬土进行轻度的铲掘工作，并能用于清理、刮平场地及牵引作业。如更换工作装置，还可完成堆土、挖土、松土、起重以及装载棒状物料等工作，因此被广泛应用。

装载机按行走装置可分为轮胎式和履带式两种；按卸载方式可分为前卸式、后卸式和回转式三种；按铲斗的额定重量可分为小型(小于 1t)、轻型(1～3t)、中型(4～8t)、重型(大于 10t)四种。

(三) 人工开挖

在不具备采用机械开挖的条件下或在机械设备不足的情况下，一般采用人工开挖。

处于河床或地下水位以下的建筑物基础开挖，应特别注意安排好排水工作。在安排施工程序时，应先挖出排水沟，然后再分层下挖。临近设计高程时，应留出 0.2～0.3m 的保护层暂不开挖，待上部结构施工时，再予以挖除。

对于呈线状布置的工程(如渠道、溢洪道)宜采用分段施工的平行流水作业组织方式进行开挖。分段的长度可按一个工作小组在一个工作班内能完成的挖方量来考虑。

当开挖坚实黏性土和冻土时，采用爆破松土与人工、推土机、装载机等开挖方式配合，可显著提高开挖效率。

三、土方开挖的技术要求

为使开挖效率达到最优，必须合理布置开挖工作面和出土路线。合理确定开挖分层、分段，充分发挥人力、设备的生产能力；必须合理选择和布置出土地点和弃土地点。做好挖填方平衡，使得开挖出来的土方尽量用来作为填方土料；开挖出来的边坡，要防止塌滑，保证开挖安全；地下水位以下土方的开挖，应根据施工方法的要求，切实做好排水工作。

四、石方开挖技术

(一) 石方开挖方法

石方开挖包括露天石方开挖和地下工程开挖。

1. 露天石方开挖的方法

(1) 石方开挖普遍采用钻孔爆破松动、挖掘机或装载机配自卸汽车出渣的开挖方法。

(2) 常用的爆破方法有浅孔爆破法、深孔爆破法、洞室爆破法、预裂爆破法等。

(3) 爆破法开挖石方的基本工序是钻孔、装药、起爆、挖装和运卸等。

2. 露天石方(岩基)爆破开挖的技术要求

(1) 岩基上部除结构要求外均应按梯段爆破方式开挖，在邻近建基面预留保护层，保护层按要求进行开挖。

(2) 采用减震爆破技术，以确保基岩完整，确保开挖边坡稳定，保证开挖形状符合设计要求。

(3) 对爆破进行有效控制，防止损害邻近建筑物和已浇混凝土或已完工的灌浆地段；保护施工现场机械设备和人员安全。

(4) 力求爆后块度均匀、爆堆集中，以满足挖装要求，提高挖装效率。

3. 地下工程开挖方法

地下工程主要采用钻孔爆破方法进行开挖，使用机械开挖则有掘进机开挖法、盾构法和顶管法(顶进法)。

(二) 爆破技术

爆破作业应考虑炮孔的布置、爆破方法及安全措施等。爆破方法有浅孔爆破、深孔爆破、洞室爆破、预裂爆破及光面爆破等。

1. 浅孔爆破法

(1) 孔径小于75mm、深度小于5m的钻孔爆破称为浅孔爆破。

(2) 浅孔爆破法能均匀破碎介质，不需要复杂的钻孔设备，操作简单，可适应各种地形条件，而且便于控制开挖面的形状和规格。但是，浅孔爆破法钻孔工作量大，每个炮孔爆下的方量不大，因此生产率较低。

(3) 水利水电建设中，浅孔爆破广泛用于基坑、渠道、隧洞的开挖和采石场作业等。

(4) 合理布置炮孔是提高爆破效率的关键，布置时应注意以下原则：

① 炮孔方向最好不和最小抵抗线方向重合，因为炮孔堵塞物弱于岩石，爆炸产生的气体容易从这里冲出，致使爆破效果大为降低。

② 要充分利用有利地形，尽量利用和创造自由面，减小爆破阻力，以提高爆破效率。

③ 根据岩石的层面、节理、裂隙等情况进行布孔，一般应将炮孔与层面、节理等垂直或斜交；但当裂隙较宽时，不要穿过，以免漏气。

④ 当布置有几排炮孔时，应交错布置成梅花形，第一排先爆，然后第二排等依次爆破，这样可以提高爆破效果。

⑤ 浅孔爆破法常采用阶梯开挖法。

2. 深孔爆破法

(1) 孔径大于75mm、孔深大于5m的钻孔爆破称为深孔爆破。爆后有一定数量的大块石产生，往往需要二次爆破。深孔爆破法一般适用于Ⅶ～Ⅷ级岩石。

(2) 深孔爆破法是大型基坑开挖和大型采石场开采的主要方法。与浅孔爆破法比较，其单位体积岩石所需的钻孔工作量较小，单位耗药量低，劳动生产率高，并可简化起爆操作过程及劳动组织。缺点是钻孔设备复杂，设备费高。坚硬的岩石，由于钻孔速度慢，往往会使成本提高，采用此种方法时应慎重考虑。

(3) 深孔爆破法在大多数情况下均采用垂直钻孔。垂直钻孔，装药比较容易，钻孔效率高，能适用于各种地质条件。但垂直钻孔爆后大块率高，易留埂坎，爆破时后冲破坏比较严重，梯段坡面稳定性差。因此，在中硬岩和软岩中已逐渐采用倾斜钻孔爆破，其岩石破碎均匀，大块率低，有利于避免产生埂坎，易于控制爆堆高度和宽度，有利于提高装渣机械的铲装效率；此外，由于钻孔至梯段坡顶线的距离较垂直钻孔时大，从而保证了操作人员和钻孔设备的安全，且爆后梯段坡面比较平整、稳定。

(4) 提高深孔爆破的质量，可采用多排孔微差爆破和挤压爆破，还可通过合理的装药结构和采用倾斜孔爆破等措施来实现。

3. 洞室爆破

洞室爆破是指在专门设计开挖的洞室或巷道内装药爆破的一种方法。

五、石方开挖的技术要求

露天石方(岩基)爆破开挖时，除结构要求外，岩基上部均应按梯段爆破方式开挖。在邻近建基面预留保护层，保护层要按要求进行开挖。开挖过程中应采用减震爆破技术，以确保基岩完整、开挖边坡稳定，保证开挖形状符合设计要求。为防止损害邻近建筑物和已浇混凝土或已完工的灌浆地段，保护施工现场机械设备和人员安全，对爆破应进行有效控制；爆破时应力求爆后块度均匀、爆堆集中，以满足挖装要求，提高挖装效率。

第四节 土石坝工程

一、土石坝填筑施工的碾压试验

（一）影响土料压实的因素

土料压实的程度主要取决于机具能量(压实功)、碾压遍数、铺土的厚度和土料的含水量等。

（二）压实机具及其选择

压实机具主要有：羊脚碾、气胎碾、振动碾等。

压实机械的选择主要考虑如下原则：

1. 适应筑坝材料的特性。黏性土应优先选用气胎碾、羊脚碾；砾质土宜用气胎碾、夯板；堆石与含有特大粒径的砂卵石宜用振动碾。

2. 应与土料含水量、原状土的结构状态和设计压实标准相适应。对含水量高于最优含水量1%～2%的土料，宜用气胎碾压实；当重黏土的含水量低于最优含水量，原状土天然密度高并接近设计标准，宜用重型羊脚碾、夯板；当含水量很高且要求压实标准较低时，黏性土也可选用轻型的肋型碾、平碾。

3. 应与施工强度大小、工作面宽窄和施工季节相适应。气胎碾、振动碾适用于生产要求强度高和抢时间的雨期作业；夯击机械宜用于坝体与岸坡或刚性建筑物的接触带、边角和沟槽等狭窄地带。冬期作业选择大功率、高效能的机械。

4. 应与施工单位现有机械设备情况和习惯用某种设备的经验相适应。

（三）压实参数的选择及现场压实试验

坝面的铺土压实，除了应根据土料的性质正确地选择压实机具外，还应合理地确定黏性土料的含水量、铺土厚度、压实遍数等各项压实参数，以便使坝体达到要求的密度，而消耗的压实功能又最少。由于影响土石料压实的因素很复杂，目前还不能通过理论计算或由试验室确定各项压实参数，宜通过现场压实试验进行选择。现场压实试验应在坝体填筑以前，土石料和压实机具已经确定的情况下进行。

1. 压实标准

土石坝的压实标准是根据设计要求通过试验提出来的。对于黏性土，在施工现场是以干密度作为压实指标来控制填方质量的。对于非黏性土，则以土料的相对密度来控制。由于在施工现场用相对密度进行施工质量控制不方便，往往将相对密度换算成干密度作为现场控制质量的依据。

2. 压实参数的选择

当初步选定压实机具类型后，即可通过现场碾压试验进一步确定为达到设计要求的各项压实参数。对于黏性土，主要是确定含水量、铺土厚度和压实遍数。对于非黏性土，一般多加水可压实，所以主要是确定铺土厚度和压实遍数。

3. 碾压试验

根据设计要求和参考已建工程资料可以初步确定压实参数，并进行现场碾压试验。碾压试验的程序一般是：选择试验场地——布置场地——记录现场碾压试验的数据——整理分析碾压试验成果。

二、土石坝施工类型

土石坝施工主要分干式填筑和湿式填筑。前者即碾压式填筑，需要分层铺砌、压实；后者有水中填土、水力冲填。另外，还有定向爆破修筑等类型。

碾压式土石坝最为普遍，其施工包括准备作业、基本作业、辅助作业和附加作业。

1. 准备作业。尽早完成准备作业的任务，才能保证主体工程高速度、高质量的施工。准备作业包括"一平三通"（即平整场地、通车、通水、通电），架设通信线路，修建生产、生活福利、行政办公用房，修建所需的施工工厂以及排水清基等项工作。

2. 基本作业。基本作业是控制施工总工期的决定性环节，应处理好各施工阶段的衔接，协调好土建和机电、地面工程和地下工程、现场与后方之间的关系。基本作业包括料场土石料开采，挖、装、运、卸以及坝面铺平、压实、质检等项作业。

3. 辅助作业。辅助作业是为保证准备作业和基本作业顺利进行而创造良好工作条件的作业，包括：清除施工场地及料场的覆盖，从上坝土料中剔除超径石块、杂物，坝面排水，层间刨毛和加水等。

4. 附加作业。是保证坝体长期安全运行的防护及整修工作，包括坝坡修整，铺砌护面块石及铺植草皮等。

三、坝面流水作业

土石坝填筑一般采用分段流水作业，必须严密组织，保证各工序的衔接。

分段流水作业，是根据施工工序数目，将坝面分段，组织各工种的专业队伍，依次有序进入各工段施工。对同一工段来讲，各专业队按工序依次连续施工；对各专业队来讲，依次连续地在各工段完成固定的专业工作。进行流水作业，有利于施工队伍技术水平的提高，保证施工过程中人、地和机具的充分利用，避免施工干扰，有利于坝面连续有次序的施工。

组织流水作业原则：

1. 流水作业方向和工作段大小的划分，要与相应高程的坝面面积相适应，并满足施工机械正常作业要求。宽度应大于碾压机械能够错车与压实的最小宽度，或卸料汽车最小转弯半径的2倍；长度主要考虑碾压机械作业要求。

2. 坝体填筑工序，按基本作业内容进行划分(辅助作业可穿插进行，不过多占用基本作业时间)，其数目与填筑面积大小、铺料方式、施工强度和季节等有关。一般多划分为铺料和压实两道工序；也有划分为铺料、压实、质检三道工序，或铺料、平料、压实、质检四道工序。为保证各工序能同时施工，坝面划分的工作段数目至少应等于相应的工序数目；在坝面较大或强度较低的情况下，工作段数可大于工序数。

3. 完成填筑土料的作业时间，应控制在一个班以内，最多不超过一个半班。冬、夏期施工，为防止热量和水分散失，应尽量缩短作业循环时间。

4. 应将反滤料和防渗土料的施工紧密配合，统一安排。

四、卸料及平料

通常采用自卸汽车、皮带机直接进入坝面卸料，由推土机或平土机平铺成要求的厚度。

自卸汽车倒土的间距应使后面的平料工作减小，而且便于铺成要求的厚度。铺料最好平行坝轴线进行。面板堆石坝施工一般均采用汽车直接上坝进行卸料，然后用推土机平土。卸料方法有三种：

1. 后退法：如图 4-6 所示，该方法是采用汽车倒退卸料，推土机在料堆上平土的方式。后退法适用于粒径不大的堆石坝料施工，它的优点是料物不容易产生分离。

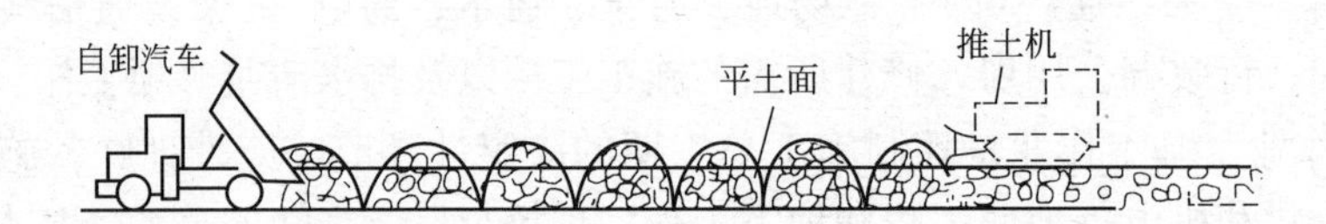

图 4-6 后退法卸料示意图

2. 进占法：如图 4-7 所示，与后退法不同，进占法的汽车卸料方向和堆料延伸方向相同，汽车卸料后，推土机随时平整，所以该方法的优点是使大粒径块石容易推到铺料的前沿下部，而细料则填入堆石的上部孔隙，使得表面平整，便于车辆行驶，但缺点是料物容易分离及产生架空现象。进占法适于含有大量大块径石料的堆石料。

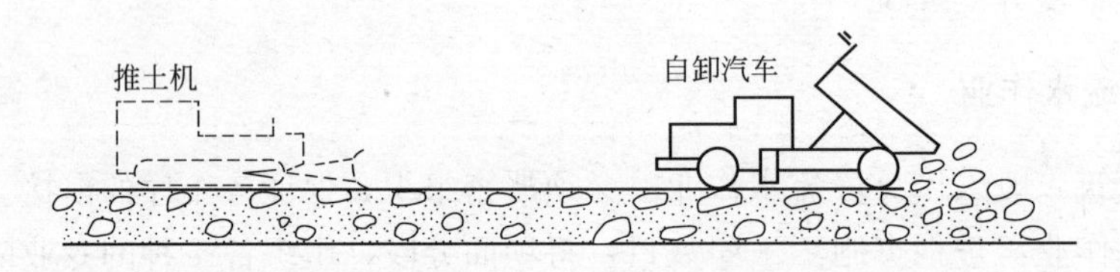

图 4-7 进占法卸料示意图

3. 混合法：如图 4-8 所示，混合法是后退法和进占法的组合应用，即先采用稀密度的后退法卸料，然后再按进占法卸料及平料。此法优点是可加快卸料及平料铺土速度，同时比单纯的进占法可减少料物的分离和架空。

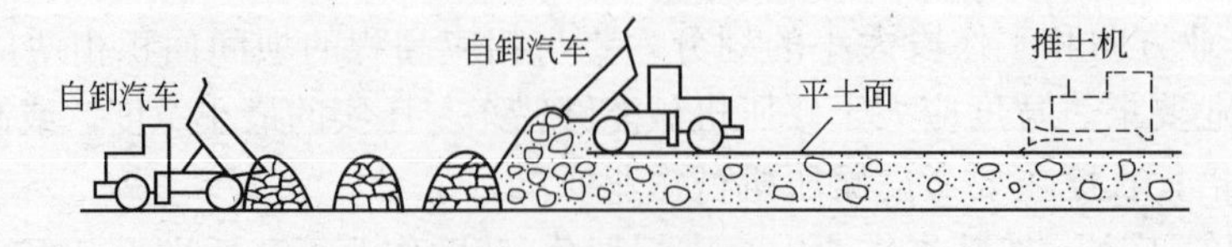

图 4-8 混合法卸料示意图

如果施工场面合适，自卸汽车宜采用进占法倒退铺土，使汽车始终在松土上行驶，避免在压实土层上行驶造成超压，引起剪力破坏。

另外，汽车穿越反滤层进入防渗体区域时，容易把反滤料带入防渗体内，造成防渗土料与反滤料混杂，影响坝体质量。因此，应该在坝面设置专用路口，既可以防止不同土料混杂，又能防止超压产生剪切破坏，万一在路口出现质量事故时也便于集中处理，不会影响整个坝面作业。

在铺料和整平过程中，按设计厚度铺料整平是保证压实质量的关键。铺填中不应使坝面起伏不平，避免降雨积水。黏性土料含水量偏低，主要应在料场加水，若需要在坝面加水，应力求“少、勤、匀”，以保证压实效果。对非黏性土料，为防止运输过程脱水过量，加水工作主要在坝面进行。石碴料和砂砾料压实前应充分加水，确保压实质量。

五、碾压

由于不同的土料具有不同的物理力学性质，碾压中对作用外力的要求也将不同。对黏性土料，要求压实作用外力能克服粘结力；而对非黏性土料(砂性土料、石碴料、砾石料)，要求压实作用外力能克服颗粒间的内摩擦力。

不同的压实机械设备产生的压实作用外力是不同的。因此，在碾压施工前，要对压实机械进行合理的选择。选择压实机械的原则是：

1. 可能取得的设备类型；
2. 能够满足设计压实标准；
3. 与压实土料的物理力学性质相适应；
4. 满足施工强度要求；
5. 设备类型、规格与工作面的大小、压实部位相适应；
6. 施工队伍现有设备和施工经验等。

坝面的填筑压实，要按一定的次序进行，避免发生漏压与超压。漏压达不到设计干密度要求，超压会使土料(尤其是黏性土料)内部产生剪力破坏面，都会影响工程质量。防渗体土料的碾压方向，应平行坝轴线方向进行，不得垂直于坝轴线方向碾压，避免局部漏压形成横穿坝体的集中渗流带。碾压机械行驶的行与行之间必须重叠20～30cm左右，以免产生漏压。此外，坝料分区之间的边界也容易成为漏压的薄弱带，必须特别注意要互相重叠碾压。

根据工程实践经验，碾压机械行驶速度大小，对坝料(如黏性土)压实效果有一定的影响，各种碾压机械的行驶速度，一般应通过试验确定。羊角碾、气胎碾可采用进退错距法或圈转套压法两种压实方法，如图4-9所示。振动碾宜采用进退错距法，而夯板应采用连环套打法夯实。

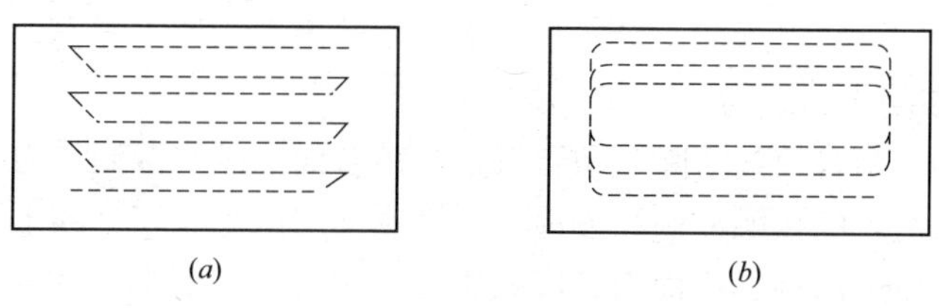

(*a*)　　(*b*)

图4-9　碾压方式

(*a*)进退错距法；(*b*)圈转套压法

进退错距法操作简便，各工序容易协调，错距容易保证，因而应用广泛。圈转套压法要求工作面积较大，适合于均质坝采用，可多个碾组合压实，生产率较高；缺点是碾压区两端容易超压，而四角漏压严重，质量不易保证。

在错距时，为便于施工人员控制，也可前进后退仅错距一次，错距宽度可增加一倍。对于碾压起始和结束的部位，按正常错距法无法压到要求的遍数，可采用前进后退不错距的方法，一次压到要求的碾压遍数，或辅助其他方法达到设计密实的要求。

判断压实结果如何，除需要进行质量检测外，通过现场观察压实作业状态来加以分析判断也非常重要，由此能及时地作出调整。例如，羊角碾在碾压过程中，只要土料不发生侧移和被踢翻松，就应以较高的速度碾压，经过几次碾压后，一般滚筒提高到离土面约2～3cm，表明土料已压实。经过几次碾压后不出现这种“升起”现象，表明土料未被压实，其原因可能是接触应力过大而产生了剪力破坏或土料的含水量过高。相反，如一开始就出现“升起”现象，说明含水量过低。气胎碾压时，可以根据轮胎的陷入程度大体作出判断：轮胎一点也没有陷入土中时表示含水量过低，过分陷入时表示含水量过高或是因为碾重过大。轮胎气压的大小会影响压实效果，必须经常检查气压的情况。用振动碾碾压时，如果含水量过高，碾会完全陷入，有时甚至会使自行式振动碾无法行驶。

六、结合部位及反滤层施工

土石坝坝体的防渗土料会与地基、岸坡、周围其他建筑的边界相结合；另外，由于施工导流、施工方法、分期分段分层填筑等的要求，还必须设置纵横向的接坡、接缝。这些结合部位都是影响坝体整体性和质量的关键部位，也是施工中的薄弱环节，处理工序复杂，施工技术要求高，质量不易控制。如果这些结合部位过多，还会影响到坝体填筑速度，特别是影响机械化施工。对结合部位的施工，必须采取可靠的技术措施，加强质量控制和管理，确保坝体的填筑质量满足设计要求。

1. 坝基结合面

对于基础部位的填土，为避免破坏基础，造成渗漏，一般用薄层、轻碾的方法，不允许用重型碾或重型夯。

对黏性土、砾质土坝基，应将其表层含水量调节至施工含水量上限范围，用与防渗体土料相同的碾压参数压实，然后刨毛，再铺土压实。

对于非黏性土地基，应该先压实，再铺第一层土料，含水量为施工含水量的上限，采用轻型机械压实，压实干密度可略低于设计要求。

与岩基的接触面，要先修理平整局部凹凸不平的岩石，封闭岩基表面节理、裂隙，防止渗水冲蚀防渗体。如果岩基干燥，可适当洒水，并使用含水量略高的土料，以便容易与岩基或混凝土紧密结合。碾压前，对岩基凹陷处，要用人工填土夯实。

2. 与岸坡及混凝土建筑物结合

填土前，先冲洗结合面，清除松动岩石，在结合面上洒水湿润。为了提高浆体凝固后的强度，防止产生危险的接触冲刷和渗透，要涂刷一层浓黏土浆或浓水泥黏土浆或水泥砂浆。涂刷浆体时，应边涂刷、边铺土、边碾压，涂刷高度与铺土厚度一致。要严格防止泥浆干固(或凝固)后再铺土，这对结合非常不利。

防渗体与岸坡结合处附近，不能用重型机具，应以轻型机具压实。

对于坝身与混凝土结构物(如涵管、刺墙等)的连接，靠近混凝土结构物部位不能采用大型机械压实，可采用小型机械夯或人工夯实。填土碾压时，注意混凝土结构物两侧均衡填料压实，以免对其产生过大的侧向压力，影响安全。

3. 坝体纵横向接坡及接缝

土石坝施工中，坝体接坡具有高差较大、停歇时间长、要求坡身稳定的特点。在坝体填筑中，层与层之间分段接头应错开一定距离，同时分段条带应与坝轴线平行设置，各分段之间不应形成过大的高差。

防渗体及均质坝的横向接坡不应陡于 1∶3，高差不超过 15m。均质坝(不包括高压缩性地基上的土坝)的纵向接缝，宜采用不同高度的斜坡和平台相间形式，坡度及平台宽度根据施工要求确定，并满足稳定要求，平台高差不大于 15m。

4. 反滤层施工

反滤层的填筑方法，主要可分为削坡法、挡板法及土、砂松坡接触平起法三类。土、砂松坡接触平起法能适应机械化施工，填筑强度高，可做到防渗体、反滤料与坝壳料平起填筑，均衡施工，被广泛采用。根据防渗体土料和反滤层填筑的次序，搭接形式的不同，又可分为先土后砂法和先砂后土法两种。

先土后砂法即先填土料、后填砂砾反滤料。如充填 2～3 层土料，压实时边缘留 30～50cm 宽松土带，一次铺反滤料与黏土齐平，压实反滤料，并用气胎碾压实土砂接缝带。此法容易排除坝面雨水；但由于填土料时没有侧面限制，施工中有超坡且接缝处土料不便压实。当反滤料上坝强度赶不上土料填筑时，可采用此法。

先砂后土法即先填砂砾反滤料、后填土料。先在反滤料设计线内用反滤料筑一小堤，再填筑 2～3 层土料与反滤料齐平，然后压实反滤料及土料接缝带。此法填土料时有反滤料作侧限，便于控制防渗土体边线，接缝处土料便于压实，应优先采用该法。

七、土石坝施工的质量控制

土石坝施工质量控制主要包括料场的质量检查和控制、坝面的质量检查和控制。

(一) 料场的质量检查和控制

1. 加强料场的质量控制，在料场设置质检站，不合格坝料严禁上坝。

2. 检查坝料开采、加工方法是否符合有关规定，检查坝料开采区的草皮、覆盖层是否清除干净。

3. 对土料场应经常检查所取土料的土质情况、土块大小、杂质含量和含水量等，其中含水量的检查和控制尤为重要。

4. 对石料场应经常检查石质、风化程度、石料级配大小及形状等是否满足上坝要求。如发现不合要求，应查明原因，及时处理。

5. 含水量检查中，发现土料的含水量偏高时，一方面应改善料场的排水条件和采取防雨措施，另一方面需将含水量偏高的土料进行翻晒处理或采取轮换掌子面的办法，使土料含水量降低到规定范围再开挖。如以上方法仍难以满足需求，可以采用机械烘干法烘干。

6. 如果检查中发现含水量偏低，对于黏性土料应考虑在料场加水。料场加水的有效方法是采用分块筑畦埂，灌水浸渍，轮换取土。地形高差大也可采用喷灌机喷洒。无论哪种加水方式，均应进行现场试验。对非黏性土料，可用洒水车在坝面喷洒加水，避免运输时从料场至坝上的水量损失。

如果检查中发现土料含水量不均匀时，应考虑堆筑“大牛”(大土堆)，使含水量均匀后再外运。

（二）坝面的质量检查和控制

1. 坝体填筑施工质量检查主要有坝料铺厚和碾压参数；各填筑部位的坝料压实质量；坝体与坝基、岸坡等处的结合以及坝坡的质量控制。例如，对铺土厚度、土块大小、含水量、压实后的干密度等进行检查等，并应提出质量控制措施。

2. 在坝面作业质量检查中，对黏性土，含水量的检测是关键，可用含水量测定仪测定。

3. 密度测定：黏性土一般可用体积为 200～500cm^3 的环刀测定；砂可用体积为 500cm^3 的环刀测定；砾质土、砂砾料、反滤料用灌水法或灌砂法测定；堆石因其空隙大，一般用灌水法测定。当砂砾料因缺乏细料而架空时，也用灌水法测定。

(1) 对施工特征部位、防渗体等处，应根据地形、地质、坝料特性等因素，选定一些固定取样断面，沿坝高 5～10m，取代表性试样（总数不宜少于 30 个）进行室内物理力学性能试验，作为核对设计及工程管理的依据。

(2) 对坝面、坝基、削坡、坎肩结合部、与刚性建筑物连接处以及各种土料的过渡带应加强检查。对土层层间结合处是否出现光面和剪力破坏应引起足够重视，认真检查。

(3) 对压实机具也要做好检查工作，对振动碾的减振轮胎压力与振动轮转速，每旬都应检查一次，并计算出激振力，复核机械性能。

(4) 对于反滤层、过渡层、坝壳等非黏性土的填筑，主要应控制压实参数。在填筑排水反滤层过程中，每层在 25m×25m 的面积内取样 1～2 个；对条形反滤层，每隔 50m 设一取样断面，每个取样断面每层取样不得少于 4 个，均匀分布在断面的不同部位，且层间取样位置应彼此对应。对于反滤层铺填的厚度、是否混有杂物、填料的质量及颗粒级配等应全面检查。通过颗粒分析，查明反滤层的层间系数（D_{50}/d_{50}）和每层的颗粒不均匀系数（d_{60}/d_{10}）是否符合设计要求。如不符合要求，应重新筛选，重新铺填。

(5) 土坝的堆石棱体与堆石体的质量检查大体相同。主要应检查上坝石料的质量、风化程度、石块的重量、尺寸、形状、堆筑过程有无离析、架空现象发生等。对于堆石的级配、孔隙率大小、应分层分段取样，检查是否符合规范要求。随坝体的填筑应分层埋设沉降管，对施工过程中坝体的沉降进行定期观测，并作出沉陷随时间变化的过程线。

(6) 坝体压实检验项目及取样检验次数应考虑工程规模、上坝强度、坝料级配波动以及试验成果的规律等因素。

(7) 对施工中发现的可疑问题，如上坝土料的土质、含水量不合要求，漏压或碾压遍数不够，超压或碾压遍数过多，铺土厚度不均匀及坑洼部分等应进行重点抽查，不合格的应进行返工。对于坝体填料的质量检查记录，应及时整理，分别编号存档，编制数据库，既作为施工过程全面质量管理的依据，也作为坝体运行后进行长期观测和事故分析的佐证。

第五节 混凝土面板堆石坝施工技术

一、面板堆石坝坝体材料分区

面板堆石坝的剖面如图 4-10 所示。材料分区主要有垫层区、过渡区、主堆石区、下游堆石区(次堆石区)等。

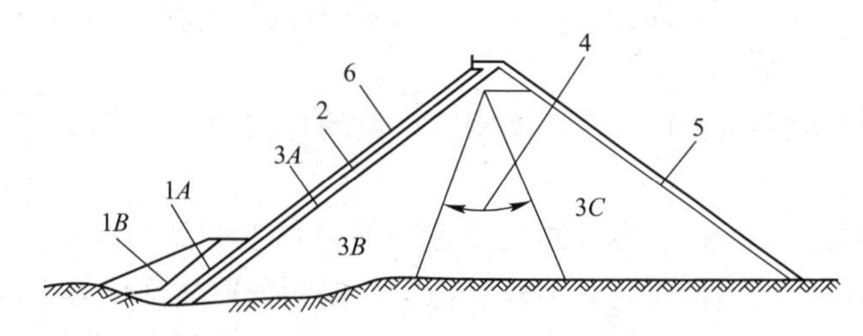

图 4-10 堆石坝剖面图

1A—上游铺盖区；1B—压重区；2—垫层区；3A—过渡区；3B—主堆石区；
3C—下游堆石区；4—主堆石区和下游堆石区可变界限；5—下游护坡；6—混凝土面板

坝体防渗结构由混凝土面板、趾板(底座)及灌浆帷幕三部分组成。

混凝土面板为等厚或变厚的薄板结构。由于厚度薄，混凝土强度较高，断面中部配以单层或双向钢筋，因此具有一定的变形能力，能适应碾压堆石体的沉陷变形。

面板下部为垫层区，由颗粒较小的碎石或砂砾石组成，其主要作用是为面板提供较均匀的、密实的基础。将面板所承受的水压力均衡地传递给主堆石体。垫层区要求压实后具有低压缩性、高抗剪强度、内部渗透稳定、渗透系数为 10^{-3}cm/s 左右、具有良好施工特性的材料。

垫层区下面为过渡区，对较细颗粒的垫层及大粒径的主堆石体起过渡作用，确保在高压水头作用下，垫层区不至于产生破坏。其粒径级配要符合垫层料和主堆石料间的反滤要求。

主堆石体是面板坝的主体，要求采用当地所能获得的较好石料填筑，以尽量减少该区的沉陷变形。如该区产生较大变形，将直接危及面板安全。

下游堆石体对主堆石体起支撑作用，保护主堆石体及下游边坡稳定。要求采用较大石料填筑。

对于较高的面板坝，死水位以下部分面板很少有进行检修的机会，因此坝前还设置有黏土覆盖，设置黏土(或壤土)覆盖的目的，是在底部一旦产生漏水的情况下，可能起到使裂缝自愈和防止渗漏的作用。

二、堆石体填筑质量控制

(一) 填筑工艺

堆石体和垫层料的填筑同样有后退法、进占法、混合法等几种方式，与前文所述土料压实施工方法相同，在此不再赘述。堆石体填筑可采用自卸汽车后退法或进占法卸料，推土机摊平。

垫层料的摊铺多采用后退法，以减轻物料的分离。当压实层厚度大时，可采用混合法卸料。垫层料粒径较粗，又处于倾斜部位，通常采用斜坡振动碾压实。

(二) 堆石体的压实参数和质量控制

1. 堆石体的压实参数

面板堆石坝堆石体的压实参数包括碾重、铺层厚和碾压遍数等，同样应通过碾压试验来确定。由于堆石体可能较大而不易碾压，施工时应注意控制粒径，不同部位的最大粒径控制有所不同。一般堆石体最大粒径不应超过层厚的 2/3，垫层料的最大粒径为 80～100mm，过渡料的最大粒径不超过 300mm，下游堆石区最大粒径 1000～1500mm。

2. 堆石体施工质量控制

通常堆石体压实的质量指标，用压实密度换算的孔隙率 n 来表示，现场堆石密实度的检测主要采取试坑法。

垫层料(包括周边反滤料)质量控制的重点是控制加工产品的级配。需作颗分、密度、渗透性及内部渗透稳定性等检查，其中检查稳定性的颗分取样部位为界面处。主、副堆石作颗分、密度、渗透性检查等。

过渡料应作颗分、密度、渗透性及过渡性检查，检查过渡性的取样部位为界面处。过渡料主要是通过在施工时清除界面上的超径石来保证对垫层料的过渡性。在垫层料填筑前，对过渡料区的界面作肉眼检查。过渡料的密度亦比较高，其渗透性系数比较大，一般只作简易的测定。颗分检查主要是供记录用的。

在主堆石的检查中，密度值要做出定时的统计，如达不到设计规定值，要制定解决的办法，采取相应的措施保证达到规定要求；对设置的沉降监测系统，应及时整理沉降值，换算堆石压缩模量值；由于主堆石的渗透性很大，只作简易检查，级配的检查是供档案记录用的。下游堆石的质量控制与主堆石相似，但通常对密度的要求相对较低。

三、混凝土面板堆石坝垫层与面板的施工

(一) 垫层施工

垫层为堆石体坡面上的最上游部分，采用级配良好、石质新鲜的碎石料填筑。垫层须与其他堆石体平起施工，要求垫层坡面必须平整密实，要控制坡面偏离设计坡面线的距离，有利于面板应力分布，以避免面板厚薄不均。

垫层采用水平铺填、水平碾压。由于振动碾不能行走在上游坡的边缘上，此区域往往不能被压实到设计要求，需要在上游坡面上再沿坡面进行碾压与平整。碾压与平整后，必须防止人与机械使坡面遭受破坏。在垫层坡面上用振动碾碾压时，还要避免使坡面石料被振松滚落。

有的面板坝利用垫层临时挡水。挡水前，先对垫层上游面采用低压喷射混凝土护面，以提高垫层的阻水性和抗冲刷性。但这层混凝土护面需在浇筑面板之前予以清除，再喷涂沥青乳剂，然后才可以浇筑面板混凝土，以减少这层护面混凝土对面板的约束，不致妨碍面板在垫层上的滑移。

(二) 混凝土面板的分缝止水

混凝土面板为适应堆石体的变形、温度、应力变化以及施工等方面的要求，一般设置的永久伸缩缝有垂直缝、周边缝、底座伸缩缝；临时缝有水平施工缝。

垂直缝从面板顶到底布置。垂直分缝在面板中部受压区的间距，大于两岸受拉区的分缝间距。

同一块面板如果分期施工，在水平施工缝中一般不设止水，面板中的纵向钢筋应穿过施工缝而连成整体。

(三) 混凝土面板施工

混凝土防渗面板包括主面板及混凝土底座。面板混凝土应满足设计和施工对强度、抗

侵蚀、抗冻及温度控制的要求。

底座的基坑开挖、处理、锚筋及灌浆等项目，应按设计及有关规范要求进行，并在坝体填筑前施工。

面板施工，对于中低坝级，一般是在堆石体填筑全部结束后进行，这主要是考虑到施工期产生沉陷的影响，避免面板产生较大的沉陷与位移，以减少面板开裂的可能性。对于高坝或需拦洪度汛等情况，面板也可分期施工。

为加快施工进度，保证面板的体型和设计厚度，面板混凝土浇筑大都采用钢制滑动模板。滑模由坝顶卷扬机牵引。滑动模板轨道固定的方法有：在面板下的垫层、堆石体上预埋混凝土锚块、现浇混凝土条带、直接在垫层喷混凝土护面上打设锚筋等。轨道的作用是固定模板位置，使滑动模板及钢筋网运输台车能在其上滑行。

面板钢筋可采用钢筋网分片绑扎，由运输台车运至现场安装；也可现场直接绑扎或焊接。

施工中应控制入槽混凝土的坍落度在3～6cm，振捣器应在滑模前50cm处振捣。

混凝土由混凝土搅拌车运输，溜槽输送混凝土入仓。溜槽搁置在面板钢筋网上，溜槽内安置缓冲挡板，以控制混凝土离析。溜槽之间用挂钩搭接，并固定在钢筋上，随着混凝土不断地上升，溜槽从下向上逐节拆除。

滑动模板从底部开始直到坝顶连续浇筑混凝土，边浇筑、边振捣、边滑行。

面板的浇筑次序通常是先浇中央部位的条块，然后分别向左右两侧相间地继续浇筑。当一侧面板在浇筑时，另一侧相应的条块可同时安装滑模轨道、设置止水片、绑扎钢筋、安装观测设备、电缆及溜槽等各项准备工作。

面板养护是避免发生裂缝的重要措施，包括保温、保湿两项内容。对已浇筑的面板一般采用草袋进行保温，加强洒水养护和表面保护。

四、土石坝防渗加固技术

土石坝防渗处理的基本原则是“上截下排”。即在上游迎水面阻截渗水；下游背水面设排水和导渗，使渗水及时排出。

（一）上游截渗法

1. 黏土斜墙法

黏土斜墙法是直接在上游坡面和坝端岸坡修建贴坡黏土斜墙，或维修原有黏土斜墙。这种方法主要适用于均质土坝坝体因施工质量问题造成严重渗漏；斜墙坝斜墙被水顶穿；坝端岸坡岩石节理发育、裂隙较多，或岸坡存在溶洞，产生绕坝渗流等情况。

2. 抛土和放淤法

这两种方法用于黏土铺盖、黏土斜墙等局部破坏的抢护和加固措施，或当岸坡较平坦时堵截绕坝渗漏和接触渗漏。当水库不能放空时，可用船只装运黏土至漏水部位，从上向下均匀倒入水中，抛土形成一个防渗层封堵渗漏部位。也可在坝顶用输泥管沿坝坡放淤或输送泥浆淤积一层防渗层。

3. 灌浆法

当均质土坝或心墙坝施工质量不好，坝体坝基渗漏严重，可采用灌浆法处理。从坝顶钻孔，分段灌浆，形成一道灌浆帷幕，阻断渗漏通道。这种方法不用放空水库，可根据实际情况选用黏土、水泥、化学材料等浆液灌浆防渗。

4. 防渗墙法

混凝土防渗墙法适用于坝体、坝基、绕坝和接触渗漏处理。这种方法比灌浆法更可靠。

5. 截水墙(槽)法

根据截水墙的材料，可将其分为黏土截水墙、混凝土截水墙、砂浆板桩以及泥浆截水槽等方法。这类方法适用于土坝坝身质量较好，坝基渗漏严重，岸坡有覆盖层、风化层或砂卵石层透水严重的情况。

（二）下游排水导渗法

1. 导渗沟法

在坝背水坡及其坡脚处开挖导渗沟，排走背水坡表面土体中的渗水。根据反滤沟内所填反滤料的不同，反滤导渗沟可分为两种：在导渗沟内铺设土工织物，其上回填一般的透水料称为土工织物导渗沟；在导渗沟内填砂石料，称为砂石导渗沟。

2. 贴坡排水法

当坝身透水性较强，在高水位下浸泡时间长久，导致背水坡面渗流出逸点以下土体软化，开挖反滤导渗沟难以形成时，可在背水坡作贴坡反滤导渗。在抢护前，先将渗水边坡的杂草、杂物及松软的表土清除干净；然后，按要求铺设反滤料后表面覆盖压坡体，顶部应高出渗流的逸出点。根据使用反滤料的不同，贴坡反滤导渗可分为两种：土工织物反滤层、砂石反滤层。如图4-11所示。

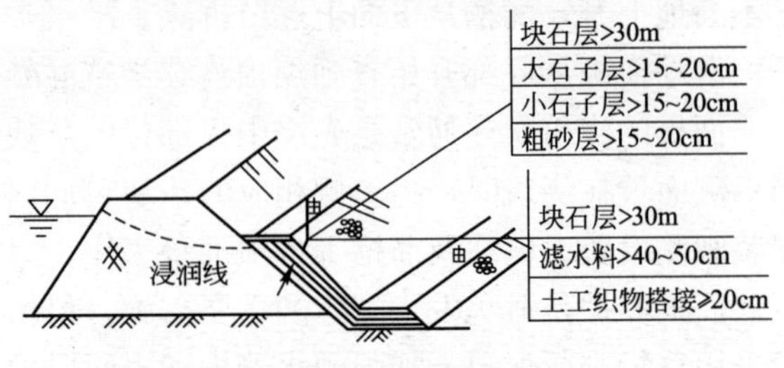

图4-11 贴坡排水法

3. 排渗沟法

对于因坝基渗漏而造成坝后长期积水，使坝基湿软，承载力下降，坝体浸润线抬高；或由于坝基面有不太厚的弱透水层，坝后产生渗透破坏，而水库又不能降低水位或放空，在上游无法进行防渗处理时，则可在下游坝基设置排渗沟，及时排渗，以减少渗流危害。排渗沟分为明沟和暗沟两种。

第六节 模板工程施工技术

一、模板的基本要求及作用

模板的要求主要有：模板应具有足够的稳定性、刚度和强度，能承受各种设计荷载；模板的拼装应严密、准确，表面平整，不漏浆，不超过允许偏差，保证浇筑块成型后的形状、尺寸符合设计规定；应利于混凝土凝固硬化，提高混凝土表面强度；模板应结构简单，制作、安装和拆除方便，能提高重复使用次数，有利于混凝土工程机械化施工；应优先选用钢模板，少用木材。

在工程中，模板需要消耗大量的木材、钢材、劳力和资金，其质量的好坏将直接影响工程的质量和进度。模板对混凝土的作用主要有：

1. 支承作用。支承混凝土的重量、流态、混凝土侧压力及其他施工荷载。

2. 成型作用。使新浇混凝土凝固成型，保证结构物的设计形状和尺寸。

3. 保护作用。使混凝土在较好的温湿条件下凝固硬化，减轻外界气温的有害影响。

除上述作用外，某些模板还有改善混凝土表面质量的作用，如真空模板和混凝土预制模板等。

二、模板的分类

水利工程的模板因建筑物的形状和部位而异。

按模板形状分有平面模板和曲面模板。平面模板又称为侧面模板，主要用于结构物垂直面，数量较大。曲面模板用于廊道、隧洞、溢流面和某些形状特殊的部位，如进水口扭曲面、蜗壳、尾水管等。曲面模板数量相对较少。

按模板材料分有木模板、钢模板、混凝土板、竹胶板。承重模板主要承受混凝土重量和施工中的垂直荷载；侧面模板主要承受新浇混凝土的侧压力。侧面模板按其支承受力方式又分为简支模板、悬臂模板和半悬臂模板。

按模板使用特点分为固定式、拆移式、移动式和滑动式。固定式用于基础部位或形状特殊的部位，使用一两次后难以重复使用。后三种模板都能重复使用，或连续使用在形状一致的部位，但其使用方式也有差别：拆移式模板需要拆散移动；移动式模板的车架装有行车轮，可沿专用轨道使模板整体移动；滑动式模板是以千斤顶或卷扬机为动力，可在混凝土连续浇筑的过程中使模板面紧贴混凝土面滑动(如闸墩施工中的滑模)。

三、模板的基本形式

(一) 平面木模板

平面木模板由面板、加劲肋把面板连接起来，并由支架安装在混凝土浇筑块上。为使模板适用于侧面为平面的浇筑块，可做成定型的平面标准木模板。

木模板具有制作方便、重量轻、保温性能好等优点，但重复使用次数少(一般5～10次)，木材耗用量大，近年来，已逐渐被钢模板、竹胶板所代替。

(二) 定型组合钢模板

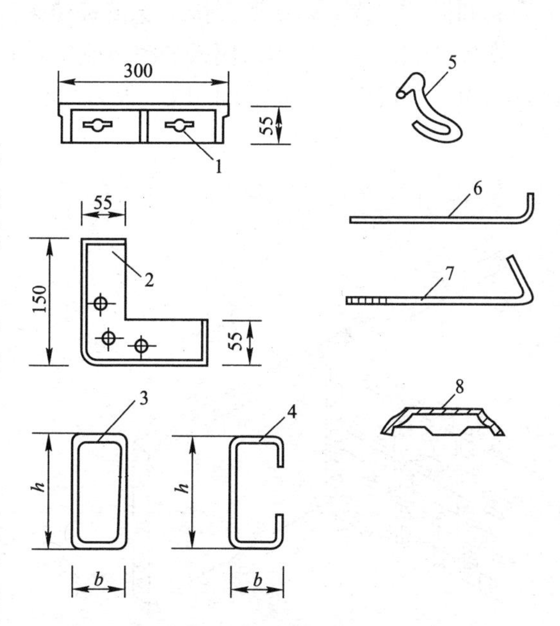

图 4-12 定型组合钢模板系列(单位：cm)
1—平面钢模板；2—拐角钢模板；3—薄壁矩形钢管；4—内卷边槽钢；5—U形卡；6—L形插销；7—钩头螺栓；8—蝶形扣件

定型组合钢模板系列包括钢模板、连接件和支承件。如图 4-12 所示。其中，钢模板包括平面钢模板和拐角钢模板；连接件有 U 形卡、L 形插销、钩头螺栓、紧固螺栓、蝶形扣件等；支承件有圆钢管、薄壁矩形钢管、内卷边槽钢、单管伸缩支撑等。

1. 钢模板的规格和型号

单块钢模板由面板、边框和加劲肋焊接而成。面板厚 2.3mm 或 2.5mm，边框和加劲肋上面按一定距离(如 150mm)钻孔，可利用 U 形卡和 L 形插销等拼装成大块模板。

钢模板的宽度以 50mm 进级，长度以 150mm 进级，其规格和型号已做到标准化、系列化。

2. 连接件与支承件

(1) U 形卡。用直径为 12mm 的 3 号圆钢冷加工制作而成，并镀锌防锈。它用于钢模板之间的连接与锁定，使钢模板拼装密合。U 形卡安装间距一般不大于 300mm，即每隔一孔卡插一个，如图 4-13。

(2) L 形插销。用 3 号圆钢冷加工制作，镀锌。它插入模板两端边框的插销孔内，用于增强钢模板纵向拼接的刚度。

(3) 钩头螺栓。用 3 号圆钢冷加工制作，镀锌。用于钢模板与内、外钢楞之间的连接固定。其安装间距一般不大于 600mm，长度应与采用的钢楞尺寸相适应。

(4) 紧固螺栓。用 3 号圆钢冷加工制作，镀锌。用于紧固内、外钢楞。

(5) 蝶形扣件和“3”形扣件。用 3 号钢钢板制作，均有大、小两种规格。它与相应的钢楞及钩头螺栓配套使用，用于钢模板与钢楞之间的紧固。

(6) 钢楞。是组合钢模板的骨架系统，其作用是支承钢模板和加强钢模板的整体刚度。钢楞形式有圆钢管、薄壁矩形钢管和内卷边槽钢等，可根据设计要求和供应条件选用。

3. 钢模板的组合

钢模板组合的基本形式见图 4-14。其中，内、外钢楞均采用两根圆钢管，分别为竖向布置和横向布置。内钢楞直接承受模板传来的荷载，其间距一般为 75cm。外钢楞承受内钢楞传来的荷载，并加强模板的整体刚度，其间距根据混凝土侧压力大小、钢模板及支承件的力学性能确定，一般间距为 90～150cm。

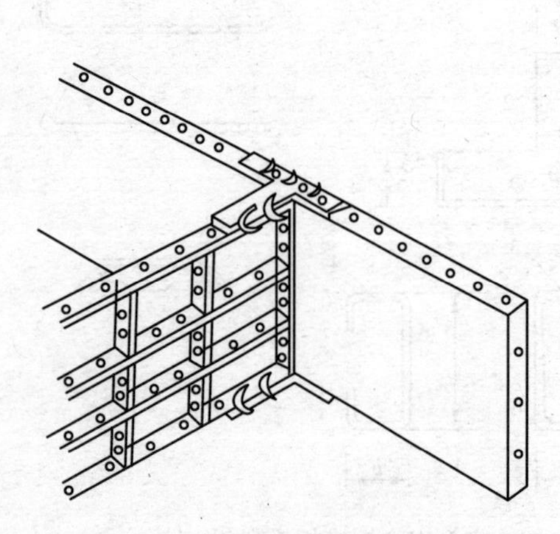

图 4-13 U 形卡垂直连接钢模板

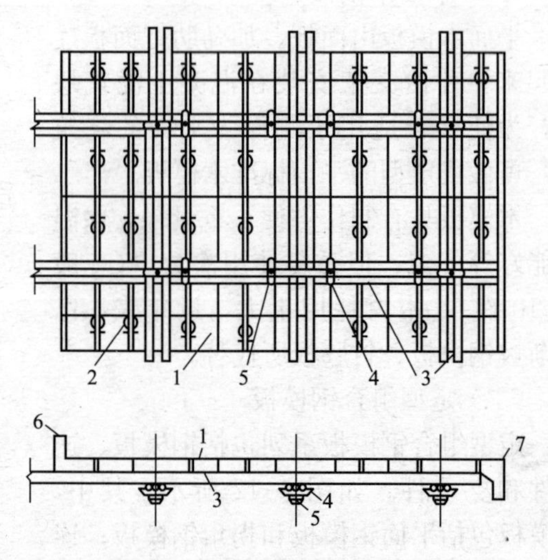

图 4-14 钢模板组合的基本形式

1—钢模板；2—U 形卡；3—钢楞；4—“3” 形扣件；5—钩头螺栓；6—阳角模板；7—阴角模板

定型组合钢模板具有重量轻，不易漏浆，重复使用次数高(50 次以上)，脱模后混凝土表面平整、光滑等优点，现已在大中型水利工程中广泛应用，但结构物孔洞、边角、预埋件周围等非标准结构或形状复杂的部位仍适合采用木模板。

（三）悬臂钢模板

悬臂钢模板由面板、支承柱和预埋连接件组成。面板采用定型组合钢模板拼装或直接用钢板焊制。支承模板的立柱，有型钢梁和钢桁架两种，视浇筑块高度而定。预埋在下层混凝土内的连接件有螺栓式和插座式(U 形铁件)两种。

此外，还有一种半悬臂模板，常用高度有 3.2m 和 2.2m 两种。半悬臂模板结构简单，装拆方便，但支承柱下端固结程度不如悬臂模板，故仓内需要设置短拉条，对仓内作业有影响。

（四）混凝土预制模板

混凝土模板多在厂内预制，运到现场安装，浇筑后不再拆除。它既是模板，又是建筑物的组成部分。混凝土模板分素混凝土模板和钢筋混凝土模板两种。

素混凝土模板靠自重维持稳定，模板后有 1～2 个外伸的护腿(肋墙)，以维持其稳定性。这种模板可做成直壁式或倒悬式。模板安装时，必须将护腿上的预埋铁件与仓内预埋环用电焊固定，模板与新浇混凝土结合面则需要进行凿毛处理，相邻模板的铅直接缝采用半圆槽拼装，立模后用砂浆嵌缝。

钢筋混凝土预制模板多作为承重模板，用于廊道顶部、空腹坝顶拱、厂房承重板梁等结构部位。这种承重模板可节省大量支撑材料，还可以避免高空立模的困难。

采用预制模板可以节约大量木材和钢材。由于模板作为建筑物表面部分，可提高其强度和耐久性，且简化了施工程序，加快了工程进度。但预制模板重量较大，需要起重设备吊装，设计时，单块模板重量不宜超过 100kg。

（五）滑动模板

滑动模板(滑模)是在混凝土连续浇筑的过程中，可使模板面紧贴混凝土面滑动的模板。滑模按动力可分为液压滑模和牵引滑模两种。液压滑模的滑升是由空心式千斤顶带动模板沿爬杆向上滑升来完成的，所以这种模板又称为“滑升模板”。它常用于高度较大、截面变化不大的整体结构的施工，如闸墩、桥墩、井筒等。牵引滑模的滑升是由卷扬机或千斤顶等设备带动模板沿导轨滑动来完成的，所以这种模板又称为“拉模”。它常用于溢流坝面、隧洞底板等结构的施工。

1. 滑升模板

主要由模板系统和液压系统两部分组成。其中模板系统包括钢模板、提升架、操作平台及吊架等。液压系统包括油压千斤顶、油管、液压操作机等设备。

滑升用的模板应尽量采用组合钢模板，其高度一般为 1～1.2m。为方便滑动，模板应有一定的锥度，一般将模板上口减小 0.25%，下口放大 0.25%。靠近模板的操作平台，宽度一般为 0.8m，平台上铺以 4cm 厚的木板，供操作千斤顶使用。另有悬挂的吊架，供调节模板锥度及修补混凝土缺陷时使用。

提升架将整个滑升模板装置连接成整体，是承受全部模板、操作平台重量和施工荷载的重要部件。提升架将承受的荷载传给金属爬杆，应具有足够的强度和刚度，宜做成桁架式围圈，桁架间距一般为 1.5～2.5m。

滑升工艺的关键是正确掌握滑升时间和滑升速度。滑升早了，混凝土尚未凝固，脱模后将会坍塌；晚了，混凝土与模板凝结，会将混凝土拉裂。故滑升时，要求新浇混凝土达到初凝，并具有 1.5×10^5Pa 的强度。实际施工是在模板固定的情况下，分层浇筑 60～70cm 的混凝土。浇筑完毕后 3～4h，即可将模板试升 5cm(不允许模板滑升与混凝土浇筑同时进行)。如试升脱模的混凝土用手按时有指纹，但砂浆不粘手，则说明模板可以正式滑升。

模板滑升速度受气温影响较大，一般气温为 20～25℃时，平均滑升速度为 20～30cm/h。若因事故中途停止浇筑，应每隔 1h 滑升 1 次，每次滑升 3cm。当混凝土中掺有速凝剂或采用较小的坍落度时，均有利于提高滑升速度。

2. 牵引滑模

溢流面采用的牵引滑模(拉模)主要由钢面板及其支承的钢桁架、导轨和牵引设备等组成。钢桁架由型钢焊制，必要时可在桁架上加设配重，以承受新浇混凝土的浮托力。导轨采用工字钢制作，其形状应与溢流面表面轮廓完全一致。牵引设备可采用慢速卷扬机或千斤顶。施工时，应先将下层混凝土浇成 1～1.5m 高的台阶形，并预埋固定导轨用的螺栓。新浇混凝土厚度一般不小于 0.8m，以保证溢流表面的设计厚度和新、老混凝土结合。拉模沿导轨滑动的工艺要求与滑升模板相同。

四、模板的安装和拆除

(一) 模板安装

模板支撑的设置应符合以下要求：

1. 支架必须支承在坚实的地基或混凝土上，并应有足够的支承面积。设置斜撑时应注意防止滑动。在湿陷性黄土地区，必须有防水措施；对冻胀土地基，应有防冻融措施。

2. 支架的立柱或桁架必须用撑拉杆固定，以提高整体稳定性。

3. 模板及支架在安装过程中，注意设临时支撑固定，防止倾倒。

凡离地面 3m 以上的模板架设，必须搭设脚手架和安全网。脚手架一般离混凝土面 70cm 左右，纵、横间距在 1.2m 以内，便于施工人员操作。

模板安装方法有起重机吊装、人工架立等，因安装部位和模板类型而异。

(二) 侧面模板安装

侧面模板主要承受混凝土侧压力，支撑方法是外撑内拉。

1. 柱、墩、墙模板

柱模板的安装步骤：

(1) 根据施工图，在基础面上标出柱轴线和柱边线。如果是一排柱子，先标出两端柱的轴线和边线，然后拉通线，确定中间柱子的轴线和边线。

(2) 柱子使用组合钢模板时，模板应纵向错缝排列。如果柱子高度不符合钢模板模数，用木模镶补。当柱模高度大于 2m 时，应考虑留卸料孔口。

(3) 为了抵抗混凝土侧压力，模板外面设柱箍。柱箍的间距一般为 0.4～0.8m，在柱模下部间距小些，在上部间距可以大些。柱子断面尺寸大于 500mm 时，设竖向围囹；柱子断面尺寸大于 600mm 时，宜增设对拉螺栓固定。

(4) 在柱模上端挂线锤，检查两个方向的铅垂度。

(5) 模板校准后，及时用支撑固定。柱子之间用水平撑或剪刀撑相互牵牢，或设排架连接，防止柱模发生位移、偏斜。

柱模、柱箍及支撑布置如图 4-15。

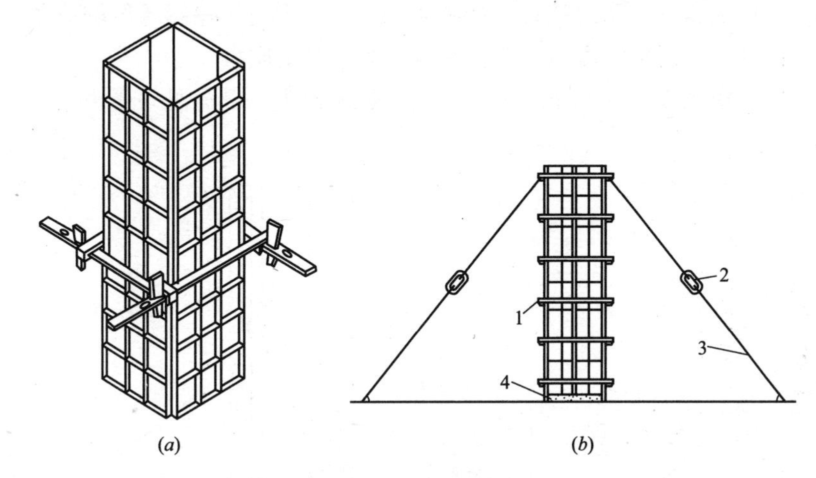

图 4-15 柱模板

(a)透视图；(b)立面图

1—柱箍；2—花篮螺栓；3—钢筋拉杆；4—找平层

墩、墙模板主要采用对拉螺栓固定(如图 4-16)，要求对拉螺栓要有足够的强度。对拉螺栓的形式有圆杆式、螺管式、板条式三种。板条式拉条如图 4-17 所示。

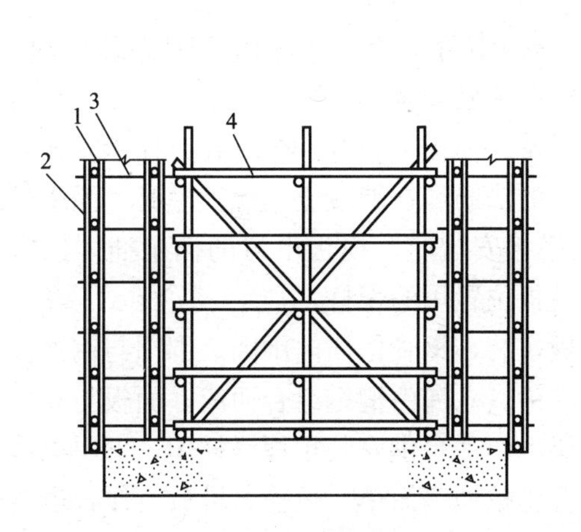

图 4-16 闸墩侧模板

1—模板；2—围图；3—对拉螺栓；4—钢管支撑

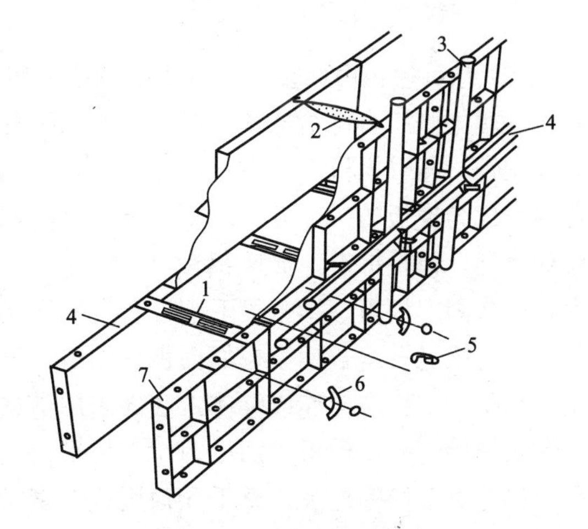

图 4-17 板条式拉杆

1—板条式拉杆；2—花篮螺栓；3—竖向围图；4—水平围图；5—U 形卡；6—“3” 形扣；7—钢模板

2. 大体积混凝土模板

大体积混凝土施工，模板以大型模板为主。大型模板的尺寸没有统一的规定，各项工程根据具体条件确定。模板高度一般比最大浇筑层厚度高出 0.2～0.3m，模板宽度受起吊能力、建筑物形状尺寸的限制，一般在 10m 以内。

大型模板的面板材料，主要采用钢模板。钢面板有两种形式：一种是用钢板、型钢加工；另一种是用定型组合钢模板拼装。

大型模板按支撑方式和安装方法不同，分拉条固定式模板、半悬臂模板、悬臂模板和自升悬臂模板。

(1) 固定式模板布置有两层拉条，如图 4-18。由于混凝土吊罐不能碰拉条，卸料点距模板都在 3m 以外，不便于混凝土平仓，影响混凝土浇筑质量。

(2) 半悬臂模板只设一层拉条，如图 4-19，拉条以上的部分悬臂受力。

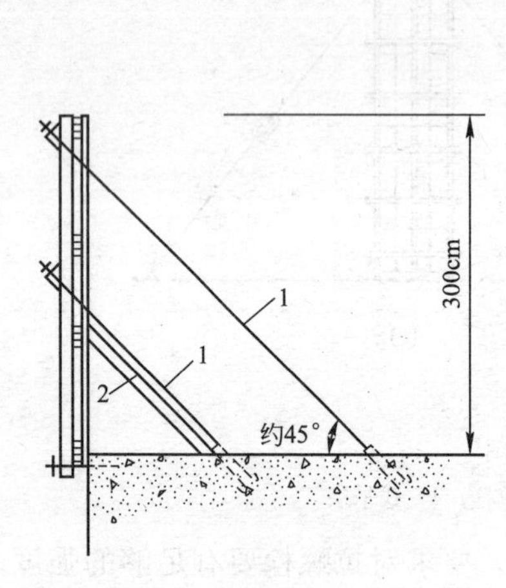

图 4-18 拉条固定式模板

1—拉条；2—内支撑

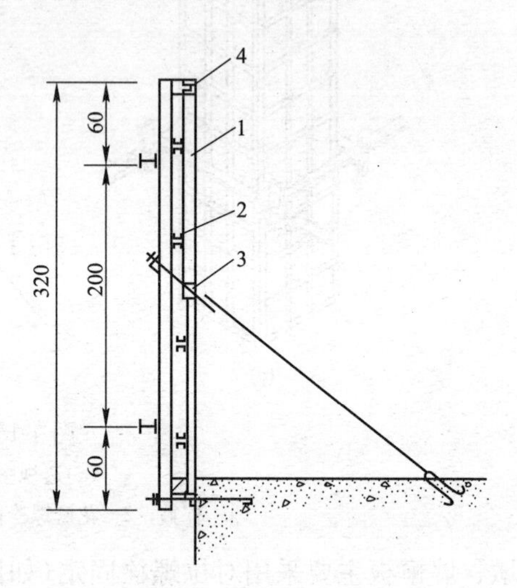

图4-19 半悬臂式组合钢模板(单位：cm)

1—组合钢模板；2、4—槽钢；3—小木板

(3) 悬臂模板由面板和悬臂支撑两部分组成，不用拉条，有利于仓面机械化施工。面板将混凝土侧压力传给悬臂支撑。悬臂支撑分型钢梁和桁架两种。

型钢梁悬臂模板，模板上口设插座，下口设插销。模板上口开一个方孔，插座安在方孔内，成为模板的一部分。混凝土浇筑时，插座上的锚筋埋在混凝土中。拆模时，插座与模板分开，模板拆走，插座仍留在原位置。上层模板安装时，模板下口的插销插入插座内，用来固定模板。型钢梁下端设有拆模和调整模板位置用的螺杆。

型钢梁悬臂组合钢模板的面板采用组合钢模板拼装，钢管作横向围囹。围囹与钢模板用 3 形扣、钩头螺栓连成整体。底部采用槽钢作底梁。立柱由槽钢组合而成。面板与立柱用钩头螺栓连接。模板背面设两层工作平台，上层工作平台供安装预埋锚杆用，下层工作平台供装拆套筒螺栓及调整千斤顶用。型钢梁悬臂模板加工简单，运输、堆放方便，虽然单位面积用钢量稍多一些，但周转次数多，仍比较经济，适用于浇筑层厚小于 3m、对模板变形要求不是很严的部位。

桁架悬臂模板根据桁架形状不同，分三角形桁架悬臂模板、梯形桁架悬臂模板和矩形桁架悬臂模板几种类型。

大型模板装拆需要使用仓面起重设备。可以采用起重设备，也可采用简易吊架或 5t 葫芦提升模板，吊架的形式，因地制宜，多种多样。

(4) 自升式悬臂模板是在悬臂模板基础上发展起来的一种新型模板，比悬臂模板多一个提升柱。模板面板由组合钢模板拼装而成；桁架、提升柱由型钢、钢管焊接而成。其工作原理如图 4-20 所示。

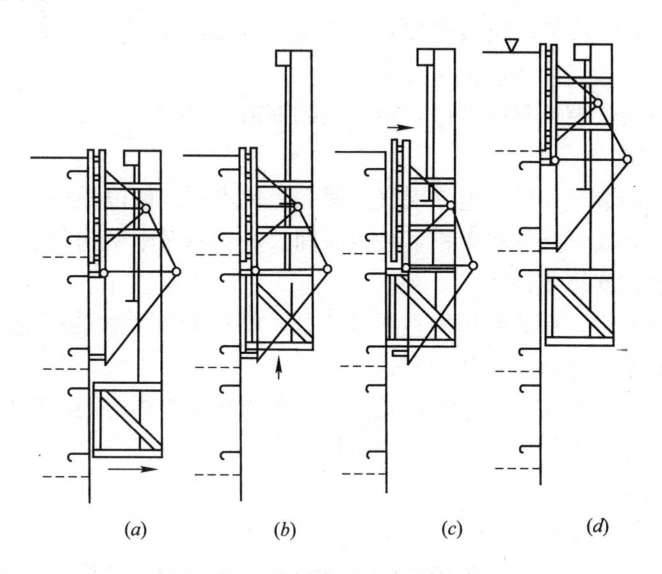

图 4-20 自升式悬臂模板工作原理
(a)提升架外移；(b)提升架提升；(c)模板外移；(d)模板提升

① 已浇混凝土达到一定强度后，将提升柱锚固螺栓松开，使提升柱向外(远离混凝土面)移动 5cm。

② 启动电动机带动螺杆正转，将提升柱提升到指定位置。

③ 将提升柱重新锚固好后，面板锚固螺栓松开，使面板脱离混凝土面 15cm。

④ 启动电动机带动螺杆反转，将模板提升到预定位置。模板到位后，利用桁架上的调节丝杆调整模板位置。

（三）承重模板安装

承重模板承受竖向荷载，支撑形式有立柱支撑、桁架支撑及承重排架支撑。

1. 梁、板模板安装

梁模板的安装按下述步骤进行(如图 4-21)：

(1) 标出梁轴线及梁底高程。

(2) 用钢管搭设支撑排架。顺梁轴线方向设两排立柱，立柱下端垫一对木楔，便于调整梁底标高，泥土地面应铺垫板。立柱间距为 1.0m 左右，立柱高度方向按 1.2～1.5m 的间距布置水平系杆。排架两侧设斜撑，以加强稳定。排架顶部横杆跨中比两端稍高些，以满足梁模起拱的要求。

(3) 先拼装底模，检查底模中心线与梁轴线是否相符，梁底高程是否符合设计要求，再装侧模。如果梁截面高度比较大，可以先装一面侧模，等钢筋绑扎后再装另一面侧模。模板也可以在地面组装，吊装就位。

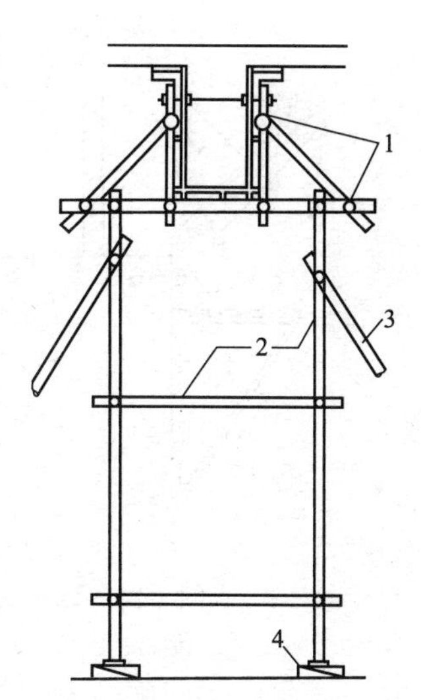

图 4-21 梁模板支撑
1—扣件；2—钢管；
3—斜撑钢管；4—木楔

当梁高大于 600mm，侧模应布置对拉螺栓，并增加侧模斜撑。

(4) 检查模板上口间距，模板内侧用方木临时撑紧，在混凝土浇筑结束之前取出方木。梁模板也可用钢管支柱和钢桁架支撑。

楼板模板支撑与梁模板支撑类似，用排架或钢桁架支撑。

2. 大型承重排架

泄洪洞、导流洞进口顶板、电站混凝土蜗壳、尾水管扩散段顶板等部位混凝土厚达几米，承重模板的荷载大，支撑布置密，装拆时间长。支撑有木结构支撑、预制混凝土梁支撑和钢支撑，目前钢支撑用得较广。

钢支撑有的用型钢，有的利用闲置的灯笼柱，都比较笨重，装拆需要起重设备配合。钢支撑常采用的轻型支撑有以下几种形式：钢管支柱、组合支柱、框形支架等。用钢管搭设，立柱布置密一些。采用组合柱可以减少装拆工作量及装拆时间。框形支架之间应设置水平连系杆、剪刀撑，以加强结构整体稳定性。

(四) 专用模板

1. 牛腿模板

牛腿模板施工难度大的是反坡模板(外倾模板)。作用在反坡模板上的荷载包括混凝土侧压力和混凝土重量。模板支撑方式有内拉式和外撑式。

内拉式支撑的钢筋柱浇入混凝土中。如图 4-22 所示。

外撑式支撑的三角桁架和三角支撑的间距根据荷载大小确定。为了保证模板稳定，各桁架之间设剪刀撑。外撑式支撑适用于悬挑部分较短的牛腿。牛腿反坡模板可采用预制混凝土模板。如图 4-23 所示。

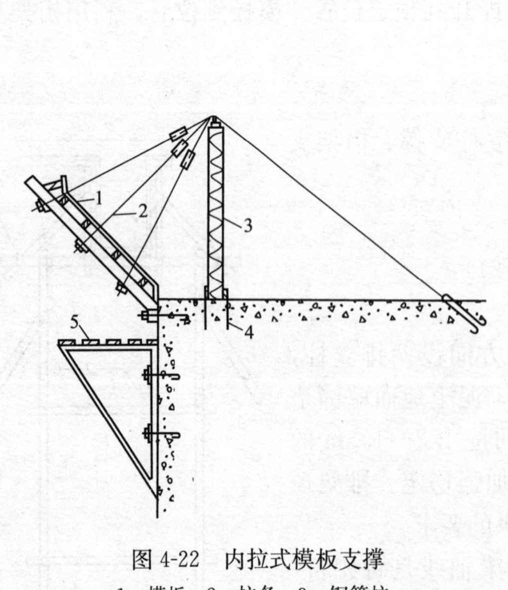

图 4-22 内拉式模板支撑

1—模板；2—拉条；3—钢筋柱；4—预埋插筋；5—简易平台

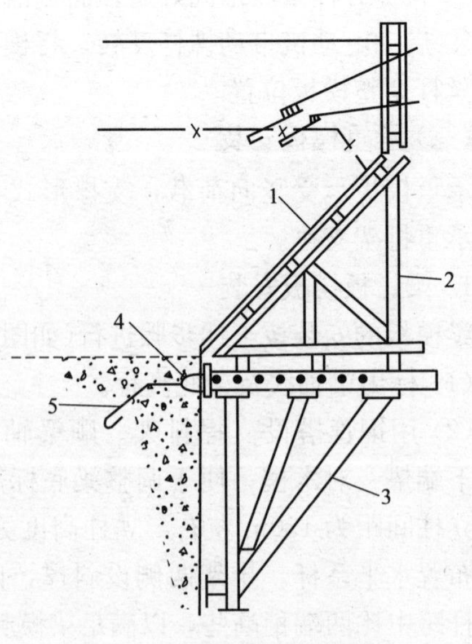

图 4-23 外撑式模板支撑

1—模板；2—三角桁架；3—三角支撑；4—锥形体；5—锚筋

2. 溢流面模板

溢流面面积较小不宜用滑模施工时，则采用顺坡模板(内倾模板)施工。如图 4-24 所

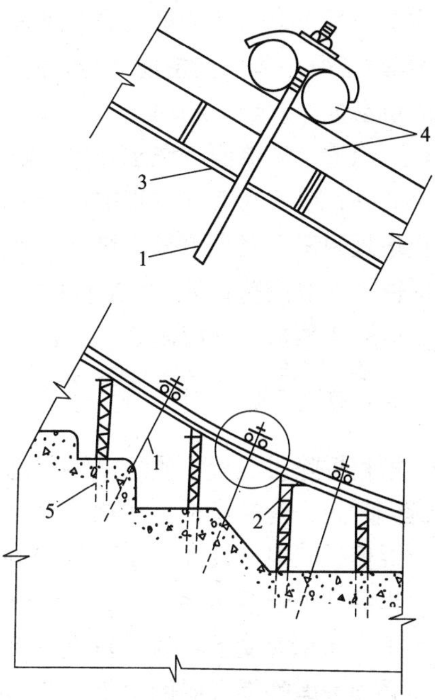

示。混凝土浇筑之前，模板重量由钢支撑承担；混凝土浇筑时，作用在模板上的侧压力和浮托力由拉筋平衡。

先将钢支撑焊在预埋插筋上，然后，按溢流面轮廓线装好模板纵横围囹及面板。纵围囹采用直径为48mm的钢管或粗钢筋弯成弧形。面板上开一些窗口，便于混凝土入仓。

曲面模板也可用曲面可变桁架立模。钢支撑与桁架用对拉螺栓连接，组合钢模板用钩头螺栓固定在桁架下方。

图4-24 溢流面模板

1—拉筋；2—钢支撑；3—组合钢模板；4—纵横围囹；5—预埋插筋

（五）预制构件模板

水利水电工程预制构件种类很多，除普通梁、柱、屋架外，还有预制混凝土模板、隧洞预制拱、截流用的四面体、装配式渡槽排架、槽身等。

模板形式根据构件形状及截面形状复杂程度、构件数量、场地等因素确定。

1. 梁、柱、屋架模板

梁、柱等构件截面形状比较简单，一般用土、砖、混凝土、水泥地坪做底模；用钢模板、木模板或型钢做侧模，对于外观要求不高的梁、柱，亦可用经过粉刷的土壁、砖做侧模。

屋架、排架等构件，外形复杂些，一般用地坪、钢模、木模作底模，用木模或钢木混合模板作侧模。

2. 渡槽槽身模板

装配式渡槽一般采用U形薄壳槽身。槽身预制，分槽口朝上(正置浇筑)和槽口朝下(反置浇筑)两种浇筑方式。正置浇筑，吊装时不需翻身，但槽身底部混凝土不易捣实；反置浇筑，混凝土浇筑质量容易得到保证，因此，反置浇筑采用较普遍。

槽身内模采用钢、木模板或夯土抹砂浆制成，外模采用普通模板支撑方式(如图4-25所示)。

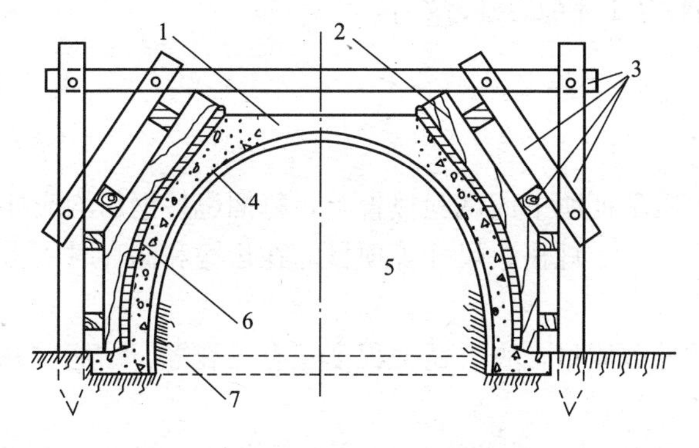

图4-25 渡槽槽身模板

1—槽身；2—木龙骨；3—支撑；4—水泥黏土砂浆；5—堆土夯实；6—木模；7—预埋预制拉杆

夯土抹砂浆作内模的方法：先平整场地，测量放样，把事先预制好的槽身横拉杆按设计位置安置好，然后，逐层堆土夯实，筑成形状、尺寸都符合要求的土坯，用砂浆(水泥∶黏土∶砂的比例为1∶3∶8)抹面(厚约1cm)；抹面层干燥后，涂刷脱模剂。

五、模板安装质量控制

模板及支架的安装必须牢固，位置准确。因此，支架必须支承在坚实的地基或老混凝土上，并有足够的支承面积，斜撑要防止滑动。支架的立柱(围囹、钢楞、桁架梁等)必须在两个互相垂直的方向上，且用斜拉条固定，以确保稳定。模板和支架还要求简单易拆，应恰当利用楔子、千斤顶、砂箱、螺栓等便于松动的装置。特殊部位(如进水口、门槽、溢流面、尾水管等)模板安装的允许偏差应由设计、施工单位共同研究确定。

此外，模板在架立过程中，还必须保持足够的临时支撑和铅丝、扒钉等固定措施，以防止模板倾覆而发生事故。对于大跨度承重模板，安装时应适当起拱(即预留一定的竖向变形值，一般按跨长的3%左右计算)，以保证浇筑后的混凝土形状准确。在混凝土浇筑前，应防止模板向仓内倾倒。

六、模板拆除

模板拆除对混凝土质量、工程进度和模板重复使用的周转率都有直接影响。应正确掌握拆模时间，爱惜模板，注意拆模时的安全。

拆模时间根据设计要求、气温和混凝土强度增长的情况确定。对于非承重的侧面模板，当混凝土强度达到 25×10^5Pa 以上、且表面和棱角不因拆模而损坏时，才能拆模。对于水工大体积混凝土，为了防止拆模后因混凝土表面温度骤然下降而发生表面裂缝，拆模时间必须考虑外界气温的变化。在遇冷风、寒潮袭击时，应避免拆模；在低气温下，应力求避免早晚和夜间拆模。现浇结构的模板拆除时的混凝土强度应符合设计要求；当设计无具体要求时，应符合下列规定：

1. 侧模：混凝土强度能保证其表面和棱角不因拆除模板而受损坏。

2. 底模：混凝土强度应符合相关规范的规定。

3. 经计算及试验复核，混凝土结构的实际强度已能承受自重及其他实际荷载时，可提前拆模。

拆模时，要使用专门的工具，如撬棍、钉拔等。按照模板锚固情况，分批拆除锚固连接件，以防止大片模板坠落，发生事故和模板损坏。拆下的模板、支架及连接件应及时清理、维修，并分类堆存和妥善保管，避免日晒雨淋。对于整体拼装的大型模板，最好能将一个仓位的拆模与另一仓位的立模衔接起来，以利于提高模板的周转率。

第七节 钢筋工程施工技术

一、钢筋的验收

运入加工现场的钢筋，必须具有出厂质量证明书或试验报告单，每捆(盘)钢筋均应挂上标牌，标牌上应注有厂标、钢号、产品批号、规格、尺寸等项目，在运输和储存时不得损坏和遗失这些标牌。

到货钢筋应分批验收检查每批钢筋的外观质量，查看锈蚀程度及有无裂缝、结疤、麻坑、气泡、砸碰伤痕等，并应测量钢筋的直径。

到货钢筋应分批进行检验。检验时以 60t 同一炉(批)号、同一规格尺寸的钢筋为一批。随机选取两根经外部质量检查和直径测量合格的钢筋，各截取一个抗拉试件和一个冷弯试件进行检验，不得在同一根钢筋上取两个或两个以上同用途的试件。钢筋取样时，钢筋端部要先截去500mm再取试样。在拉力检验项目中，包括屈服点、抗拉强度和伸长率三个指标。如有一个指标不符合规定，即认为拉力检验项目不合格。冷弯试件弯曲后，不得有裂纹、剥落或断裂。

对钢号不明的钢筋，需经检验合格后方可使用。检验时抽取的试件不得少于6组。

二、钢筋的配料

配料是指在加工之前，由钢筋工根据施工图和水工混凝土施工验收规范规定的各项要求，把构件或结构内的钢筋进行放样和编制计算配料表。这是一项细致和繁杂的工作，必须首先由具有丰富实际施工经验，懂得施工图和规范要求的技工或专职的技术人员进行配料，才能进行钢筋的下料和加工。

配料的主要依据是结构布置图、钢筋图，施工中的绑扎和安装以及构造要求、施工验收规范和质量标准等。

钢筋配料包括识图、下料长度计算和编制配筋表。

三、钢筋的加工

钢筋的加工包括调直、去锈、切断、弯曲和连接等工序。

(一) 钢筋调直、去锈

调直直径12mm以下的钢筋，主要采用卷扬机拉直或用调直机调直。用冷拉法调直钢筋，其矫直冷拉率不得大于1%(HPB235级钢筋不得大于2%)。对于直径大于30mm的钢筋，可用弯筋机进行调直。调直方法有人工和机械两种。

对于不需要调直的钢筋表面的鳞锈，应用风砂枪或除锈机，也可手工锤敲去锈或用钢丝刷清除，以免影响钢筋与混凝土的粘结。对于一般浮锈可不必清除。可采用人工或机械方法进行除锈。

(二) 钢筋切断、弯曲

钢筋的切断有人工切断、机械切断和氧气切割三种。对于直径22～40mm的钢筋，一般采用单根切断；对于直径在22mm以下的钢筋，则可一次切断数根。对于直径大于40mm的钢筋要用砂轮锯、氧气切割或电弧切割。一般情况下应先断长料，后断短料。

钢筋的切断应在调直后进行，在切断配料过程中，如发现钢筋有劈裂、缩头或严重的弯曲等必须切除；切断钢筋的长度应力求准确，其允许偏差应符合有关规定；切断的钢筋应分类堆放，以便下一道工序顺利进行，并应防止生锈和弯折。

一般弯筋工作在钢筋弯曲机上进行。水利工程中的大弧度环形钢筋的弯制可用弧形样板制作。样板弯曲直径应比环形钢筋弯曲直径约小20%～40%，使弯制的钢筋回弹后正好符合要求。样板弯曲直径可由试验确定。

(三) 钢筋连接

钢筋连接常用的连接方法有焊接连接、机械连接和绑扎连接。

1. 钢筋焊接连接

钢筋的焊接质量与钢材的可焊性、焊接工艺有关。常用的焊接方法有闪光对焊、电弧焊、电渣压力焊和电阻点焊等。

2. 钢筋机械连接

钢筋机械连接是通过连接件的机械咬合作用或钢筋端面的承压作用，将一根钢筋中的受力传递至另一根钢筋的连接方法。在确保钢筋接头质量、改善施工环境、提高工作效率、保证工程进度方面具有明显优势。钢筋接头机械连接的种类很多，如钢筋套筒挤压连接、直螺纹套筒连接、精轧大螺旋钢筋套筒连接、热熔剂充填套筒连接、平面承压对接等。

3. 接头的分布要求

钢筋接头应分散布置。配置在同一截面内的下述受力钢筋，其接头的截面面积占受力钢筋总截面面积的百分率，应符合下列规定：

(1) 焊接接头，在受弯构件的受拉区，不宜超过 50%，受压区不受限制。

(2) 绑扎接头，在受弯构件的受拉区，不宜超过 25%，受压区不宜超过 50%。

(3) 机械连接接头，其接头分布应按设计规定执行，当设计没有要求时，在受拉区不宜超过 50%；在受压区或装配式构件中钢筋受力较小部位，A 级接头不受限制。

(4) 焊接与绑扎接头距离钢筋弯头起点不得小于 $10d$，也不应位于最大弯矩处。

(5) 若两根相邻的钢筋接头中距在 500mm 以内或两绑扎接头的中距在绑扎搭接长度以内，均作为同一截面处理。

四、钢筋的绑扎与安装

钢筋绑扎安装是将在钢筋车间弯曲成型的钢筋在模内组合绑扎的施工过程。它是钢筋施工的最后一道工序。

钢筋安设方法有两种：一种是将钢筋骨架在工厂中制好，再运到工地安装，叫做整装法；另一种是将加工好的散钢筋运到现场之后，再逐根安装，叫散装法。在水利工程中钢筋的绑扎与安装多采用散装法。

(一) 钢筋的绑扎接头

根据水工混凝土施工规范规定：直径在 25mm 以下的钢筋接头可采用绑扎接头；轴心受拉、小偏心受拉构件和承受振动荷载的构件中，钢筋接头不得采用绑扎接头。

1. 钢筋采用绑扎接头时，其搭接长度应符合相关的规定。

2. 受拉区域内的光面圆钢筋绑扎接头的末端应做弯钩。螺纹钢筋的绑扎接头末端可不做弯钩。

梁、柱钢筋的接头如采用绑扎接头，则在绑扎接头的搭接长度范围内应加密钢箍。当搭接钢筋为受拉钢筋时，箍筋间距不应大于 $5d$(d 为两搭接钢筋中较小的直径)；当搭接钢筋为受压钢筋时，其箍筋间距不应大于 $10d$。钢筋接头应分散布置。配置在“同一截面内”的下述受力钢筋，其接头的截面面积占受力钢筋总截面面积的百分率，应符合下列规定：

(1) 绑扎接头在构件的受拉区中不超过 25%，在受压区中不超过 50%。

(2) 焊接与绑扎接头距钢筋弯起点不小于 10 倍钢筋直径，也不应位于最大弯矩处。

(3) 在施工中如分辨不清受拉区或受压区时，其接头的设置应按受拉区的规定办理。

(4)两钢筋接头相距在 30 倍钢筋直径或 50cm 以内，两绑扎接头的中距在绑扎搭接长度以内，均作为同一截面。

直径等于和小于 12cm 的受压 HPB235 级钢筋的末端，以及轴心受压构件中任意直径的受力钢筋的末端，可不做弯钩；但搭接长度不应小于钢筋直径的30倍。

按疲劳验算的构件不得采用绑扎接头，如采用冷拉Ⅵ级钢筋，不得采用焊接接头。

（二）钢筋的现场绑扎

1. 绑扎方法

钢筋绑扎应满足顺直均匀，位置准确。钢筋的绑扎方法有：顺扣法、十字花扣、反十字扣、兜扣、缠扣、兜扣加缠、套扣等。最常采用的是一面顺扣法，每个绑扎点进铅丝扣的方向交替变换90°，绑扎后的钢筋骨架牢固不变形。其他钢筋绑扎法与顺扣法比较，绑扎速度要慢些，但绑扎点要牢固些，在一定间隔处使用，根据绑扎部位进行适当选择。

钢筋绑扎所用的工具一般比较简单，主要工具有钢筋钩、带扳口的小撬杠和绑扎架等。

2. 各种构件内的钢筋绑扎

水工钢筋混凝土建筑物多采用钢筋散装运到现场进行模内绑扎安装。在现场进行钢筋模内绑扎安装时，很重要的一点是在施工前要仔细研究绑扎的顺序。绑扎通常具有一定的规律。绑扎钢筋骨架时，总是先把长钢筋就位，其次是套上钢箍，初步绑成骨架，最后完成各个绑扎点。

（1）基础内钢筋的绑扎

对独立基础进行钢筋绑扎前，首先要注意基础的轴线和基础中心线。钢筋划线应按照钢筋间距从中向两边分，把线划在基础垫层上。在放置钢筋时，要把基础底面短边的钢筋放在长边钢筋的上面，并按线摆开，然后进行绑扎。

绑扎双向为主筋的钢筋网时，必须把钢筋全部交叉点都扎牢。而单向为主筋的钢筋网的绑扎，对四周、两行钢筋交叉点，每点都要扎紧，中间部分每隔一根相互成梅花式扎牢，绑扎中要注意相邻绑扎点的铁丝扣要成八字形，以免钢筋网片歪斜变形。

基础底板采用双层钢筋网配筋时，应该用钢筋撑脚或混凝土撑垫将上层钢筋网支撑起来，以确保钢筋安装的准确位置。上层钢筋网有弯钩应朝下，而下层钢筋网有弯钩应朝上，不可以倾斜倒向一边。

现浇柱与基础连接，必须要用插筋，插筋下端用90°弯钩与基础钢筋绑扎在一起。插筋位置必须准确，并且要固定牢靠，并在浇筑混凝土时要随时注意校正，防止插筋发生歪斜。

设备基础的面积大，且比较高，所以一般都配置有双层钢筋。为了保证上层钢筋网的位置正确，并且不致因钢筋自重产生挠曲，在绑扎设备基础时，可以按照上下两层网的间距设置支架，以固定上层钢筋网。支架一般用钢筋制成，支架的直径、形式和搁置间距可根据设备基础钢筋网的形状决定。

（2）柱内钢筋的绑扎

首先根据设计要求计算好柱子所需箍筋的个数，并应按照箍筋的接头（弯钩叠合处）交错布置在柱的四个角的纵向钢筋上的规定，将箍筋逐个整理好，套在从基础或楼板伸出的插筋上。然后立柱子钢筋，与插筋的接头绑好，绑扣要向里，便于箍筋向上移动。箍筋转角与纵向钢筋交叉点均应绑扎牢固，而箍筋的平直部分与纵向钢筋交叉点可间隔扎牢。绑扎箍筋时，绑扣相互间应呈八字形。柱纵向钢筋设有弯钩时应使弯钩朝向柱心。

框架梁、牛腿及柱帽等的钢筋，应放在柱的纵向钢筋内侧。

(3) 板与梁内钢筋的绑扎

板的钢筋绑扎要求与基础的绑扎要求基本相同。但对于配置在板的上部而抵抗负弯矩的钢筋是绝对不能漏掉或错配的，如果在施工过程中被踩倒，必须修理到正确的位置，否则就会造成工程质量事故，致使悬臂构件断裂，甚至造成人身伤亡事故。

梁的箍筋接头(弯钩迭合处)应交错绑扎在两根架立钢筋上。梁内纵向受拉钢筋采用双排配筋时，两层钢筋之间应垫以直径为不小于25mm的短钢筋或水泥砂浆垫块，以保证双排配筋的设计间距，以便使混凝土能充分包裹住钢筋。

在板、次梁与主梁交叉处，板的钢筋在上，次梁的钢筋居中，主梁的钢筋在下，如图4-26。当有圈梁或垫梁时，主梁钢筋在上，如图4-27。

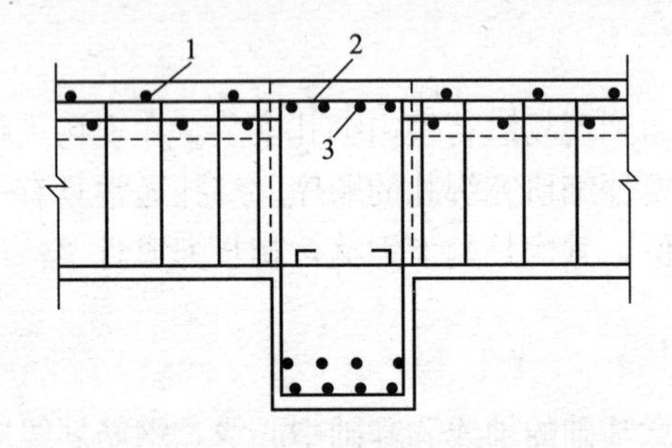

图4-26 板、次梁与主梁交叉处钢筋

1—板的钢筋；2—次梁钢筋；3—主梁钢筋

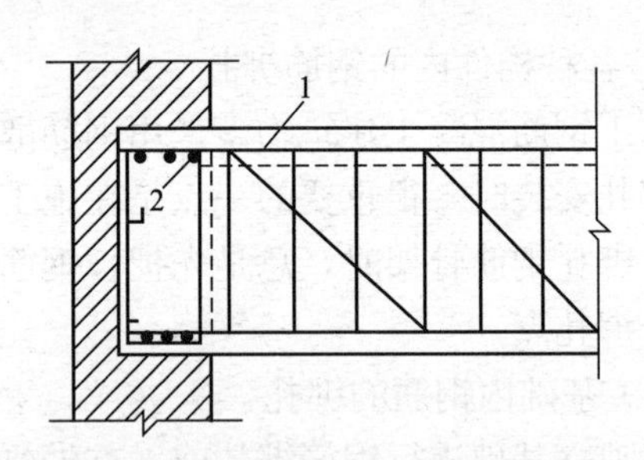

图4-27 主梁与垫梁交叉处钢筋

1—主梁钢筋；2—垫梁钢筋

框架节点处的钢筋非常稠密时，应特别注意梁顶面主筋间的净距要大于30mm，以利于浇筑混凝土。

五、钢筋安装的质量检验和安全技术

(一) 钢筋安装的质量检验

钢筋绑扎安装完毕之后，必须根据设计蓝图认真检查钢筋的钢号、直径、根数、间距等是否正确，特别要检查负筋的位置是否正确；然后检查钢筋的搭接长度与接头位置是否符合有关规定，钢筋绑扎有无松动、变形，表面是否清洁，有无铁锈、油污等；钢筋安装的偏差是否在规范规定的允许范围内。在检查中如发现有任何不符合要求的，必须立即纠正。

1. 钢筋的安装位置、间距、保护层及各部分钢筋的大小尺寸均应符合设计图纸的规定。其偏差应符合相关的规定。

2. 现场焊接或绑扎的钢筋网，其钢筋交叉的连接，应按设计文件的规定进行。如设计文件未作规定，且钢筋直径在25mm以下时，则除楼板和墙内靠近外围两行钢筋之相交点应逐点扎牢外，其余按50%的交叉点进行绑扎。

3. 钢筋安装中交叉点的绑扎，对于HPB235、HRB335级的钢筋。直径在16mm以上且不损伤钢筋截面时，可采用手工电弧焊进行点焊来代替，但必须采用细焊条、小电流进行焊接，并必须加强外观检查，钢筋不应有明显的咬边和裂纹出现。

4. 板内双向受力钢筋网应将钢筋全部交叉点扎牢。柱与梁的钢筋，其主筋与箍筋的交叉点在拐角处应全部扎牢，其中间部分可每隔一个交叉点扎结一个。

5. 安装后的钢筋，应有足够的刚性和稳定性。预制的绑扎和焊接钢筋网及钢筋骨架在运输和安装过程中应采取措施，避免变形、开焊及松脱。安装后的钢筋，避免发生错动和变形。

6. 在混凝土浇筑施工中，严禁为方便浇筑擅自移动或割除钢筋。

（二）钢筋安装的安全技术

1. 在高空绑扎和安装钢筋，需注意不要将钢筋集中堆放在模板或脚手架的某一部位，以保安全；特别是悬臂构件，更要检查支撑是否稳固。

2. 在脚手架上不要随便放置工具、箍筋或短钢筋，避免这些物件放置不稳或其他原因滑落伤人。

3. 在高空安装预制钢筋骨架或绑扎钢筋时，不允许站在模板或墙上操作，操作部位应搭设牢固的脚手架。

4. 应尽量避免在高空修整、扳弯粗钢筋；在必须操作时，一定要带好安全带，选好位置，人要站稳，防止脱板造成人员摔倒。

5. 绑扎筒式结构如烟囱、水塔等，不准踩在钢筋骨架上操作或上下踩动。

6. 要注意在安装钢筋时不要碰撞电线，在深基础或夜间施工需要移动式照明时，最好选用低压安全电源，避免发生触电事故。

7. 凡在脚手架区内工作的人员，必须戴安全防护帽，以防止高空作业部位滑落物件伤人事故的发生。

第八节 混凝土工程施工技术

一、混凝土的拌制

（一）拌合方式

1. 一次投料法。一次投料法是在上料斗中先装石子，再加水泥和砂子，然后一次加入搅拌筒内进行搅拌的方法。

对于自落式搅拌机要在搅拌筒内先加部分水，投料时砂子压住水泥，水泥和砂先进入搅拌筒形成砂浆，缩短了包裹石子的时间，减少水泥粘罐现象。对立轴强制式搅拌机，因出料口在下部，不能先加水，应在投入原料的同时，缓慢均匀分散地加水。

2. 二次投料法。二次投料法分为预拌水泥砂浆法和预拌水泥净浆法两种。预拌水泥砂浆法，是先将水泥、砂和水加入搅拌筒内进行充分搅拌，成为均匀的水泥砂浆后，再加入石子搅拌成均匀的混凝土；预拌水泥净浆法，是先将水泥和水充分搅拌成均匀的水泥净浆后，再加入砂子和石子搅拌成混凝土。

二次投料法搅拌的混凝土比一次投料法搅拌的混凝土强度可提高约15％。当混凝土强度相同时，二次投料法比一次投料法搅拌的混凝土可节约水泥约15％～20％。

3. 裹砂石法。先将全部石子、砂和70％的拌合水倒入搅拌机，拌合15s，再倒入全部水泥进行造壳搅拌30s左右，然后加入30％的拌合水，再进行糊化搅拌60s左右即完成。

采用裹砂石法制成的混凝土比一次投料法混凝土强度可提高约20％～30％，且混凝土不易产生离析现象，泌水少、工作性好。

（二）混凝土的拌制要求

1. 拌制混凝土时，必须严格按签发的混凝土配合比和指定的材料进行配料；不得随意更改。工程中首次使用的混凝土配合比应进行开盘鉴定，其工作性能应满足设计配比的要求。开始生产时应专门留置一组 28d 标准养护试件，作为验证配合比的依据。

2. 在混凝土生产前应测定砂、石含水率并根据测试结果调整材料用量，换算施工配合比。

3. 在每次应用搅拌机拌和第一罐混凝土前，应先开动搅拌机空机运转，运转正常后，再加料搅拌。拌第一罐混凝土时，宜按配合比多加入 10％的水泥、水、细骨料或减少 10％的粗骨料，使多余的砂浆布满搅拌筒内壁及搅拌叶片，防止第一罐混凝土拌合物中的砂浆偏少。

搅拌好的混凝土要做到基本卸尽，在全部混凝土卸出之前不得再投入拌合料，不得采用边出料边进料的办法。

4. 混凝土拌合物必须搅拌均匀，拌合时间必须符合规定要求。

（三）混凝土搅拌的质量要求

1. 在混凝土搅拌工序中，拌制的混凝土拌合物的均匀性应符合国家现行标准的规定。检查混凝土拌合物均匀性时，应在搅拌机卸料过程中从卸料流的 1/4～3/4 之间部位采取试样进行试验，其检测结果应符合下列规定：①混凝土中砂浆密度两次测值的相对误差不应大于 0.8％；②单位体积混凝土中粗骨料含量两次测值的相对误差不应大于 5％。

2. 混凝土搅拌完毕后，应按下列要求检测混凝土拌合物的各项性能：①混凝土拌合物的稠度应在搅拌地点和浇筑地点分别取样检测，每一工作班不应少于一次，评定时应以浇筑地点的测值为准；在预制混凝土构件厂，如混凝土拌合物从搅拌机出料起至浇筑入模的时间不超过 15min 时，其稠度可仅在搅拌地点取样检测；在检测坍落度时，还应观察混凝土拌合物的黏聚性和保水性；②根据需要，尚应检测混凝土拌合物的含气量、水灰比和水泥含量等其他质量指标，检测结果应符合相应的有关规定。

3. 混凝土拌合物出现下列情况之一者，按不合格料处理：①错用配料单已无法补救，不能满足质量要求；②混凝土配料时，任意一种材料计量失控或漏配，不符合质量要求；③拌合不均匀或夹带生料；④出机口混凝土坍落度超过最大允许值。

二、混凝土的运输

（一）混凝土的运输设备。通常混凝土的水平运输设备有混凝土搅拌运输车、皮带运输机、手推车、机动翻斗车等；垂直运输设备有汽车起重机、门式起重机、塔式起重机和缆式起重机等。

（二）混凝土运输的基本要求

混凝土运输是整个混凝土施工中的一个重要环节，它运输量大、涉及面广，对于工程质量和施工进度影响大。其基本要求如下：

1. 混凝土运输设备及运输能力的选择应与拌合、浇筑能力、仓面具体情况相适应，以便充分发挥整个系统施工机械的设备效率。

2. 所用的运输设备应使混凝土在运输过程中不致发生分离、漏浆、严重泌水、过多温度回升和坍落度损失，在运输混凝土期间运输工具必须专用，运输道路必须平整，装载的混凝土的厚度不应小于40cm，如发生离析，在浇筑之前应进行二次搅拌。

3. 同时运输两种以上强度等级、级配或其他特性不同的混凝土时，应设置明显的区分标志。

4. 混凝土在运输过程中，应尽量缩短运输时间及减少转运次数。严禁在运输途中和卸料时加水。

5. 在高温或低温条件下，混凝土运输工具应设置遮盖或保温设施，以避免天气、气温等因素影响混凝土质量。

6. 不能使混凝土料从1.5m以上的高度自由跌落。超过时，应采取缓降或其他措施，以防止骨料分离。

三、混凝土的浇筑

（一）混凝土浇筑的准备工作

由于混凝土工程属于隐蔽工程，在浇筑混凝土前应进行隐蔽工程验收，检查浇筑项目的轴线和标高，施工缝处理及出面处理，模板、支架、钢筋、预埋件和预留孔道的正确性和安全性，并进行技术交底，浇筑混凝土过程中随时填写施工记录。

1. 基础面处理

对于岩基，一般要求清除到质地坚硬的新鲜岩面，然后进行整修。用人工清除表面的松软岩石、棱角和反坡，并用高压水冲洗，压缩空气吹扫。若岩面上有油污、灰浆及其粘结的杂物，还应采用钢丝刷反复刷洗，直至岩面清洁为止。最后，再用风吹至岩面无积水，经检验合格，才能开仓浇筑。

对于土基，应先将开挖基础时预留下来的保护层挖除，并清除杂物；然后用碎石垫底，盖上湿砂，进行压实，再浇混凝土。

对于砂砾地基，应清除杂物，平整基础面，并浇筑10～20cm厚的低强度混凝土垫层，以防止漏浆。

清洗后的岩基，在混凝土浇筑前应保持洁净和湿润。

2. 施工缝处理

施工缝是指浇筑块之间临时的水平和垂直结合缝，也就是新老混凝土之间的结合面。为了保证建筑物的整体性，在新混凝土浇筑前，必须将老混凝土表面的水泥膜(乳皮)清除干净，并使其表面新鲜清洁，形成有石子半露的麻面，以利于新老混凝土的紧密结合。但对于要进行接缝灌浆处理的纵缝面，可不凿毛，只需冲洗干净即可。施工缝的处理方法有以下几种：刷毛和冲毛、凿毛和喷毛等。

3. 模板、钢筋及预埋件检查

开仓浇筑前，必须按照设计图纸和施工规范的要求，对仓面安设的模板、钢筋及预埋件进行全面检查验收，分项签发合格证，应做到规格、数量无误，定位准确，连接可靠。

4. 浇筑仓面布置

浇筑仓面检查准备就绪，水、电及照明布置妥当之后，经监理检查合格后，才可开仓浇筑。

（二）混凝土浇筑

1. 入仓铺料

基础面的浇筑仓和老混凝土上的迎水面浇筑仓在浇筑第一层混凝土之前必须先铺一层2～3cm的水泥砂浆，砂浆的水灰比应较混凝土的水灰比减小0.03～0.05。常用的几种混凝土浇筑方法如下：

(1) 平层浇筑法。它是沿仓面长边逐层水平铺填，第一层铺填完毕并振捣密实后，再铺填振捣第二层，依次类推，直至达到规定的浇筑高程为止，如图4-28所示。铺料层厚与振捣性能、气温高低、混凝土稠度、混凝土初凝时间和来料强度等因素有关。

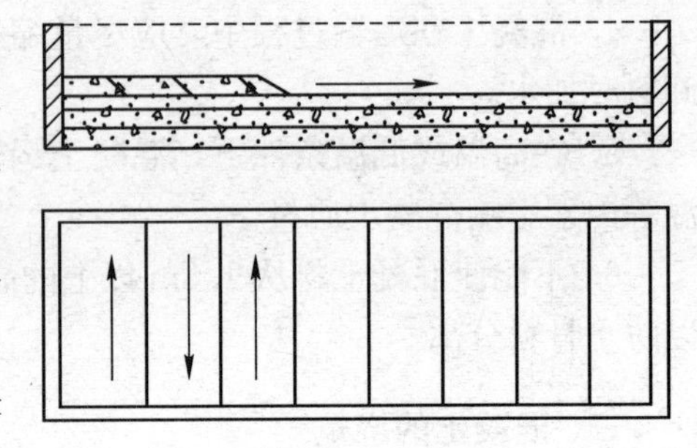

图4-28 平层浇筑法

(2) 阶梯浇筑法。阶梯浇筑法的铺料顺序是从仓位的一端开始，向另一端推进，并以台阶形式，边向前推进，边向上铺筑，直至浇到规定的厚度，把全仓浇完，如图4-29(*a*)。阶梯浇筑法的最大优点是缩短了混凝土上、下层的间歇时间；在铺料层数一定的情况下，浇筑块的长度可不受限制。既适用大面积仓位的浇筑，也适用于通仓浇筑。阶梯浇筑法的层数以3～5层为宜，阶梯长度不小于3m。

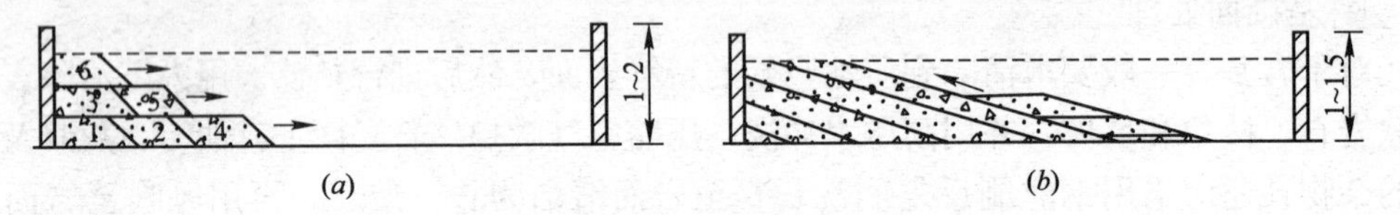

图4-29 阶梯浇筑法和斜层浇筑法

(*a*)阶梯浇筑法；(*b*)斜层浇筑法

(3) 斜层浇筑法。当浇筑仓面大，混凝土初凝时间短，混凝土拌合、运输、浇筑能力不足时，可采用斜层浇筑法，如图4-29(*b*)。斜层浇筑法由于平仓和振捣使砂浆容易流动和分离。为此，应使用低流态混凝土，浇筑块高度一般限制在1～1.5m以内。同时应控制斜层法的层面斜度不大于10°。

无论采用哪一种浇筑方法，都应保持混凝土浇筑的连续性。如相邻两层浇筑的间歇时间超过混凝土的初凝时间，将出现冷缝，造成质量事故。此时应停止浇筑，并按施工缝处理。混凝土浇筑允许间歇时间应通过试验确定。如因故超过允许间歇时间，但混凝土能重塑者，可继续浇筑。如局部初凝，但未超过允许面积，则在初凝部位铺水泥砂浆或小级配混凝土后可继续浇筑。

2. 平仓

平仓就是把卸入仓内成堆的混凝土铺平到要求的均匀厚度。

可采用振捣器平仓。振捣器应首先斜插入料堆下部，然后再一次一次地插向上部，使流态混凝土在振捣器作用下自行摊平。但须注意，在平仓振捣时不能造成砂浆与骨料分离。使用振捣器平仓，不能代替下一个工序的振捣密实。

3. 振捣

振捣的目的是使混凝土密实，并使混凝土与模板、钢筋及预埋件紧密结合，从而保证混凝土的最大密实性。振捣是混凝土施工中最关键的工序，应在混凝土平仓后立即进行。

混凝土振捣主要采用振捣器进行。其原理是利用振捣器产生的高频率、小振幅的振动作用，减小混凝土拌合物的内摩擦力和黏结力，从而使塑态混凝土液化、骨料相互滑动而紧密排列、砂浆充满空隙、空气被排出，以保证混凝土密实，并使液化后的混凝土填满模板内部的空间，且与钢筋紧密结合。混凝土振捣器的类型按振捣方式的不同，有插入式、外部式、表面式和振动台等。

振实标准可按以下现象来判断：混凝土表面不再显著下沉，不出现气泡，并在表面出现一层薄而均匀的水泥浆。如振捣时间不够，则达不到振实要求；过振则骨料下沉、砂浆上翻，产生离析。

4. 混凝土养护

养护是保证混凝土强度增长，不发生开裂的必要措施。通常采用洒水养护或安管喷雾。养护时间与浇筑结构特征和水泥发热特性有关。正常养护约 2～3 周，有时更长。对于已经拆模的混凝土表面，应用草垫等覆盖。

5. 混凝土浇筑需要注意的问题

(1) 混凝土浇筑之前，应对模板、钢筋、止水、伸缩缝和排水管安装等进行检查，报送监理，取得开仓浇筑许可证后才可浇筑。

(2) 混凝土拌合物运至浇筑部位后，应观察混凝土拌合物的均匀性和稠度变化等，若发现异常(如拌合不匀、坍落度过大或过小等)，应及时进行现场处理，或通知混凝土拌合站进行调整。混凝土浇筑过程中，严禁在仓内加水；混凝土和易性较差时，必须采取加强振捣等措施。

(3) 必须及时排除仓内的泌水，应避免外来水进入仓内，严禁在模板上开孔赶水，带走灰浆。

(4) 浇筑仓面出现下列情况之一时，应停止浇筑：①混凝土初凝并超过允许面积；②混凝土平均浇筑温度超过允许偏差值，并在 1h 内无法调整至允许温度范围内。

(5) 浇筑仓面混凝土料出现下列情况之一时，应予挖除：①混凝土拌合物出现不合格料；②下到高等级混凝土浇筑部位的低等级混凝土料；③不能保证混凝土振捣密实或对建筑物带来不利影响的级配错误的混凝土料；④长时间不凝固超过规定时间的混凝土料。

(6) 为了能及时发现并处理混凝土施工中的质量问题，对混凝土浇筑现场应认真做好检查记录。

(三) 混凝土浇筑过程中的检测和控制

1. 坍落度检测和控制

混凝土出拌合机以后，需经运输才能到达仓内，不同环境条件和不同运输工具对于混凝土的和易性产生不同的影响。由于水泥水化作用的进行，水分的蒸发以及砂浆损失等原因，会使混凝土坍落度降低。如果坍落度降低过多，超出了所用振捣器性能范围，则不可能获得振捣密实的混凝土。因此，仓面应进行混凝土坍落度检测，每班至少 2 次，并根据检测结果，调整出机口坍落度，为坍落度损失预留余地。

2. 混凝土初凝质量检控

在混凝土振捣后，上层混凝土覆盖前，混凝土的性能也在不断发生变化。如果混凝土已经初凝，则会影响与上层混凝土的结合。因此，检查已浇混凝土的状况，判断其是否初凝，从而决定上层混凝土是否允许继续浇筑，是仓面质量控制的重要内容。此外，混凝土温度的检测也是仓面质量控制的项目，在温控要求严格的部位则尤为重要。

四、混凝土的温度控制和缺陷修补

（一）混凝土的温度控制

由于混凝土的抗压强度远高于抗拉强度，在温度压应力作用下不致破坏的混凝土，当受到温度拉应力作用时，常因抗拉强度不足而产生裂缝。大体积混凝土温度裂缝有表面裂缝、贯穿裂缝和深层裂缝。大体积混凝土紧靠基础产生的贯穿裂缝，无论对坝体的整体受力还是防渗效果的影响比之浅层表面裂缝的危害都大得多。表面裂缝也可能成为深层裂缝的诱发因素，对坝的抗风化能力和耐久性有一定影响。因此，对大体积混凝土应做好温度控制措施。

大体积混凝土温控措施主要有减少混凝土的发热量、降低混凝土的入仓温度、加速混凝土散热等。

1. 减少混凝土的发热量

减少每立方米混凝土的水泥用量的主要措施有：

（1）据坝体的应力场及结构设计要求对坝体进行分区，对于不同分区采用不同强度等级的混凝土；

（2）采用低流态或无坍落度干硬性贫混凝土；

（3）改善骨料级配，增大骨料粒径，对少筋混凝土可埋放大块石，以减少每立方米混凝土的水泥用量；

（4）大量掺粉煤灰，掺合料的用量可达水泥用量的25％～40％；

（5）采用高效外加减水剂不仅能节约水泥用量约20％，使28d龄期混凝土的发热量减少25％～30％，且能提高混凝土早期强度和极限拉伸值。常用的减水剂有木质素、糖蜜、MF复合剂等。

采用低发热量的水泥也可减少混凝土的发热量。

2. 降低混凝土的入仓温度

（1）合理安排浇筑时间。在施工组织上应进行合理安排，如：春、秋季多浇，夏季早晚浇，正午不浇，重要部位安排在低温季节、低温时段浇筑，以降低混凝土入仓温度，避免出现温度裂缝。

（2）采用加冰或加冰水拌合。加冰拌合，冰与拌合材料直接作用，冷量利用率高，降温效果显著；但加冰越多，拌合时间越长，尽可能采用冰水拌合或地下低温水拌合。

（3）对骨料进行预冷。当加冰拌合不满足要求时，通常采用骨料预冷。骨料预冷的方法有：水冷、风冷、真空汽化冷却。

3. 加速混凝土散热

（1）采用自然散热冷却降温：用薄层浇筑以增加散热面，并适当延长间歇时间；高温季节，已采用预冷措施时，则可采用厚块浇筑，防止因气温过高而热量倒流，以保持预冷效果。

（2）混凝土内预埋水管通水冷却：主要是在混凝土内预埋蛇形冷却水管，通循环冷水进行降温冷却。

（二）混凝土的缺陷修补

混凝土施工中，往往由于对质量重视不够和违反操作规程以及漏振或配料错误或操作长时间中断等原因，致使拆模以后出现一些缺陷，如麻面、蜂窝、露筋、空洞、裂缝等。这些缺陷如不加以修补，将影响结构的美观和安全。所以一经发现，必须认真加以处理。

1. 麻面

产生麻面的主要原因是模板干燥，吸收了混凝土中的水分，或者由于振捣时没有配合人工插边，使水泥浆未流到模板处。有时，还因使用已经用过的旧模板，模板表面黏结的灰浆没有消除而造成麻面。麻面的修补比较简单。修补前用钢丝刷和水将麻面洗干净，并加工成粗糙面，然后在洁净和湿润的条件下，用与混凝土同等级的水泥砂浆将麻面抹平，并适当进行养护。

2. 蜂窝

在混凝土中只有石子聚集而无砂浆的局部地方称为蜂窝。断面小、钢筋密、振捣器操作比较困难的部位，往往因为漏振或振动不够以及混凝土坍落度过小，或因模板接缝漏浆等，都容易出现蜂窝。其补救方法是凿去蜂窝中薄弱的混凝土和个别突出的骨料，再用钢丝刷和压力水清洗干净，刷去粘附在钢筋表面的水泥浆，然后再用强度等级较高的细骨料混凝土填塞，并仔细捣实，认真养护。

3. 空洞

空洞尺寸常比较大，内中没有混凝土。产生的原因是混凝土坍落度过小，被稠密的钢筋卡住，或者是浇筑时漏振，接着又继续浇筑其上面的混凝土。空洞填补前的准备工作与蜂窝同，但在补填新混凝土时，可根据空洞不同部位或形状，加设模板，将混凝土压入空穴并捣实。

4. 裂缝

影响混凝土开裂的因素主要有水灰比或每立方米混凝土的用水量；水泥用量；集料的矿物成分、形状、表面构造和级配；外加剂；混凝土浇筑条件和浇筑速度；混凝土养护以及混凝土周围的约束等。

在修补以前要研究裂缝产生的原因，对裂缝进行调查分析，以确定裂缝的部位、开裂程度、裂缝产生的原因以及需要如何修复，同时要检查设计图纸、施工记录和维修记录。确定裂缝的位置和裂缝宽度可以用目测、刻度放大镜或无损探伤方法例如超声波测量，也可以钻孔取样检查。

裂缝修补的方法主要有以下几种：

① 龟裂缝或开度小于0.5mm的裂缝，可用表面涂抹环氧砂浆或表面贴条状砂浆，有些缝可以表面凿槽嵌补或喷浆处理；

② 渗漏裂缝可视情节轻重在渗水出口处进行表面凿槽嵌补水泥砂浆或环氧材料，有些需要进行钻孔灌浆处理；

③ 沉陷缝和温度缝的处理，可用环氧砂浆贴橡皮等柔性材料修补，也可用钻孔灌浆或表面凿槽嵌补沥青砂浆或环氧砂浆等方法；

④ 施工(冷)缝，一般采用钻孔灌浆处理，也可采用喷浆或表面凿槽嵌补。

为了减少钢筋锈蚀造成进一步破坏，暴露在潮湿环境中的裂缝必须封闭。

五、混凝土表层加固技术

(一) 混凝土表层损坏的危害

混凝土表层损坏将导致混凝土强度降低、局部剥蚀、钢筋锈蚀等。如任其发展，势必向内部深入，缩短建筑物的使用年限甚至直接导致建筑物失稳和破坏。

(二) 混凝土表层损坏的加固

在混凝土表层损坏的加固之前，不论采用什么办法，均应先凿除已损坏的混凝土，并对修补面进行凿毛和清洗，然后再进行修补加固。

凿除的方法，主要包括人工凿除，人工结合风镐凿除，小型爆破为主结合人工凿除，机械切割凿除等。在清除表面混凝土时，既要保证不破坏下层完好混凝土、钢筋、管道及观测设备等埋件，又要保证破坏区域附近的机械设备和建筑物的安全。

混凝土表层加固，主要有以下几种常用方法。

1. 水泥砂浆修补法

对凿毛、清洗过的湿润表面，用铁抹子将拌制好的砂浆抹到修补部位，反复压光、养护。当修补深度较大时，可掺适量砾料，以增强砂浆强度和减少砂浆干缩。砂浆强度不得低于原混凝土强度，以相同为宜。

2. 预缩砂浆修补法

修补处于高流速区的表层缺陷，为保证强度和平整度，减少砂浆干缩，可采用预缩砂浆修补法。预缩砂浆，是经拌合好之后再归堆放置 30～90min 才使用的干硬性砂浆。预缩砂浆配置时，水灰比为 0.3～0.34，灰砂比为 1∶2～1∶2.5，并掺入水泥重量 1/1000 的加气剂，以提高砂浆的流动性。修补时，对凿毛、清洗过的湿润表面，先涂一层水泥浆，然后再填入预缩砂浆，分层以木槌捣实，直至表面出现浆液为止。每次铺料层厚 4～5cm，捣实后为 2～3cm，层与层之间用硬刷刷毛，最后一层表面必须用铁抹子反复压实抹光，并与原混凝土接头平顺密实。施工完成 4～8h 内进行养护。

3. 喷浆修补法

喷浆修补法，有干料法和湿料法两种。湿料法是将水泥、砂、水按一定比例拌合后，利用高压空气喷射至修补部位；干料法是把水泥和砂的混合物，通过压缩空气的作用，在喷头中与水混合喷射。工程中一般多用干料法。

喷浆修补法，按其结构特点，又可分为刚性网喷浆、柔性网喷浆、无筋素喷浆三种。刚性网喷浆，指喷浆层有承受结构中全部或部分应力的金属网；柔性网指金属网只起加固连接作用，不承担结构应力；无筋素喷浆，多用于浅层缺陷的修补。

当喷浆层较厚时，应分层喷射，每次喷射厚度，应根据喷射条件而定，仰喷为 20～30mm，侧喷为 30～40mm，俯喷为 50～60mm。层间间歇时间为 2～3h。每次喷射前先洒水，已凝固的应刷毛，保证层间结合牢固。

喷浆修补工效快、强度大、密实性好、耐久性高，但由于水泥用量多、层薄、不均匀等因素，喷浆层易产生裂缝，影响使用寿命，因此使用上受到了一定限制。

4. 喷混凝土修补法

喷混凝土与普通混凝土相比，具有密实性大、快速、高效、不用模板以及把运输、浇筑、振捣结合在一起的优点，因此得到广泛应用。

喷混凝土的工作原理、施工方法、养护要求与喷浆基本相同。一次喷射层厚，一般不宜超过最大骨料粒径(一般不大于 25mm)的 1.5 倍。为防止混凝土因自重而脱落，可掺用适量速凝剂。

5. 钢纤维喷射混凝土修补法

钢纤维混凝土是用一定量乱向分布的钢纤维增强的以水泥为粘结料的混凝土，属于一种新型的复合材料，其抗裂性特强、韧性很大、抗冲击与耐疲劳强度高、抗拉与抗弯强度高。

搅拌是保证钢纤维在混凝土中均匀分布的重要环节。由于钢纤维混凝土在拌制过程中容易结团而影响混凝土性能，故在拌制过程中要采取合理的投料顺序以及正确的拌制方法。在施工中采用以下投料顺序：砂、石、钢纤维、水泥、外加剂、水。采用强制式搅拌机拌合。先加砂、石、钢纤维干拌，钢纤维逐渐洒散加入，再加入胶凝材料和外加剂干拌，最后加水湿拌。加料时不允许直接将钢纤维加到胶凝材料中，以防结团。

6. 压浆混凝土修补法

压浆混凝土，是将有一定级配的洁净骨料预先埋入模板内，并埋入灌浆管，然后通过灌浆管用泵把水泥砂浆压入粗骨料的间隙中，通过胶结而形成密实的混凝土。压浆混凝土与普通混凝土相比，具有收缩率小、拌合工作量小、可用于水下加固等优点。同时对于钢筋稠密、埋件复杂不易振捣或埋件底部难以密实的部位，也能满足质量要求。

7. 环氧材料修补法

环氧树脂是含有环氧基的树脂的总称。它具有强度高、粘结力大、收缩性小、抗冲耐磨抗渗和化学稳定性好的特点。对金属和非金属有很强的粘合力，俗称万能胶，但它有毒、易燃且价格高。用于混凝土表面修补的有环氧基液、环氧石英膏、环氧砂浆和环氧混凝土等。

第九节 水利水电工程机电设备及金属结构安装工程

一、水利水电工程机电设备的种类

水利水电工程中机电设备主要有各种水闸和船闸的启闭机、水泵及其动力设备、水轮发电机组及接力器等。

二、机电设备安装的基本要求

(一) 闸门启闭机安装的基本要求

1. 基本工序组成

在建筑物上安装起重机(即启闭机)，其基本工序为：向安装地点运送机械零部件；机械的组装和校正；检查整机；调试并交付运行。

机械安装前应验收基础，同时要检查安装机架部位混凝土表面的高程，地脚螺栓孔和电路、绳索孔的位置，链式机械平衡重块竖井的位置和大小。标示有基础的设计位置和实际位置的检测图应记录在基础验收报告中。

2. 固定式启闭机安装的基本要求

(1) 启闭机机座下的混凝土层浇筑厚度不应小于50mm。

(2) 机架下面承受荷载的部位必须敷设安装垫板。垫板调整好后，相互焊牢并焊到机架上。机架下面的安装垫板数量没有限制，但机架和电动机、制动器、减速器、轴承以及其他零部件之间的衬垫的数量在一个部位不能多于两个。

(3) 地脚螺栓的端部应露出螺母的2～5个螺扣。

(4) 地脚螺栓和机架经有关机构对其安装和校正检验合格后，方可进行二期混凝土浇筑。机械及其构件(减速器、轴承座等)的检验应在其零件不进灰尘和不受水分侵扰的条件下进行。

(5) 在悬挂驱动闸门的钢丝绳、链条、连杆之前，启闭机利用电动机在空载行程下磨合，每个回转方向不少于60min，并要观察减速器、轴承和制动器的工作。

(6) 启闭机的运行机构连接到闸门上后，提升闸门，调整吊链长度或者调整闸门拉杆的固定位置。位于门槽中的闸门不应在水平方向移动。

(7) 安装完的启闭机，在试验前要检查启闭机在混凝土上或其他基础上的安装与固定的质量，以及启闭机械润滑、终点行程开关和制动器的调整情况。对启闭机做计算荷载和运行荷载试验。在启闭机的技术说明书或记录卡上填写其装配和预期修理的日期，指出修理特点，更换发现有缺陷的零件，并记下消除缺陷的情况。

(二) 水泵安装的基本要求

1. 卧式机组的安装

卧式机组分为有底座和无底座两种，小型机组的水泵和电动机一般多采用直接传动，其底座是共用的。

(1) 有底座机组安装。先将底座放于浇筑好的基础上，套上地脚螺栓和螺帽，调整位置，使底座的纵横中心位置和浇筑基础时所定的纵横中心线一致。若由于地脚螺栓的限制，不能调整好位置时，其误差不能超过±5mm。然后调水平，拧紧地脚螺母。机座安好后，再将水泵安装在机座上。最后安装动力机(电动机)，当采用直接传动时，在动力机固定之前，应先进行同心度量测和调整，再进行轴向间隙量测和调整，两者反复进行，直到满足规定要求为止。最后固定动力机。

(2) 无底座的大型水泵安装。先将水泵吊到基础上，与基础上的地脚螺栓对正并穿入泵体地脚螺孔使水泵就位。然后在水泵底脚的四角各垫一块楔形垫片，进行水泵的中心线校正、水平校正及标高校正。反复校正后，再用水泥砂浆从缝口填塞进基础与泵体底脚间的空隙内。灌浆时为不使水泥砂浆流出，四周应用木板挡住，并保证内部不得存有空隙。待砂浆凝固后，拧紧地脚螺母。动力机的安装与水泵安装基本相同，即先将动力机吊到基础上就位，再采用与水泵相同的调整方法反复进行同心度和轴向间隙的量测与调整，最后进行灌浆固定。

无底座直接传动的卧式机组安装流程是吊水泵、中心线校正、水平校正、标高校正、拧紧地脚螺栓、水泵安装、动力机安装，最后验收。其他类型的卧式机组安装可参考应用。

2. 立式机组安装

立式机组的安装与卧式机组有所不同，其水泵是安装在专设的水泵梁上，动力机安装在水泵上方的电机梁上。中小型立式轴流泵机组安装流程是安装前准备、泵体就位、电机座就位、水平校正、同心校正、固定地脚螺栓、泵轴和叶轮安装、传动轴安装、电动机吊装、验收。

水平校正以电机座的轴承座平面为校准面，泵体以出水弯管上橡胶轴承座平面为校准面。一般是将方形水平仪放在校准面上，按水平要求调整机座下的垫片，直至水平。同心校正是校正电机座上传动轴孔与水泵弯管上泵轴孔的同心度，施工中通常称为找正或找平校正。

测量与调整传动轴、泵轴摆度，目的是使机组轴线各部位的最大摆度在规定的允许范围内。当测算出的摆度值不满足规定要求时，通常是采用刮磨推力盘底面的方法进行调整。

三、金属结构安装的基本要求

水利水电工程中的金属结构的类型主要有：闸门、闸门预埋件、拦污栅、压力钢管等。

（一）平板闸门的安装

水工钢闸门的形式主要有平板闸门、弧形闸门及人字门三种。闸门安装方案要根据闸门的形式和施工条件来确定。平板闸门包括直升式和升卧式两种形式。

平板闸门的门叶由承重结构(包括：面板、梁系、竖向连接系或隔板、门背连接系和支承边梁等)、行走支承、止水装置和吊耳等组成。

安装前，检查闸门和支承导引部件的几何尺寸，消除出现的损伤，清理闸门的泥土和锈迹，润滑支承导向部件，建立记录。闸门的检查应在水平台架上进行。

平板闸门安装的顺序是：闸门放到门底坎；按照预埋件调配止水和支承导向部件；安装闸门拉杆；在门槽内试验闸门的提升和关闭；将闸门处于试验水头并投入试运行。

安装行走部件时，应使其所有滚轮(或滑块)都同时紧贴主轨；闸门压向主轨时，止水与预埋件之间应保持 3～5mm 的富裕度。

（二）闸门预埋件的安装

闸门预埋件有如下两种安装方法：在预留二期混凝土块内的安装方法和不设二期混凝土块的安装方法。

1. 预留二期混凝土的安装方法

在建筑物大体积混凝土中，在安装闸门工作轨道、支承铰和预埋件的位置预留二期混凝土块，暂不浇筑混凝土，用于下一步在此处装配预埋件。在一期混凝土中，为固定预埋件，常将它的钢筋外露。二期混凝土块的尺寸应保证预埋件装配、调整和固定等施工正常进行，同时还要保证能完成焊接施工和二期混凝土的浇筑。

闸门导轨安装前，要对基础螺栓进行校正，安装过程中必须随时用垂球进行校正，使其铅直无误。导轨就位后即可立模浇筑二期混凝土。

闸门底槛设在闸底板上，在施工初期浇筑底板时，若铁件不能完成，亦可在闸底板上留槽浇二期混凝土，如图 4-30 所示。

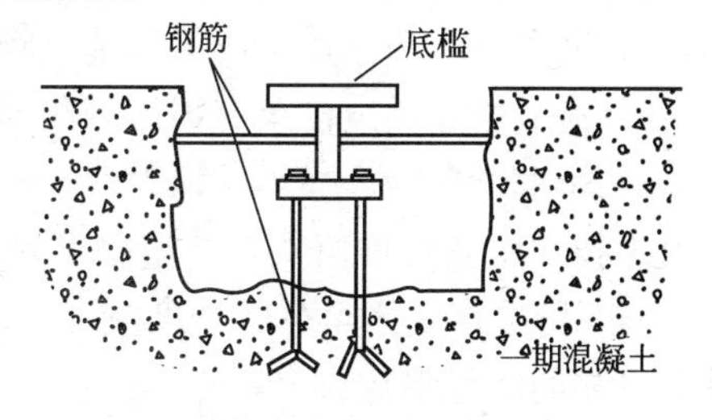

图 4-30 底槛的安装

浇筑二期混凝土时，应采用较细骨料混凝土，并细心捣固，不要振动已装好的金属构件。门槽较高时，不要直接从高处下料，可以分段安装和浇筑。二期混凝土拆模后，应对埋件进行复测，并做好记录，同时检查混凝土表面尺寸，清除遗留的杂物、钢筋头，以免影响闸门启闭。

2. 不设二期混凝土的安装方法

在已完成的建筑物上安装预埋件，预埋件被牢固地固定在设计位置，同时装有闸墩钢筋，并且一次完成全部混凝土浇筑。为了使不设二期混凝土方法安装的预埋件整体刚度较好，要预先加固门槽结构件，使之具有一定的空间刚度。不设二期混凝土安装预埋件的另一种方法是将该预埋件临时固定预装在闸门上。当闸门在设计位置装配和定位后，把预埋件固定在闸门上并浇筑混凝土。一般弧形和扇形闸门曲线形预埋件采用不设二期混凝土安装方法；当采用其他安装方法效果较差时，也可采用这种方法。

第十节 水利水电工程施工安全技术

一、水利水电工程施工现场安全要求

（一）施工道路及交通

1. 施工生产区内机动车辆临时道路应符合道路纵坡不宜大于8%，进入基坑等特殊部位的个别短距离地段最大纵坡不得超过15%；道路最小转变半径不得小于15m；路面宽度不得小于施工车辆宽度的1.5倍，且双车道路面宽度不宜窄于7.0m，单车道不宜窄于4.0m。单车道应在可视范围内设有会车位置等要求。

2. 施工现场临时性桥梁，应根据桥梁的用途、承重载荷和相应技术规范进行设计修建，并符合宽度应不小于施工车辆最大宽度的1.5倍；人行道宽度应不小于1.0m，并应设置防护栏杆等要求。

3. 施工现场架设临时性跨越沟槽的便桥和边坡栈桥，应符合以下要求：

（1）基础稳固、平坦畅通；

（2）人行便桥、栈桥宽度不得小于1.2m；

（3）手推车便桥、栈桥宽度不得小于1.5m；

（4）机动翻斗车便桥、栈桥，应根据荷载进行设计施工，其最小宽度不得小于2.5m；

（5）设有防护栏杆。

4. 施工现场工作面、固定生产设备及设施处所等应设置人行通道，并符合宽度不小于0.6m等要求。

（二）职业卫生和环境保护

1. 生产车间和作业场所工作地点噪声声级卫生限值应符合相关规定。

2. 施工作业噪声传至有关区域的允许标准可查看相关规定。

3. 粉尘、毒物、噪声、辐射等定期监测可由建设单位或施工单位实施，也可委托职业卫生技术服务机构监测，并遵守下列规定：

（1）粉尘作业区至少每季度测定一次粉尘浓度，作业区浓度严重超标应及时监测，并采取可靠的防范措施；

（2）毒物作业点至少每半年测定一次，浓度超过最高允许浓度的测点应及时测定，直

至浓度降至最高允许浓度以下；

(3) 噪声作业点至少每季度测定一次A声级，每半年进行一次频谱分析；

(4) 辐射每年监测一次，特殊情况及时监测。

4. 工程建设各单位应建立职业卫生管理规章制度和施工人员职业健康档案，对从事尘、毒、噪声等职业危害的人员应每年进行一次职业体检，对确认职业病的职工应及时给予治疗，并调离原工作岗位。

(三) 消防

1. 根据施工生产防火安全的需要，合理布置消防通道和各种防火标志，消防通道应保持通畅，宽度不得小于3.5m。

2. 闪点在45℃以下的桶装、罐装易燃液体不得露天存放，存放处应有防护栅栏，通风良好。

3. 施工生产作业区与建筑物之间的防火安全距离，应遵守下列规定：

(1) 用火作业区距所建的建筑物和其他区域不得小于25m；

(2) 仓库区、易燃、可燃材料堆集场距所建的建筑物和其他区域不小于20m；

(3) 易燃品集中站距所建的建筑物和其他区域不小于30m。

4. 加油站、油库，应遵守下列规定：

(1) 独立建筑，与其他设施、建筑之间的防火安全距离应不小于50m；

(2) 周围应设有高度不低于2.0m的围墙、栅栏；

(3) 库区内道路应为环形车道，路宽应不小于3.5m，并设有专门消防通道，保持畅通；

(4) 罐体应装有呼吸阀、阻火器等防火安全装置；

(5) 应安装覆盖库(站)区的避雷装置，且应定期检测，其接地电阻不大于10Ω；

(6) 罐体、管道应设防静电接地装置，接地网、线用40mm×4mm扁钢或Φ10圆钢埋设，且应定期检测，其接地电阻不大于30Ω；

(7) 主要位置应设置醒目的禁火警示标志及安全防火规定标识；

(8) 应配备相应数量的泡沫、干粉灭火器和砂土等灭火器材；

(9) 应使用防爆型动力和照明电器设备；

(10) 库区内严禁一切火源、吸烟及使用手机；

(11) 工作人员应熟悉使用灭火器材和消防常识；

(12) 运输使用的油罐车应密封，并有防静电设施。

5. 木材加工厂(场、车间)，应遵守下列规定：

(1) 独立建筑，与周围其他设施、建筑之间的安全防火距离不小于20m；

(2) 安全消防通道保持畅通；

(3) 原材料、半成品、成品堆放整齐有序，并留有足够的通道，保持畅通；

(4) 木屑、刨花、边角料等弃物及时清除，严禁置留在场内，保持场内整洁；

(5) 设有10m³以上的消防水池、消火栓及相应数量的灭火器材；

(6) 作业场所内禁止使用明火和吸烟；

(7) 明显位置设置醒目的禁火警示标志及安全防火规定标识。

(四) 季节施工

昼夜平均气温低于5℃或最低气温低于－3℃时，应编制冬期施工作业计划，并应制定防寒、防毒、防滑、防冻、防火、防爆等安全措施。

（五）施工排水

1. 土方开挖应注重边坡和坑槽开挖的施工排水。坡面开挖时，应根据土质情况，间隔一定高度设置戗台，台面横向应为反向排水坡，并在坡脚设置护脚和排水沟。

2. 石方开挖工区施工排水应合理布置，选择适当的排水方法，并应符合以下要求：

(1) 一般建筑物基坑(槽)的排水，采用明沟或明沟与集水井排水时，应在基坑周围，或在基坑中心位置设排水沟，每隔30～40m设一个集水井。集水井应低于排水沟至少1m左右，井壁应做临时加固措施；

(2) 厂坝基坑(槽)深度较大，地下水位较高时，应在基坑边坡上设置2～3层明沟，进行分层抽排水；

(3) 大面积施工场区排水时，应在场区适当位置布置纵向深沟作为干沟，干沟沟底应低于基坑1～2m。使四周边沟、支沟与干沟连通将水排出；

(4) 岸坡或基坑开挖应设置截水沟，截水沟距离坡顶安全距离不小于5m；明沟距道路边坡距离应不小于1m；

(5) 工作面积水、渗水的排水，应设置临时集水坑，集水坑面积宜为2～3m²，深1～2m，并安装移动式水泵排水。

3. 边坡工程排水设施，应遵守下列规定：

(1) 周边截水沟，一般应在开挖前完成，截水沟深度及底宽不宜小于0.5m，沟底纵坡不宜小于0.5%；长度超过500m时，宜设置纵排水沟，跌水或急流槽；

(2) 急流槽与跌水，急流槽的纵坡不宜超过1∶1.5；急流槽过长时宜分段，每段不宜超过10m；土质急流槽纵度较大时，应设多级跌水；

(3) 边坡排水孔宜在边坡喷护之后施工，坡面上的排水孔宜上倾10%左右，孔深3～10m，排水管宜采用塑料花管；

(4) 挡土墙宜设有排水设施，防止墙后积水形成静水压力，导致墙体坍塌；

(5) 采用渗沟排除地下水措施时，渗沟顶部宜设封闭层，寒冷地区沟顶回填土层小于冻层厚度时，宜设保温层；渗沟施工应边开挖、边支撑、边回填，开挖深度超过6m时，应采用框架支撑；渗沟每隔30～50m或平面转折和坡度由陡变缓处宜设检查井。

4. 土质料场的排水宜采取截、排结合，以截为主的排水措施。对地表水宜在采料高程以上修截水沟加以拦截，对开采范围的地表水应挖纵横排水沟排出。

5. 基坑排水，应满足以下要求：

(1) 采用深井(管井)排水方法时，应符合以下要求：

① 管井水泵的选用应根据降水设计对管井的降深要求和排水量来选择，所选择水泵的出水量与扬程应大于设计值的20%～30%；

② 管井宜沿基坑或沟槽一侧或两侧布置，井位距基坑边缘的距离应不小于1.5m，管埋置的间距应为15～20m。

(2) 采用井点排水方法时，应满足以下要求：

① 井点布置应选择合适方式及地点；

② 井点管距坑壁不得小于1.0～1.5m，间距应为1.0～2.5m；

③ 滤管应埋在含水层内并较所挖基坑底低 0.9～1.2m；

④ 集水总管标高宜接近地下水位线，且沿抽水水流方向有 2‰～5‰的坡度。

二、水利水电工程施工用电要求

（一）基本规定

1. 施工单位应编制施工用电方案及安全技术措施。

2. 从事电气作业的人员，应持证上岗；非电工及无证人员禁止从事电气作业。

3. 从事电气安装、维修作业的人员应掌握安全用电基本知识和所用设备的性能，按规定穿戴和配备好相应的劳动防护用品，定期进行体检。

4. 在建工程(含脚手架)的外侧边缘与外电架空线路的边线之间应保持安全操作距离。

5. 施工现场的机动车道与外电架空线路交叉时，架空线路的最低点与路面的垂直距离应符合相关的规定。

6. 机械如在高压线下进行工作或通过时，其最高点与高压线之间的最小垂直距离应符合相关的规定。

7. 旋转臂式起重机的任何部位或被吊物边缘与 10kV 以下的架空线路边线最小水平距离不得小于 2m。

8. 施工现场开挖非热管道沟槽的边缘与埋地外电缆沟槽边缘之间的距离不小于 0.5m。

9. 对达不到规定的最小距离的部位，应采取停电作业或增设屏障、栅栏、围栏、保护网等防护措施，并悬挂醒目的警示标志牌。

10. 用电场所电器灭火应选择适用于电气的灭火器材，不得使用泡沫灭火器和水。

（二）现场临时变压器安装

施工用的 10kV 及以下变压器装于地面时，应有 0.5m 的高台，高台的周围应装设栅栏，其高度不低于 1.7m，栅栏与变压器外廓的距离不得小于 1m，杆上变压器安装的高度应不低于 2.5m，并挂“止步、高压危险”的警示标志。变压器的引线应采用绝缘导线。

（三）施工照明

1. 现场照明宜采用高光效、长寿命的照明光源。对需要大面积照明的场所，宜采用高压钠灯或混光用的卤钨灯。照明器具选择应遵守下列规定：

（1）正常湿度时，选用开启式照明器；

（2）潮湿或特别潮湿的场所，应选用密闭型防水防尘照明器或配有防水灯头的开启式照明器；

（3）含有大量尘埃但无爆炸和火灾危险的场所，应采用防尘型照明器；

（4）对有爆炸和火灾危险的场所，应按危险场所等级选择相应的防爆型照明器；

（5）在振动较大的场所，应选用防振型照明器；

（6）对有酸碱等强腐蚀的场所，应采用耐酸碱型照明器；

（7）照明器具和器材的质量均应符合有关标准、规范的规定，不得使用绝缘老化或破损的器具和器材。

2. 一般场所宜选用额定电压为 220V 的照明器，对下列特殊场所应使用安全电压照明器：

(1) 地下工程，有高温、导电灰尘，且灯具离地面高度低于 2.5m 等场所的照明，电源电压应不大于 36V；

(2) 在潮湿和易触及带电体场所的照明电源电压不得大于 24V；

(3) 在特别潮湿的场所、导电良好的地面、锅炉或金属容器内工作的照明电源电压不得大于 12V。

3. 使用行灯应遵守下列规定：

(1) 电源电压不超过 36V；

(2) 灯体与手柄连接坚固、绝缘良好并耐热耐潮湿；

(3) 灯头与灯体结合牢固，灯头无开关；

(4) 灯泡外部有金属保护网；

(5) 金属网、反光罩、悬吊挂钩固定在灯具的绝缘部位上。

4. 照明变压器应使用双绕组型，严禁使用自耦变压器。

5. 地下工程作业、夜间施工或自然采光差等场所，应设一般照明、局部照明或混合照明，并应装设自备电源的应急照明。

(四) 电器灭火

灭火器的选择应符合以下规定：

1. 电器灭火应选择适当的灭火器，用于带电灭火的灭火剂必须是不导电的，如二氧化碳、四氯化碳或二氟一氯一溴甲烷等，不得使用泡沫灭火器的灭火剂。

2. 用水枪灭火时宜采用喷雾水枪，此时应将水枪喷嘴接地，灭火人员需穿戴绝缘手套和绝缘靴或穿戴均压服工作。

3. 蓄电池发生火灾时，应用专用灭火器，但应注意保护未起火的蓄电池，避免硫酸烧伤。

4. 发电机和电动机等旋转电机着火时，可用二氧化碳等不导电灭火剂灭火，但不宜用干粉、砂子、泥土灭火以免损伤绝缘。

灭火器操作安全注意事项：

1. 人体与带电体之间必须保持一定的安全距离，当用水灭火时，电压 110kV 及其以下者不应小于 3m，电压 220kV 及其以上者不应小于 5m，当使用二氧化碳等不导电灭火剂的灭火器时，机体、喷嘴至带电体的最小距离：10kV 者不应小于 0.4m；35kV 者不应小于 0.6m。

2. 对架空线路等空中设备进行灭火时，人体位置与带电体之间的仰角不应超过 45°。

3. 如遇带电体落地，一定要划出警戒区，以防止跨步电压伤人，并设专人监护。

三、水利水电工程高空作业要求

(一) 基本要求

1. 高处作业的标准

(1) 凡在坠落高度基准面 2m 及以上有可能坠落的高处进行作业，均称为高处作业。高处作业的级别：高度在 2～5m 时，称为一级高处作业；高度在 5～15m 时，称为二级高处作业；高度在 15～30m 时，称为三级高处作业；高度在 30m 以上时，称为特级高处作业。

（2）高处作业的种类分为一般高处作业和特殊高处作业两种。其中特殊高处作业又分为以下几个类别：强风高处作业、异温高处作业、雪天高处作业、雨天高处作业、夜间高处作业、带电高处作业、悬空高处作业、抢救高处作业。一般高处作业系指特殊高处作业以外的高处作业。

2. 安全防护措施

（1）高处作业下方或附近有燃气、烟尘及其他有害气体，应采取排除或隔离等措施，否则不得施工。

（2）高处作业前，应检查排架、脚手板、通道、马道、梯子和防护设施，符合安全要求方可作业。高处作业使用的脚手架平台，应铺设固定脚手板，临空边缘应设高度不低于1.2m的防护栏杆。

（3）在坝顶、陡坡、屋顶、悬崖、杆塔、吊桥、脚手架以及其他危险边沿进行悬空高处作业时，临空面应搭设安全网或防护栏杆。

（4）安全网应随着建筑物升高而提高，安全网距离工作面的最大高度不超过3m。安全网搭设外侧比内侧高0.5m，长面拉直拴牢在固定的架子或固定环上。

（5）在带电体附近进行高处作业时，距带电体的最小安全距离，应满足相关的规定，如遇特殊情况，应采取可靠的安全措施。

（6）在2m以下高度进行工作时，可使用牢固的梯子、高凳或设置临时小平台，禁止站在不牢固的物件（如箱子、铁桶、砖堆等物）上进行工作。

（7）从事高处作业时，作业人员应系安全带。高处作业的下方，应设置警戒线或隔离防护棚等安全措施。

（8）上下脚手架、攀登高层构筑物，应走斜马道或梯子，不得沿绳、立杆或栏杆攀爬。

（9）高处作业时，不得坐在平台、孔洞、井口边缘，不得骑坐在脚手架栏杆、躺在脚手板上或安全网内休息，不得站在栏杆外的探头板上工作和凭借栏杆起吊物件。

（10）特殊高处作业，应有专人监护，并有与地面联系信号或可靠的通信装置。

（11）在石棉瓦、木板条等轻型或简易结构上施工及进行修补、拆装作业时，应采取可靠的防止滑倒、踩空或因材料折断而坠落的防护措施。

（12）高处作业周围的沟道、孔洞井口等，应用固定盖板盖牢或设围栏。

（13）遇有六级及以上的大风，禁止从事高处作业。

（14）进行三级、特级、悬空高处作业时，应事先制订专项安全技术措施。施工前，应向所有施工人员进行技术交底。

（二）脚手架

1. 脚手架应根据施工荷载经设计确定，施工常规负荷量不得超过3.0kPa。脚手架搭成后，须经施工及使用单位技术、质检、安全部门按设计和规范检查验收合格，方准投入使用。

2. 高度超过25m和特殊部位使用的脚手架，应专门设计并报建设单位（监理）审核、批准，并进行技术交底后，方可搭设和使用。

3. 钢管材料脚手架应符合下列要求：

（1）钢管外径应为48～51mm，壁厚3～3.5mm，有严重锈蚀、弯曲或裂纹的钢管不得使用；

(2) 扣件应有出厂合格证明，脆裂、气孔、变形滑丝的扣件不得使用。

4. 脚手架安装搭设应严格按设计图纸实施，遵循自下而上、逐层搭设、逐层加固、逐层上升的原则，并应符合下列要求：

(1) 脚手架底脚扫地杆、水平横杆离地面距离为20～30cm；

(2) 脚手架各节点应连接可靠，拧紧，各杆件连接处相互伸出的端头长度要大于10cm，以防杆件滑脱；

(3) 外侧及每隔2～3道横杆设剪刀撑，排架基础以上12m范围内每排横杆均应设置剪刀撑；

(4)剪刀撑、斜撑等整体拉结件和连墙件与脚手架应同步设置，剪刀撑的斜杆与水平面的交角宜在45°～60°之间，水平投影宽度应不小于2跨或4m和不大于4跨或8m；

(5) 脚手架与边坡相连处应设置连墙杆，每18m设一个点，且连墙杆的竖向间距应不大于4m。连墙杆采用钢管横杆，与墙体预埋锚筋相连，以增加整体稳定性；

(6) 脚手架相邻立杆和上下相邻支杆的接头应相互错开，应置于不同的框架格内，搭接杆接头长度，扣件式钢管排架应不大于1.0m；

(7) 钢管立杆、大横杆的接头应错开，搭接长度不小于50cm，承插式的管接头不得小于8cm，水平承插或接头应穿销，并用扣件连接，拧紧螺栓，不得用钢丝绑扎；

(8) 脚手架的两端，转角处以及每隔6～7根立杆，应设剪刀撑及支杆，剪刀撑和支杆与地面的角度应不大于60°，支杆的底端埋入地下深度应不小于30cm。架子高度在7m以上或无法设支杆时，竖向每隔4m，水平每隔7m，应使脚手架牢固地连接在建筑物上。

5. 脚手架的立杆、大横杆及小横杆的间距应符合相关的规定。

6. 脚手架的外侧、斜道和平台，应搭设防护栏杆、挡脚板或防护立网。在洞口、牛腿、挑檐等悬臂结构搭设挑架(外伸脚手架)时，斜面与墙面夹角不宜大于30°，并应支撑在建筑物的牢固部分，不得支撑在窗台板、窗檐、线脚等地方。

7. 斜道板、跳板的坡度不得大于1∶3，宽度不得小于1.5m，防滑条的间距不大于0.3m。

8. 井架、门架和烟囱、水塔等的脚手架，凡高度10～15m的要设一组缆风绳(4～6根)，每增高10m加设一组。在搭设时应先设临时缆风绳，待固定缆风绳设置稳妥后，再拆除临时缆风绳。缆风绳与地面的角度应为45°～60°，要单独牢固地拴在地锚上，并用花篮螺栓调节松紧，调节时应对角交错进行。缆风绳禁止拴在树木或电杆等物上。

9. 平台脚手板铺设，应遵守下列规定：

(1) 脚手板应满铺，与墙面距离不得大于20cm，不得有空隙和探头板；

(2) 脚手板搭接长度不得小于20cm；

(3) 对头搭接时，应架设双排小横杆，其间距不大于20cm，不得在跨度间搭接；

(4) 在架子的拐弯处，脚手板应交叉搭接；

(5) 脚手板的铺设应平稳，绑牢或钉牢，脚手板垫木应用木块，并且钉牢。

10. 拆除架子前，应将电气设备和其他管、线路，机械设备等拆除或加以保护。

11. 拆除架子时，应统一指挥，按顺序自上而下地进行，严禁上下层同时拆除或自下而上地进行。严禁用将整个脚手架推倒的方法进行拆除。

12. 拆下的材料，禁止往下抛掷，应用绳索捆牢，用滑车卷扬等方法慢慢放下，集中堆放在指定地点。

13. 三级、特级及悬空高处作业使用的脚手架拆除时，应事先制定出安全可靠的措施才能进行拆除。

14. 拆除脚手架的区域内，无关人员禁止逗留和通过，在交通要道应设专人警戒。

四、水利水电工程土建工种安全操作要求

（一）爆破作业

1. 爆破器材的运输

（1）气温低于10℃运输易冻的硝化甘油炸药时，应采取防冻措施；气温低于－15℃运输难冻硝化甘油炸药时，也应采取防冻措施；

（2）禁止用翻斗车、自卸汽车、拖车、机动三轮车、人力三轮车、摩托车和自行车等运输爆破器材；

（3）运输炸药雷管时，装车高度要低于车厢10cm。车厢、船底应加软垫。雷管箱不许倒放或立放，层间也应垫软垫；

（4）水路运输爆破器材，停泊地点距岸上建筑物不得小于250m；

（5）汽车运输爆破器材，汽车的排气管宜设在车前下侧，并应设置防火罩装置；汽车在视线良好的情况下行驶时，时速不得超过20km（工区内不得超过15km）；在弯多坡陡、路面狭窄的山区行驶，时速应保持在5km以内。行车间距：平坦道路应大于50m，上下坡应大于300m。

2. 爆破应注意的事项

（1）装药和堵塞应使用木、竹制作的炮棍。严禁使用金属棍棒装填。

（2）地下相向开挖的两端在相距30m以内时，装炮前应通知另一端暂停工作，退到安全地点。当相向开挖的两端相距15m时，一端应停止掘进，单头贯通。斜井相向开挖，除遵守上述规定外，并应对距贯通尚有5m长地段自上端向下打通。

（3）火花起爆，应遵守下列规定：

① 深孔、竖井、倾角大于30°的斜井、有瓦斯和粉尘爆炸危险等工作面的爆破，禁止采用火花起爆；

② 炮孔的排距较密时，导火索的外露部分不得超过1.0m，以防止导火索互相交错而起火；

③ 一人连续单个点火的火炮，暗挖不得超过5个，明挖不得超过10个；并应在爆破负责人指挥下，做好分工及撤离工作；

④ 当信号炮响后，全部人员应立即撤出炮区，迅速到安全地点掩蔽；

⑤ 点燃导火索应使用香或专用点火工具，禁止使用火柴、香烟和打火机。

（4）电力起爆，应遵守下列规定：

① 用于同一爆破网路内的电雷管，电阻值应相同。康铜桥丝雷管的电阻极差不得超过0.25Ω，镍铬桥丝雷管的电阻极差不得超过0.5Ω；

② 网路中的支线、区域线和母线彼此连接之前各自的两端应短路、绝缘；

③ 装炮前工作面一切电源应切除，照明至少设于距工作面30m以外，只有确认炮区

无漏电、感应电后，才可装炮；

④ 雷雨天严禁采用电爆网路；

⑤ 供给每个电雷管的实际电流应大于准爆电流，具体要求是：直流电源：一般爆破不小于2.5A；对于洞室爆破或大规模爆破不小于3A；交流电源：一般爆破不小于3A；对于洞室爆破或大规模爆破不小于4A；

⑥ 网路中全部导线应绝缘；有水时导线应架空；各接头应用绝缘胶布包好，两条线的搭接口禁止重叠，至少应错开0.1m；

⑦ 测量电阻只许使用经过检查的专用爆破测试仪表或线路电桥；严禁使用其他电气仪表进行量测；

⑧ 通电后若发生拒爆，应立即切断母线电源，将母线两端拧在一起，锁上电源开关箱进行检查；进行检查的时间：对于即发电雷管，至少在10min以后；对于延发电雷管，至少在15min以后。

(5) 导爆索起爆，应遵守下列规定：

① 导爆索只准用快刀切割，不得用剪刀剪断导火索；

② 支线要顺主线传爆方向连接，搭接长度不应少于15cm，支线与主线传爆方向的夹角应不大于90°；

③ 起爆导爆索的雷管，其聚能穴应朝向导爆索的传爆方向；

④ 导爆索交叉敷设时，应在两根交叉导爆索之间设置厚度不小于10cm的木质垫板；

⑤ 连接导爆索中间不应出现断裂破皮、打结或打圈现象。

(6) 导爆管起爆，应遵守下列规定：

① 用导爆管起爆时，应有设计起爆网路，并进行传爆试验；网路中所使用的连接元件应经过检验合格；

② 禁止导爆管打结，禁止在药包上缠绕；网路的连接处应牢固，两元件应相距2m；敷设后应严加保护，防止冲击或损坏；

③ 一个8号雷管起爆导爆管的数量不宜超过40根，层数不宜超过3层；

④ 只有确认网路连接正确，与爆破无关人员已经撤离，才准许接入引爆装置。

(二) 起重作业

1. 钢丝绳的安全系数应符合下列规定：

(1) 用于升降起重臂或桅杆起重机拉索的不得小于3.5。

(2) 用于手动起重机的一般不得小于4.5。

(3) 用于机动起重机的一般不得小于5.5；少数不经常使用的，不得小于5；使用频繁和冶炼、铸造用的不得小于6。

(4) 用于绑扎起重物的绑扎绳：6～10。

(5) 用于载人的升降机、吊篮绳：14。

2. 指挥两台起重机抬一重物时，应遵守下列规定：

(1) 根据起重机的额定负荷，计算好每台起重机的吊点位置，最好采用平衡梁抬吊。

(2) 每台起重机所分配的荷重不得超过其额定负荷的75%～80%。

(3) 应有专人统一指挥，指挥者应站在两台起重机司机都能看到的位置。

(4) 重物应保持水平，钢丝绳应保持铅直受力均衡。

(5) 具备经有关部门批准的安全技术措施。

3. 起吊重物离地面10cm时，应停机检查绳扣、吊具和吊车的刹车可靠性，仔细观察周围有无障碍物。确认无问题后，方可继续起吊。

(三) 脚手架拆除作业

脚手架的拆除，应注意以下事项：

1. 拆架子前，必须将电气设备和其他管、线、机械设备等拆除或加以保护。

2. 拆架子时，应统一指挥，按顺序自上而下进行；严禁上下层同时拆除或自下而上进行拆除。

3. 拆下的材料，禁止往下抛掷，应用绳索捆牢，用滑车、卷扬等方法慢慢放下来，集中堆放在指定地点。

4. 拆脚手架时，严禁采用将整个脚手架推倒的方法进行拆除。

5. 三级、特级及悬空高处作业使用的脚手架拆除时，必须事先制订安全可靠的措施才能进行拆除。

6. 拆除脚手架的区域内，无关人员禁止逗留和通过，在交通要道应设专人警戒。

7. 架子搭成后，未经有关人员同意，不得任意改变脚手架的结构和拆除部分杆子。

(四) 常用安全工具

1. 安全帽、安全带、安全网等施工生产使用的安全防护用具，应符合国家规定的质量标准，具有厂家安全生产许可证、产品合格证和安全鉴定合格证书，否则不得采购、发放和使用。

2. 常用安全防护用具应经常检查和定期试验，其检查试验的要求和周期应符合相关的规定。

3. 高处临空作业应按规定架设安全网，作业人员使用的安全带，应挂在牢固的物体上或可靠的安全绳上，安全带严禁低挂高用。拴安全带用的安全绳，不宜超过3m。

4. 在有毒有害气体可能泄漏的作业场所，应配置必要的防毒护具，以备急用，并及时检查维修更换，保证其处在良好待用状态。

5. 电气操作人员应根据工作条件选用适当的安全电工用具和防护用品，电工用具应符合安全技术标准并定期检查，凡不符合技术标准要求的绝缘安全用具、登高作业安全工具、携带式电压和电流指示器以及检修中的临时接地线等，均不得使用。

第五章　渠系主要建筑物的施工方法

第一节　渠　道　施　工

渠道施工具有工程量大，施工路线长，场地分散，但工种单一，技术要求不高的特点。渠道施工内容包括渠道开挖、渠堤填筑和渠道衬砌三个部分。

一、渠道开挖

渠道开挖的施工方法有人工开挖、机械开挖等。选择开挖方法取决于技术条件、土壤种类、渠道纵横断面尺寸、地下水位等因素。渠道开挖的土方多堆在渠道两侧用做渠堤。

（一）人工开挖

在干地上开挖渠道应自中心向外，分层下挖，边坡处可按边坡比挖成台阶状，待挖至设计深度时，再进行削坡。必须弃土时，做到近挖远倒，远挖近倒，先平后高。受地下水影响的渠道应设排水沟，开挖方式有一次到底法和分层下挖法（如图 5-1 所示）。

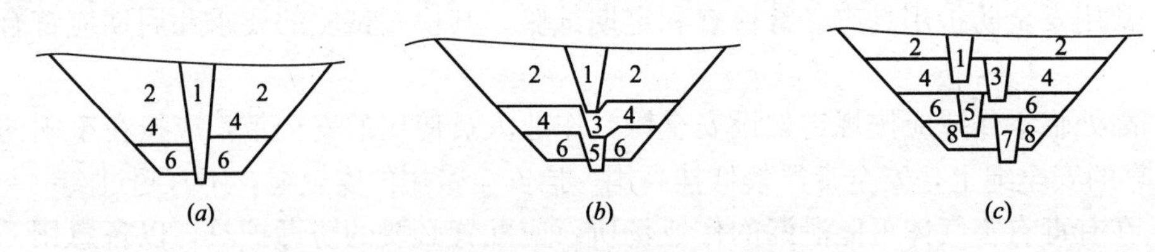

图 5-1　人工开挖、排水方法

(a)—一次到底法；(b)中心排水沟；(c)翻滚排水沟

1、3、5、7—排水沟次序；2、4、6、8—开挖顺序

（二）机械开挖

机械开挖主要有推土机开挖和铲运机开挖。

推土机开挖渠道：采用推土机开挖渠道，其开挖深度不宜超过 1.5～2.0m，填筑堤顶高度不宜超过 2～3m，其坡度不宜陡于 1∶2。施工中，推土机还可平整渠底，清除植土层，修整边坡，压实渠堤等。

铲运机开挖渠道：半挖半填渠道或全挖方渠道就近弃土时，采用铲运机开挖最为有利。需要在纵向调配土方渠道，如运距不远也可用铲运机开挖。铲运机开挖渠道的开行方式有：环形开行和“8”字形开行。当渠道开挖宽度大于铲土长度，而填土或弃土宽度又大于卸土长度，可采用横向环形开行。反之，则采用纵向环形开行，铲土和填土位置可逐渐错动，以完成所需断面。当工作前线较长，填挖高差较大时，则应采用“8”字形开行。遇到岩石渠段时，施工作业可采用钻孔爆破配合挖掘机、装载机及自卸汽车进行。

二、渠堤填筑

填筑渠堤的土料以黏土略含砂质为宜。如果采用几种土料填筑，则在迎水坡应采用透水性小的土料，背水坡采用透水性大的土料。填筑土料中不得掺有杂质，并保持一定的含水量，以利于压实。

为了保证渠道堤脚的稳定，填方渠道的取土坑与堤脚应保持一定距离，且挖土深度不宜超过 2m，取土时宜先远后近。对半挖半填式渠道，应尽量利用挖方填筑渠堤。

渠堤施工可采用机械或人工进行卸料和铺料。填筑铺土前应先行清基，并将基面略加平整，然后进行刨毛，铺土厚度一般为 20～30cm，并应铺平铺匀，每层铺土宽度略大于设计宽度，填筑高度可预加 5%的沉降量。土料的铺料与压实工序应连续进行，以防止土料被晒干，影响填土质量；对表面已风干的土层. 应作洒水湿润处理。对已经检验合格的填筑层，如间隔时间较长，再在上面填筑新土时，应作表面刨毛或清除处理。

三、渠道衬砌

渠道衬砌的主要作用有：减少渗漏损失，提高渠道水的利用系数，并便于控制地下水位上升，防止土壤沼泽化和次生盐碱化等；减少渠道糙率，加大流速增加输水能力，防止渠道冲刷破坏，减少土方开挖量。

渠道衬砌的材料类型有混凝土、砌石或砖、灰土、沥青材料及塑料薄膜等。

1. 混凝土衬砌

渠道的混凝土衬砌广泛采用板形结构，其截面形式有矩形、楔形、肋形、中部加厚形、槽形等。矩形板适用于无冻胀地区的渠道；楔形板和肋形板适用于有冻胀地区的渠道，以增强抗冻胀的能力。肋形板的缺点是，在施工中增加挖梁槽的工序，铺筑混凝土时大骨料易于集中，砂浆不匀，使强度不足，施工中应特别注意。中部加厚板对防止冻胀也是有效的。槽板用于小型渠道的预制安装，大型渠道则现场浇筑。U 形槽水力性能、结构性能好，占地少，适用于小型渠道预制安装。喷射混凝土作为渠道衬砌，具有强度高、厚度薄、抗冻性及防渗性好、施工方便等优点。

混凝土衬砌的厚度与施工方法、气候因素、混凝土强度等级以及渠道大小等相关。一般采用强度等级为 C10～C15 的混凝土。现浇接缝少，造价低，适用于挖方渠道；预制安装适用于填方渠道。现场浇筑的衬砌层比预制安装的厚度稍大，有冻胀破坏地区的渠道衬砌厚度比无冻胀破坏地区的一般要厚一些。预制混凝土板的厚度，在有冻胀破坏地区一般为 5～10cm，在无冻胀地区可采用 4～8cm。阴坡比阳坡的衬砌要厚一些。当水流含推移质泥沙较多且颗粒大时，应考虑增加磨损厚度。预制混凝土板的大小，按安装时容易搬动、施工方便来考虑确定。

为了适应温度变化、冻胀基础不均匀沉陷等原因引起的变形，混凝土衬砌层在施工时要留伸缩缝，纵向缝一般设在边坡与渠底连接处；当渠道较宽时，可在渠底中部另加中缝。渠道边坡上一般不设纵向伸缩缝，当渠道较深、边坡较大时，可以适当分块错缝砌筑。混凝土衬砌一般都设有横向伸缩缝，横向伸缩缝宽度一般为 1～4cm，缝中填料一般采用沥青混合物、聚氯乙烯胶泥和沥青油毡等。

2. 砌石衬砌

砌石衬砌具有就地取材、施工简单、抗冲、抗磨、耐用等优点。砌石衬砌材料有卵石、块石、条石、石板等。砌筑方法有干砌和浆砌两种。

干砌石包括干砌卵石和干砌块石。干砌卵石适用于砂砾石基础或沙漠地带(坡度大渗漏性强)的渠道。干砌卵石渠道断面形式一应采用梯形或渠底部分为弧形，其半径等于水深或小于水深。边坡系数值采用1～2。最大允许流速与卵石粒径大小有关。干砌卵石衬砌施工，应先按设计要求铺设垫层，然后再砌卵石。砌卵石的基本要求，是使卵石的长边垂直于边坡或渠底(即大面朝下)，并砌紧、砌平、错缝，坐落在垫层上，每隔10～20cm距离用较大的卵石干砌或浆砌一道隔墙。渠坡隔墙可砌成平直形，渠底隔墙砌成拱形，其拱顶迎向水流方向，以加强抗冲能力，隔墙深度可根据渠道可能冲刷深度确定。卵石衬砌，应按先渠底、后渠坡的顺序铺砌卵石。

块石衬砌时，石料的规格一般以长40～50cm、宽30～40cm和厚度不小于8～10cm为宜，要求有一面平整。当干砌块石渠道的设计流速较大时，砌石段的弯道半径宜大于10～15倍水面宽度，以防凹岸冲刷。干砌勾缝的护面防渗效果较差，当防渗要求较高时，可以采用浆砌块石。

3. 灰土衬砌

灰土衬砌，按所用材料分二合土、三合土两种，是由石灰和土料混合而成。衬砌的灰与土的配合比一般为1∶2～1∶6(重量比)。灰土施工时，先将过筛后的细土和石灰粉干拌均匀，再加水拌合，然后堆放一段时间，使石灰粉充分熟化，稍干后即可分层铺筑夯实，拍打坡面消除裂缝，灰土夯实后应养护一段时间再通水。灰土衬砌的主要缺点是抗冻性能差。

第二节 渡槽施工

渡槽按施工方法分为装配式渡槽、现浇式渡槽两种类型。

一、装配式渡槽

装配式渡槽施工包括预制和吊装两个过程。

(一) 构件的预制

槽架的预制方式，有地面立模、砖土胎模两种。槽身的断面形状有U形和矩形。U形钢筋混凝土槽身可采用底壳预制吊装、槽壁现浇施工的方法。矩形钢筋混凝土槽身，可分为两块或三块预制吊装施工。槽身的预制宜在两排架之间或排架一侧进行。根据吊装设备和方法的不同，槽身的方向可垂直或平行于渡槽的纵向轴线。注意，要避免因预制位置选择不当造成起吊时发生摆动或冲击。

预应力构件的制作可以采用先张法或后张法。

(二) 梁式渡槽的吊装

构件吊装的设备有绳索、吊具、滑车及滑车组、倒链及千斤顶、牵引设备杆、锚碇、扒杆、简易缆索以及常用起重机械等吊装机组。

槽架下部结构有支柱、横梁和整体排架等。支柱和排架的吊装通常有滑行垂直吊插法和就地旋转立装法两种。

垂直起吊插装是用吊装机械将构件滑行、竖直吊离地面后，再对准并插入基础预留的杯形基础，先用木楔（或钢楔）临时固定，校正标高和平面位置后，再填充混凝土作永久固定。

就地旋转立装法，是设旋转轴于槽架架脚，槽架与基础铰接好后用吊装机械拉吊槽架顶部，使槽架旋转立于基础上。这种方法比较省力，但基础孔穴一侧需留缺口，并预埋铰圈。槽架预制时，必须对准基础孔隙缺口，槽架脚处亦应预埋铰圈。

横梁用起重设备吊装。吊装次序由下而上，将横梁先放置在固定于支柱上的三角撑铁上，位置校正无误后，即焊接梁与柱的连系钢筋，并浇二期混凝土，使支柱与横梁成为整体。待混凝土达到一定强度后，再将三角撑铁拆除。

渡槽槽身的吊装方法很多，按起重设备布置位置的不同，可分为起重设备架立于地面进行吊装和起重设备架立于槽墩或槽身上进行吊装两大类。

起重设备架立于地面进行吊装工作比较方便，起重设备的组装和拆除比较容易，但起吊高度大，且易受地形限制。因此，这种吊装方法只适用于起吊高度不大和地势比较平坦的场合。

起重设备架立于槽墩或槽身上进行吊装，不受地形条件限制，起重设备的高度不大，故适应性较强，采用较为广泛。但起重设备的组装和拆除需在高空进行，且移动较麻烦，有时还会使已架立的槽架承受较大的偏心荷载。

二、现浇式渡槽

现浇式渡槽的施工，主要包括槽墩和槽身两部分。

（一）槽墩的施工

渡槽槽墩的施工，一般采用常规方法，也可采用滑升模板施工。

滑升模板法施工是在墩柱混凝土浇筑过程中，使模板滑动上升的一种施工方法。滑升模板是现浇混凝土工程的一种活动成型胎模，主要由模板系统（工具式模板）、操作平台系统和滑升机具系统三部分组成。

模板系统由工具式模板、围圈和提升架等组成，其主要作用是使混凝土得以成型。施工时，向模板内浇灌混凝土，到一定时候使模板在提升机具的作用下向上滑升，使已成型的混凝土不断脱模。如此连续循环，直至达到设计高度，在整个施工过程中，模板不必拆卸和重新组装。

操作平台系统由操作平台、辅助平台和内外吊脚手等组成，它是绑扎钢筋、浇灌混凝土、提升模板等的操作场所，也是钢筋、混凝土、埋设件等材料和千斤顶、振捣器等小型备用机具的暂时存放场地。

滑升机具系统由支承杆、液压控制台和油路管路等组成，是模板滑升的主要动力设施。

当滑升模板安装好后，须通过必要的检查确认牢固并质量合格，方可开始浇筑混凝土。使用滑升模板时，一般采用坍落度小于 2cm 的低流态混凝土，同时还需要在混凝土内掺速凝剂，以保证随浇随滑升，不致使混凝土坍塌。

由于滑模施工中，混凝土必须连续浇筑，因此，拌合机、运载工具应保证连续供料。为了加快施工速度，保证施工质量，往往要求控制水灰比，以获得较小的坍落度；同时，一般可采用高频振动器使混凝土振捣密实，以便在坍落度小的情况下，使混凝土具有一定的成型能力，并在滑升模板滑升时，混凝土不致破坏。

（二）槽身的施工

矩形渡槽槽身的施工有分层浇筑、全断面一次浇筑两种方式。槽身内外侧模板的安装，一般采用桁架支承的方式。如果采用分层浇筑方式，浇筑第一层混凝土时，在离顶面下 15cm 左右处预置铁环或螺栓，作为安装浇筑第二层混凝土时的支模桁架用，桁架的另一端则用对拉螺栓固定。当槽身为全断面一次浇筑时，桁架的上下端均用对拉螺栓固定。不管是分层浇筑还是全断面一次浇筑，由于槽身内侧模板安装时都是悬空的，须用钢筋撑子或混凝土预制柱支承侧模底部，再用对撑和斜撑将模板固定。在分层浇筑时，因第一层内模较矮，宜用混凝土预制柱支承一个撑架，然后将内侧模板吊在撑架上。

U 形槽身内模的安装，应先安设好内模支承结构，再用 1/4 圆周的拱架两片，以 80cm 长的木板固定在两片拱架上，即组成宽 80cm、长 1/4 圆周的定型模板。安装时用两组定型模板对接成一个半圆。每安装好一组半圆，留一组宽度的空隙，作为浇筑混凝土的仓口。封仓采用宽 80cm、弧长 40cm 左右的小块模板，随浇筑上升封仓。为了方便浇捣，U 形槽底部留有 1.2m 宽的仓口先不装内模板，待到浇至规定厚度后再行封仓压住，以免浇侧墙混凝土时从底部溢出隆起，使槽身断面尺寸达不到要求，也避免影响侧墙混凝土的质量和保证槽底的平整光洁。

渡槽槽身的混凝土浇筑方式有从一端向另一端推进、从两端向中部推进、从中部增加两个工作面向两端推进等几种。槽身如采取分层浇筑时，应合理选取分层的高度，尽量减小层数，并提高第一层的浇筑高度。对于断面较小的梁式渡槽一般均采用全断面一次平起浇筑的方式。U 形薄壳双悬臂梁式渡槽，一般采用全断面一次平起浇筑，因此在内模上留有较多仓口，从仓口进料捣实，全部封仓后，再从槽口进料捣实。捣固方法主要是人工插捣，因而仓内操作应严格控制质量。

第三节 现浇钢筋混凝土倒虹吸管的施工

现浇倒虹吸管施工程序一般为：放样、清基和地基处理；管座施工；管模板的制作与安装；管钢筋的制作与安装；管道接头止水施工；混凝土浇筑；混凝土养护与拆模。

一、放样、清基和地基处理

放样时，根据设计图在进出口定出倒虹吸管的中心点，即可确定管轴线，并在管的进出口及管线两边开挖区以外选择适当的地方埋设临时水准标点，然后根据地形变化情况，每隔一定距离打一个中心桩，测出各点高程，算出填挖深度，绘出纵断面图，即可施工。

当管道埋设较深，土壤结构层次分明时，开挖断面可作成梯形。当开挖至距沟底设计标高一定厚度时，即应按次序边清边浇底板，避免扰动原土。当基坑开挖成型后，在基础两侧需注意开好排水沟。

对弧形土基，若为较坚实的土壤，可直接在天然地基上铺管；若为松软土壤，可采用换砂或填以碎砖夯实等方法进行地基处理。有些管道通过较为软弱的地带时，则应慎重处理；必要时，可以置换地基土。

二、管座施工

管座的形式主要有刚性弧形管座和两点式及中空式刚性管座。

（一）刚性弧形管座

刚性弧形管座通常是一次做好后，再进行管道施工。当管径较大时，管座事先做好。在浇捣管底混凝土时，则需在内模底部开置活动口，以便进料浇捣。为了避免在内模底部开口，也可采用管座分次施工的办法，即先做好底部范围的小弧座，以作为外模的一部分；待管底混凝土浇到一定程度时，即边砌小弧座旁的浆砌管座边浇混凝土，直到砌完整个管座为止。

（二）两点式及中空式刚性管座

两点式及中空式刚性管座施工，均需事先砌好管座。在基座底部挖空处，可用土模代替外模；为使管壁与管座接触面密合，也可采用混凝土预制块做外模。若用于铺设带有喇叭形承口的预应力管时，则不需再做底部土模。当每节管道管座施工完毕后，即可在管纵向的两端涂刷一层沥青(中间的三分之一可以不涂)，以利管道纵向伸缩。

三、模板的制作与安装

模板的制作与安装包括内模制作、外模制作和内外模的拼装。

内模制作中主要有龙骨架制作、内模板制作及内模圆筒制作。外模制作宜定型化，尺寸不宜过大，否则不便于安装和振捣作业。

当管座基础施工和内外模制作完毕后，即可安装内外模板。大型内模是以高强度混凝土垫块来支承的。垫块高度同混凝土壁厚，本身也就是管壁混凝土的一部分。外模是在装好两侧梯形桁架后，边浇筑混凝土，边装外模的。

四、钢筋的制作与安装

在选择合适材料后，对钢筋进行加工。加工程序，一般分回直、调直、切断、成型等四道工序，成型以后必须按设计编号成捆分类进行堆放。

内模安装完成后，即可穿绕内环筋，再次是内纵筋、架立筋、外纵筋、外环筋。钢筋排好后，可按照上述程序依次进行绑扎。一般情况下，倒虹吸管的受力钢筋应尽可能采用电焊。

五、管道接头止水的施工工艺

管道的止水设置，可以用塑料止水带或金属片。塑料带止水的加工工艺主要是接头熔接。

六、混凝土的浇筑

在灌区建筑物中，倒虹吸管混凝土对抗拉抗渗要求，比一般结构的混凝土要严格得多。倒虹吸管所用混凝土的水灰比，一般控制在 0.5～0.6 以下，有条件时可达到 0.4 左右，坍落度在机械振捣时为 4～6cm，人工振捣也不应大于 6～9cm；含砂率常用值为 30%～38%，以采用偏低值为宜。

倒虹吸管作为承受压力水头的小偏心受拉构件，混凝土浇捣应满足“两高一匀”的要求。“两高”即抗拉强度高、密实性高(即抗渗能力强)；“一匀”是指整个圆管各部位混凝土质量要求均匀一致，防止因收缩值不同而产生收缩应力。特别是采用刚性弧形管座时，圆管顶部受力最大，施工质量最难保证，一定要采取措施(如降低水灰比或排除游离水，装模板)确保顶部质量，以达到设计要求。

在混凝土的浇筑顺序方面，为便于整个管道施工，可每次间隔一节进行浇筑。浇筑方式一般常见的有卧式和立式两种。在卧式中，又可分平卧或斜卧。平卧大都是管道通过水平或缓坡地段所采用的一种方式，斜卧多用于进出口山坡陡峻地区。立式浇筑则多用于预制管。

浇筑时，应注意两侧或周围进料均匀，快慢一致，否则将产生模板位移，导致管壁厚薄不一，严重影响管道质量。混凝土的捣实，除满足一般混凝土捣实要求外，需严格控制浇捣时间，间隙时间(自出料时算起，到上一层混凝土铺好时为止)能超过规范允许值以防出现冷缝，总的浇筑时间不能拖得过长。

七、混凝土的养护与拆模

倒虹吸管的养护，比一般混凝土的要求更高一些，要做到早、勤、足。“早”就是及时洒水，“勤”就是昼夜不间断地洒水；“足”是指养护时间要足够的长。

拆模时间，根据气温不同和模板承重情况而定，管座(若为混凝土时)模板与管道外模为非承重模板，可适当早拆，以利于养护和模板周转。管道内模为承重模板，不宜早拆，一般要求在管壁混凝土强度达到70%后，方可拆除内模。

第六章　水闸主体结构的施工技术

水闸主体结构施工，主要包括闸身上部结构预制构件的安装(前已述及，此处不再赘述)以及闸底板、闸墩、止水设施和门槽等方面的施工内容。

第一节　水闸底板施工技术

一、平底板的施工

水闸平底板一般利用结构缝和施工缝，将底板划分为若干块分别进行浇筑。分块时应避免在弯矩及剪力最大处分缝，并应考虑建筑物的断面变化及模板的架立等因素。运输混凝土入仓时，必须在仓面上搭设纵横交错的脚手架，条件许可时可采用活动仓面跳板。

水闸平底板混凝土一般采用逐层浇筑法。当底板厚度不大、拌合站的生产能力受到限制时，也可采用台阶浇筑法。

底板混凝土的浇筑，一般先浇上、下游齿墙，然后再从一端向另一端浇筑。当底板混凝土方量较大，且底板顺水流长度在 12m 以内时，可在仓内安排两个浇筑班，先由两班共同浇筑下游齿墙，待下游齿墙浇平，立即将第二班调至上游浇筑上游齿墙，而第一班仍在下游向上游浇筑前进。当第一班浇到底板中部时，第二班已大致将上游齿墙浇平，于是可立即转至下游浇第二坯；当第二班浇至底板中部时，第一班已到达上游端，于是又立即转回下游开始浇第三坯。这样连坯浇筑，可缩短每坯间隔时间，因而可以避免冷缝的发生，提高了工程质量，加快了施工进度。

二、反拱底板的施工

由于反拱底板为超静定结构，对地基的不均匀沉陷反应敏感。因此，必须注意施工程序。反拱底板的浇筑一般采用下述两种施工程序：

一种施工程序是先浇闸墩及岸墙，后浇反拱底板。为了减小水闸各部分在自重作用下的不均匀沉陷，改善底板的受力状态，施工时可将自重较大的闸墩及岸墙等先行浇筑，并在控制基底不致产生塑性开展的条件下，尽快均衡上升到顶。对于岸墙，还应考虑尽量将墙后还土夯填到顶。这样，可以使闸墩岸墙地基预压沉实，然后再浇反拱底板，从而达到改善底板受力状态的目的。此种程序目前在反拱底板的施工中采用较多，对于黏性土或砂性土地基均可用。但对于砂土，特别是在粉细砂地基，用此法时，控制土模较难成型，尤其是靠近闸墩的拱脚部位，挖模尤为不易。所以，一般对反拱底板要求采用较平坦的矢跨比。

另一种施工程序是反拱底板与闸墩岸墙底板同时浇筑。对于地基较好的水闸，可采取墩墙与反拱底板一次浇筑的方法，待底板达到足够强度后，再在其上做岸墙和闸墩。此法对于反拱的受力状态较为不利，但是保证了建筑物的整体性，同时减少了施工工序，方便施工安排，是其有利的一面。对于缺少有效排水措施的砂性土地基，采用此法可及早将基坑底部封闭，从而能给下一阶段的施工创造良好条件。

反拱底板的施工要点包括以下方面：

由于反拱底板采用土模，反拱底板施工时首先必须做好排水工作，降低地下水位，使基土干燥；尤其对砂土地基，不做好排水工作，拱模挖制将很困难。

在挖模前必须将基土夯实，然后按照设计圆弧曲线放样挖模，并严格控制曲线形状的准确性。土模挖出后，可在上铺垫一层约 10cm 厚的砂浆，待其具有一定强度后加盖保护，以待浇筑上层混凝土。

如采用第一种施工程序，在浇筑闸墩与岸墙的底板时，应将接缝钢筋一头预埋在岸、墩墙底板之内，钢筋的另一头插入土模中，以备下一阶段浇入反拱底板。接缝钢筋可用螺纹钢，端部不做弯钩而使其易于插入土模之中。岸、墩墙浇筑完毕后，应尽量推迟反拱底板的浇筑，以使岸、墩墙基础有更多的时间沉降。为了减小混凝土的温度收缩应力，底板混凝土浇筑应尽量选择在低温季节。墩墙底扳与反拱底板的接缝应按施工缝严格处理，以保证其整体性。

当采用第二种施工程序时，反拱底板与闸墩岸墙底板同时浇筑。为了减少不均匀沉降对整体浇筑的反拱底板的不利影响，可以在拱脚处预留一缝，缝底设置临时止水，缝顶设置“假铰”，待大部分上部结构荷载施加以后，再用二期混凝土封堵。底板必须保持其具有良好的拱形，才能保证反拱底板的受力性能。所以，在拱的空腔内浇筑门槛、消力坎等构件时，需要在底板混凝土凝固后浇筑二期混凝土；接缝处不加处理，以使两者不成为一个整体。

第二节 水闸闸墩的施工技术

闸墩高度大、厚度小，同时门槽处钢筋较密，闸墩的相对位置要求严格。由于上述特点，闸墩的立模与混凝土浇筑是施工中的主要问题。

为使闸墩混凝土一次浇筑达到设计高程，闸墩模板必须要有足够的强度和刚度。

以往闸墩模板的安装采用“铁板螺栓、对拉撑木”的立模支撑方法。“铁板螺栓、对拉撑木”的立模支撑，是在长期实践中发展来的一种比较成熟的方法。在立模前，应准备好固定模板的对销螺栓及空心钢管等；闸墩立模时，闸墩两侧模板要同时相对进行，先立平直模板，然后立墩头模板。这种方法需要耗用大量木材（对于木模板）、钢材，而且工序繁多，但是对于中小型水闸施工仍较为方便。

在闸墩混凝土浇筑中有时也采用翻模施工方法。翻模施工法在立模时一次至少立三层，当第二层模板内混凝土浇至腰箍下缘时，第一层模板内腰箍以下部分的混凝土必须达到脱模强度，这样便可拆掉第一层模板，去架立第四层模板，并绑扎钢筋。依次类推，在混凝土浇筑的过程中保持连续性，以避免产生冷缝(如图 6-1 所示)。

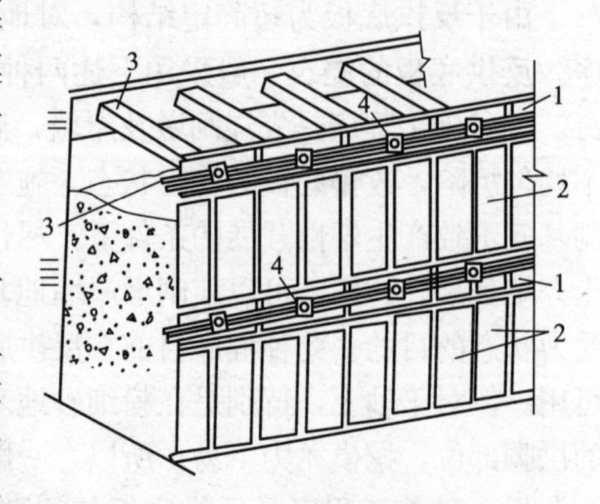

图 6-1 钢模组装

1—腰箍模板；2—定型钢模；3—双夹围囹；4—对销螺栓

闸墩模板立好后，随即进行清仓工作。清仓完毕堵塞小孔后，即可进行混凝土浇筑。闸墩混凝土的浇筑，主要是解决好两个问题：一是每块底板上闸墩混凝土的均衡上升，二是流态混凝土的入仓方式及仓内混凝土的铺筑方法。

浇筑闸墩混凝土时，为了保持各闸墩模板间的相互稳定和使底板受力均匀达到与设计条件相同，必须保持每块底板上各闸墩的混凝土均衡上升。因此，在运送混凝土入仓时，应很好地组织运料小车，使在同一时间内运到同一底板上各闸墩的混凝土量大致相同。否则某些闸墩送料较快、较多，而某些闸墩则较少，必然造成各闸墩间浇筑高差很大，使模板与底板受力不均，从而影响工程质量。

为防止流态混凝土下落产生离析，当落差大于 2m 时，必须在仓内设置溜管，可每隔 2～3m 的间距设置一组，溜管的下端离浇筑面距离应该在 1.5m 以内。

闸墩仓内工作面窄而人员较多，一般可把仓内浇筑面划分成几个区段，分段进行浇筑。运送混凝土入仓时，应注意平均分配给各区，使每坯混凝土的厚度均匀平衡上升，不可一区单独浇高。每坯混凝土厚度可控制在 30cm 左右。

第三节　水闸止水设施的施工技术

为了适应地基的不均匀沉降和伸缩变形，在水闸设计中均设置温度缝与沉陷缝，并常用沉陷缝代温度缝作用。各种接缝应尽可能做成平面形状，其宽度与间距根据相对沉陷量、温度伸缩和水闸总体布置等要求来拟定。按照止水设备的方向，缝可分为铅直缝和水平缝两类，缝宽一般为 1.0～2.5cm。在施工中，应按设计要求确保缝中填料及止水设施的质量。

沉陷缝的填充材料，常用的有沥青油毛毡、沥青杉木板及泡沫板等多种。缝中填料的安装方法有先装填料后浇混凝土、先浇混凝土后装填料两种。

先装填料后浇混凝土具体过程如图 6-2 所示，是先将填充材料用铁钉固定在模板内侧，再浇混凝土，这样拆模后填充材料即可贴在混凝土上，然后立起沉陷缝的另一侧模板浇筑混凝土。如果沉陷缝两侧的结构需要同时浇灌，则沉陷缝的填充材料在安装时要竖立平直，而且浇筑时沉陷缝两侧流态混凝土要同时上升，保持高度一致。

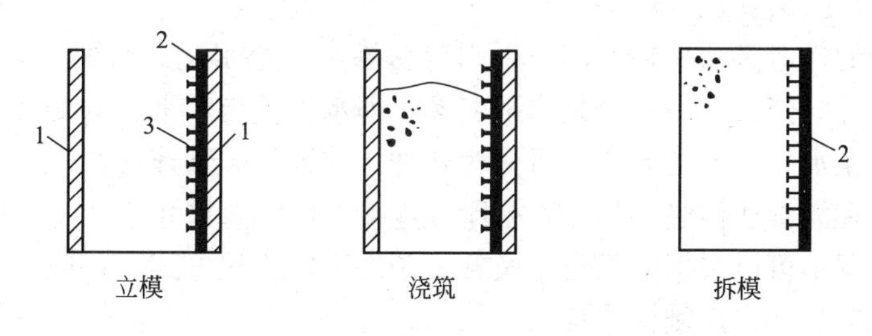

图 6-2　先装填料后浇混凝土的填料施工

1—模板；2—填料；3—铁钉

先浇混凝土后装填料是先在缝的一侧立模浇混凝土，并在模板内侧预先钉好安装填充材料的长铁钉数排，并使铁钉的 1/3 留在混凝土外面，然后安装填料、敲弯铁尖，使填料固定在混凝土面上，再立另一侧模板和浇混凝土，具体过程如图 6－3 所示。

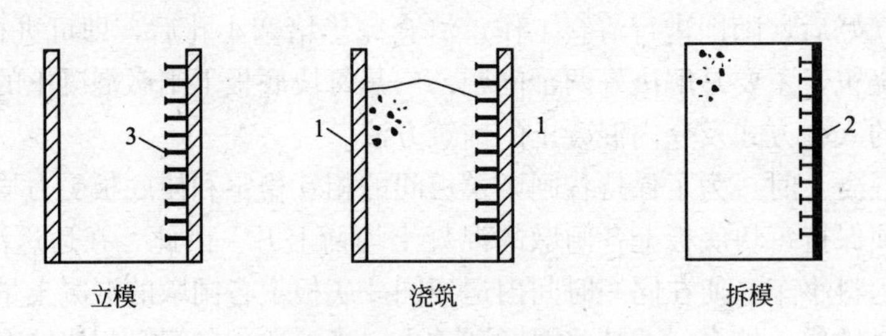

图 6-3 先浇混凝土后装填料的填料施工

1—模板；2—填料；3—铁钉

凡不允许透水的缝中都应设止水。止水包括垂直止水和水平止水，常用的有止水片和止水带。在地下轮廓范围内，所有接缝中的止水主要是防止水从上游流入地基或两岸填土中，导致有关构件失去防渗作用，缩短渗径长度，形成严重的渗透后果。闸后接缝中的止水主要是防止水流冲刷反滤层。其他接缝中的止水设备是为了防止水与土的流失。

当水平止水设置在地下轮廓范围内混凝土构件之间时，多采用金属止水片的形式，其宽度应根据构造需要结合原材料规格而定。一般情况下，水平止水大都采用塑料止水带。塑料止水带的优点是防渗性能好、弹性大、施工方便；缺点是当不均匀沉陷较大时，止水带容易被撕破。塑料止水带的安装与沉陷缝填料的安装方法一样。

垂直止水一般设在靠近上游挡水面处，有如下几种做法：有的在缝内用沥青木板(或柏油芦席)隔开，并设有沥青止水井，缝间有止水片。这种止水施工方便，采用较广；有的沥青井中设有加热管，供熔化沥青用，在井的上下游端设有角铁或镀锌铁片，以防沥青熔化后流失。这种止水能适应较大的不均匀沉陷，但施工复杂。

止水部分的金属片，重要部分用紫铜片，它的柔性较大，适应变形性能好，不易锈蚀。但紫铜片是贵重金属，为降低造价，在次要结构缝中，一般用铝片、镀锌铁片或镀钢铁皮等止水片。

对于需灌注沥青的结构形式，可按照沥青井的形状预制若干个混凝土槽板，每节长度在 0.3～0.5cm 左右；预制槽的外侧与流态混凝土的接触面应凿毛，以利于两者结合。安装时，两节之间需涂抹水泥砂浆，随缝的上升分段接高。沥青井的沥青可一次灌注，也可分段灌注。止水片接头要进行焊接。

止水交叉处的构造必须妥善处理，否则容易渗水。止水交叉有两类，一是铅直交叉，即铅直缝和水平缝的交叉；另一种是水平交叉，即水平缝与水平缝的交叉。

止水交叉处止水片的连接方式也可分为两种。一种是柔性连接，即将金属止水片的接头部分全部埋藏在沥青块体中；另一种是刚性连接，即将金属止水片适当剪裁，然后焊接成整体。实际工程中可以根据交叉类型及施工条件决定连接方式，一般铅直交叉常采用柔性连接，而水平交叉则多用刚性连接。

接缝和止水的工作量虽然较小，但对水闸正常工作的影响很大，如果设计施工不当，止水一旦破坏以后，严重的将会影响水闸防渗效果和安全。由于止水破坏以后很难修复，施工时应当足够重视。

第二篇　水利水电工程施工管理实务

本篇围绕水利水电工程建设程序，阐述水利水电工程招标投标与评标、安全生产、质量事故与处理、质量评定与验收等相关规定，最后介绍了水利工程施工监理的相关规定。

第一章　水利工程建设程序

第一节　水利工程基本建设项目类型

水利工程建设方面项目管理的重要文件是水利部 1995 年 4 月 21 日以水建 [1995] 128 号文发布的《水利工程建设项目管理规定》(试行)，共分为总则、管理体制和职责、建设程序、实行“三项制度”改革、其他管理制度、附则等 6 章 24 条，适用于由国家投资、中央和地方合资、企事业单位独资、合资以及其他投资方式兴建的防洪、除涝、灌溉、发电、供水、围垦等大中型(包括新建、续建、改建、加固、修复)工程建设项目，而小型水利工程建设项目可以参照执行。

1. 水利工程建设项目按其功能和作用分为公益性、准公益性和经营性三类。其中：

(1) 公益性项目是指具有防洪、排涝、抗旱和水资源管理等社会公益性管理和服务功能，自身无法得到相应经济回报的项目。如：堤防工程、河道整治工程、蓄滞洪区安全建设工程、除涝、水土保持、生态建设、水资源保护、贫苦地区人畜饮水、防汛通信、水文设施等。

(2) 准公益性项目是指既有社会效益、又有经济效益的项目，其中大部分以社会效益为主。如：综合利用的水利枢纽(水库)工程、大型灌区节水改造工程等。

(3) 经营性项目是指以经济效益为主的项目。如：城市供水、水力发电、水库养殖、水上旅游及水利综合经营等。

2. 水利工程建设项目按其对社会和国民经济发展的影响分为中央水利基本建设项目(简称中央项目)和地方水利基本建设项目(简称地方项目)，其中：

(1) 中央项目是指对国民经济全局、社会稳定和生态环境有重大影响的防洪、水资源配置、水土保持、生态建设、水资源保护等项目，或中央认为负有直接建设责任的项目。全称为中央水利基本建设项目。

(2) 地方项目是指局部受益的防洪除洪、城市防洪、灌溉排水、河道整治、供水、水土保持、水资源保护、中小型水电站建设等项目。全称为地方水利基本建设项目。

3. 水利工程建设项目根据其建设规模和投资额分为大中型和小型项目。

(1) 大中型项目是指满足下列条件之一：

① 堤防工程：一、二级堤防；

② 水库工程：总库容不少于 1 亿 m^3；

③ 水电工程：电站总装机容量不少于 5 万 kW；

④ 灌溉工程：灌溉面积不少于 30 万亩；

⑤ 供水工程：日供水不少于 10 万 t；

⑥ 总投资不少于国家规定限额的项目。

(2) 小型项目是指上述以外的项目。

4. 根据《水利工程建设项目管理规定》(水建［1995］128号)，水利工程建设项目管理实行统一管理、分级管理和目标管理；实行水利部、流域机构和地方水行政主管部门以及建设项目法人分级、分层次管理的管理体系。

第二节 水利工程建设程序

根据《水利工程建设项目管理规定》(水利部水建［1995］128号)和有关规定，水利工程建设程序一般分为：项目建议书、可行性研究报告、初步设计、施工准备(包括招标设计)、建设实施、生产准备、竣工验收、后评价等阶段。一般情况下，项目建议书、可行性研究报告、初步设计称为前期工作。水利工程建设项目的实施，必须通过建设程序立项。水利工程建设项目的立项报告要根据国家的有关政策，已批准的江河流域综合治理规划、专业规划、水利发展中长期规划。立项过程包括项目建议书和可行性研究报告阶段，根据目前管理现状，项目建议书、可行性研究报告、初步设计由水行政主管部门或项目法人组织编制。

根据《水利工程建设项目管理规定》，水利工程建设程序中各阶段的工作要求是：

1. 项目建议书阶段

项目建议书应根据国民经济和社会发展规划、流域综合规划、区域综合规划、专业规划，按照国家产业政策和国家有关投资建设方针进行编制，是对拟进行建设项目提出的初步说明。

项目建议书应按照《水利水电工程项目建议书编制暂行规定》(水规计［1996］608号)编制。

项目建议书编制一般委托有相应资格的工程咨询单位或设计单位承担。

2. 可行性研究报告阶段

根据批准的项目建议书，可行性研究报告应对项目进行方案比较，对技术上是否可行和经济上是否合理进行充分的科学分析和论证。经过批准的可行性研究报告，是项目决策和进行初步设计的依据。

可行性研究报告应按照《水利水电工程可行性研究报告编制规程》(DL 5020—93)编制。

可行性研究报告编制一般委托有相应资格的工程咨询单位或设计单位承担。可行性研究报告经批准后，不得随意修改或变更，在主要内容上有重要变动，应经过原批准机关复审同意。

3. 初步设计阶段

初步设计是根据批准的可行性研究报告和必要而准确的勘察设计资料，对设计对象进行全面研究，进一步阐明拟建工程在技术上的可行性和经济上的合理性，确定项目的各项基本技术参数、编制项目的总概算。其中概算静态总投资原则上不得突破已批准的可行性研究报告估算的静态总投资。由于工程项目基本条件发生变化，引起工程规模、工程标准、设计方案、工程量的改变，其静态总投资超过可行性研究报告相应估算静态总投资在15%以下时，要对工程变化内容和增加投资提出专题分析报告。超过15%以上(含15%)时，必须重新编制可行性研究报告并按原程序报批。

初步设计报告应按照《水利水电工程初步设计报告编制规程》(DL 5021—93)编制。初步设计报告经批准后，主要内容不得随意修改或变更，并作为项目建设实施的技术文件基础。在工程项目建设标准和概算投资范围内，依据批准的初步设计原则，一般非重大设计变更、生产性子项目之间的调整，由主管部门批准。在主要内容上有重要变动或修改(包括工程项目设计变更、子项目调整、建设标准调整、概算调整)等，应按程序上报原批准机关复审同意。

初步设计任务应选择具备项目所需资格的设计单位承担。

4. 施工准备阶段

施工准备阶段(包括招标设计)是指建设项目的主体工程开工前，必须完成的各项准备工作。其中，招标设计指为施工招标和设备材料招标而进行的设计工作。

5. 建设实施阶段

建设实施阶段是指主体工程的建设实施，项目法人按照批准的建设文件，组织工程建设，保证项目建设目标的实现。

6. 生产准备(运行准备)阶段

生产准备(运行准备)指为工程建设项目投入运行前所进行的准备工作，完成生产准备(运行准备)是工程由建设转入生产(运行)的必要条件。项目法人应按照建管结合和项目法人责任制的要求，适时做好有关生产准备(运行准备)工作。

7. 竣工验收阶段

竣工验收是工程完成建设目标的标志，是全面考核建设成果、检验设计和工程质量的重要步骤。竣工验收合格的工程建设项目即可以从基本建设转入生产(运行)。

竣工验收按照《水利水电建设工程验收规程》(SL 223—2008)进行。

8. 后评价阶段

工程建设项目竣工验收后，一般经过1～2年生产(运行)后，要进行一次系统的项目后评价，主要内容包括：影响评价——项目投入生产(运行)后对各方面的影响进行评价；经济效益评价——项目投资、国民经济效益、财务效益、技术进步和规模效益、可行性研究深度等进行评价；过程评价——对项目的立项、勘察设计、施工、建设管理、生产(运行)等全过程进行评价。

项目后评价一般按三个层次组织实施，即项目法人的自我评价、项目行业的评价主管部门(或主要投资方)的评价。

项目后评价工作必须遵循客观、公正、科学的原则，做到分析合理、评价公正。

第二章　水利水电工程施工招标投标

第一节　水利水电工程施工招标与投标的要求

在招标投标法颁布以后，为加强水利工程建设项目招标投标工作的管理，规范水利工程建设项目招标投标活动，水利部发布了《水利工程建设项目招标投标管理规定》(水利部令第 14 号)。为配合《水利工程建设项目招标投标管理规定》(水利部令第 14 号)的使用，有针对性规范施工招标领域的招标投标活动，水利部与国家计委等部委联合颁布了《工程建设项目施工招标投标办法》(国家计委、建设部、铁道部、交通部、信息产业部、水利部、中国民用航空总局令第 30 号)。该办法对于水利工程建设项目施工招标需要与《水利工程建设项目招标投标管理规定》(水利部令第 14 号)配套使用。

一、水利工程建设项目的施工招标应当具备的条件

1. 初步设计已经批准。

2. 建设资金来源已落实，年度投资计划已经安排。

3. 监理单位已确定。

4. 具有能满足招标要求的设计文件，已与设计单位签订适应施工进度要求的图纸交付合同或协议。

5. 有关建设项目永久征地、临时征地和移民搬迁的实施、安置工作已经落实或已有明确安排。

二、招标的程序要求

施工招标一般按下列程序进行：

1. 招标前，按项目管理权限向水行政主管部门提交招标报告备案。报告具体内容应当包括：招标已具备的条件、招标方式、分标方案、招标计划安排、投标人资质(资格)条件、评标方法、评标委员会组建方案以及开标、评标的工作具体安排等。

2. 编制招标文件。

3. 发布招标信息(招标公告或投标邀请书)；采用公开招标方式的项目，招标人应当在国家发展计划委员会指定的媒介(指《人民日报》、《中国经济导报》、《中国建设报》、中国采购与招标网：http：//www. Chinabidding. com. cn)发布招标公告，其中大型水利工程建设项目以及国家重点项目、中央项目、地方重点项目同时还应当在《中国水利报》发布招标公告，指定报纸在发布招标公告的同时，应将招标公告如实抄送指定网络。招标公告正式媒介发布至发售资格预审文件(或招标文件)的时间间隔一般不少于 10 日。招标人应当对招标公告的真实性负责。招标公告不得限制潜在投标人的数量。采用邀请招标方式的，招标人应当向 3 个以上有投标资格的法人或其他组织发出投标邀请书。自招标文件或

者资格预审文件出售之日至停止出售之日，最短不得少于5个工作日。

4. 组织资格预审(若进行资格预审)。

5. 组织购买招标文件的潜在投标人现场踏勘(若组织)。

6. 接受投标人对招标文件有关问题要求澄清的函件，对问题进行澄清，并书面通知所有潜在投标人。招标人对已发出的招标文件进行必要澄清或者修改的，应当在招标文件要求提交投标文件截止日期至少15日前，以书面形式通知所有投标人。该澄清或者修改的内容为招标文件的组成部分。

7. 组织成立评标委员会，并在中标结果确定前保密。

8. 在规定时间和地点，接受符合招标文件要求的投标文件，在投标截止时间之前，投标人可以撤回已递交的投标文件或进行更正和补充，但应当符合招标文件的要求。投标人在递交投标文件的同时，应当递交投标保证金。依法必须进行招标的项目，自招标文件开始发出之日起至投标人提交投标文件截止之日止，最短不应当少于20日。

9. 组织开标、评标会。

10. 确定中标人。

11. 向水行政主管部门提交招标投标情况的书面总结报告。

12. 发中标通知书，并将中标结果通知所有投标人。

13. 进行合同谈判，并与中标人订立书面合同。招标人与中标人签订合同后5个工作日内，应当退还投标保证金。

三、资格审查要求

招标人可以对潜在投标人或者投标人进行资格审查。资格审查分为资格预审和资格后审。招标人不得改变载明的资格条件或者以没有载明的资格条件对潜在投标人或者投标人进行资格审查。

四、投标的基本要求

1. 资格限制

投标人是响应招标、参加投标竞争的法人或者其他组织。招标人的任何不具独立法人资格的附属机构(单位)，或者为招标项目的前期准备或者监理工作提供设计、咨询服务的任何法人及其任何附属机构(单位)，都无资格参加该招标项目的投标。

2. 投标文件的递交

投标人应当在招标文件要求提交投标文件的截止时间前，将投标文件密封送达投标地点。招标人收到投标文件后，应当向投标人出具标明签收人和签收时间的凭证，在开标前任何单位和个人不得开启投标文件。在招标文件要求提交投标文件的截止时间后送达的投标文件，为无效的投标文件，招标人应当拒收。

提交投标文件的投标人少于3个的，招标人应当依法重新招标。重新招标后投标人仍少于3个的，属于必须审批的工程建设项目，报经原审批部门批准后可以不再进行招标；其他工程建设项目，招标人可自行决定不再进行招标。

3. 串标限制

为了禁止串通招标投标行为，维护公平竞争，保护社会公共利益和经营者的合法权益，按照反不正当竞争法的有关规定，国家工商行政管理局发布了关于禁止串通招标投标行为的暂行规定。根据这一规定，串标指招标人与投标人之间或者投标人与投标人之间采用不正当手段，对招标投标事项进行串通，排挤竞争对手或者损害招标人利益的行为。串标包括投标人串通投标报价和招标人与投标人串通投标。

4. 投标人不得以他人名义投标

前款所称以他人名义投标，指投标人挂靠其他施工单位，或从其他单位通过转让或租借的方式获取资格或资质证书，或者由其他单位及其法定代表人在投标人编制的投标文件上加盖印章和签字等行为。

第二节 水利水电工程施工开标、评标与中标的要求

一、施工开标的基本要求

根据《水利工程建设项目招标投标管理规定》以及《工程建设项目施工招标投标办法》，水利水电建设项目施工开标应当在招标文件确定的提交投标文件截止时间的同一时间公开进行；开标地点应当为招标文件中确定的地点。投标文件有下列情形之一的，招标人不予受理：

1. 逾期送达的或者未送达指定地点的；

2. 未按招标文件要求密封的；

3. 投标人的法定代表人或委托代理人未出席开标会的。

二、施工评标和中标的基本要求

根据《水利工程建设项目招标投标管理规定》以及《工程建设项目施工招标投标办法》，评标和中标的基本要求是：

1. 投标文件有下列情形之一的，由评标委员会初审后按废标处理：

(1) 无单位盖章或无法定代表人或法定代表人授权的代理人签字或盖章的；

(2) 未按规定的格式填写，内容不全或关键字迹模糊、无法辨认的；

(3) 投标人递交两份或多份内容不同的投标文件，或在一份投标文件中对同一招标项目报有两个或多个报价，且未声明哪一个有效；按招标文件规定提交备选投标方案的除外；

(4) 投标人名称或组织结构与资格预审时不一致的；

(5) 未按招标文件要求提交投标保证金的；

(6) 联合体投标未附联合体各方共同投标协议的。

2. 评标委员会在对实质上响应招标文件要求的投标进行报价评估时，除招标文件另有约定外，应当按下述原则进行修正：

(1) 用数字表示的数额与用文字表示的数额不一致时，以文字数额为准；

(2) 单价与工程量的乘积与总价之间不一致时，以单价为准。若单价有明显的小数点错位，应以总价为准，并修改单价。

按上述原则调整后的报价经投标人确认后产生约束力。

3. 投标文件中没有列入的价格和优惠条件在评标时不予考虑。对于投标人提交的优越于招标文件中技术标准的备选投标方案所产生的附加收益，不得考虑进评标价中。符合招标文件的基本技术要求且评标价最低或综合评分最高的投标人，其所提交的备选方案方可予以考虑。

4. 招标人不得向中标人提出压低报价、增加工作量、缩短工期或其他违背中标人意愿的要求，不得以此作为发出中标通知书和签订合同的条件。中标通知书对招标人和中标人具有法律效力。中标通知书发出后，招标人改变中标结果的或者中标人放弃中标项目的，应当依法承担法律责任。

5. 对于不具备分包条件或者不符合分包规定的，招标人有权在签订合同或者中标人提出分包要求时予以拒绝。发现中标人转包或违法分包时，可要求其改正；拒不改正的，可终止合同，并报请有关行政监督部门查处。监督人员和有关行政部门发现中标人违反合同约定进行转包或违法分包的，应当要求中标人改正，或者告知招标人要求其改正；对于拒不改正的，应当报请有关行政监督部门查处。

第三节 处罚的基本规定

《水利工程建设项目招标投标管理规定》规定，在招标投标活动中出现的违法违规行为，按照《中华人民共和国招标投标法》和国务院的有关规定进行处罚。

《评标委员会和评标方法暂行规定》对于评标委员违规的处罚主要有：

1. 评标委员会成员在评标过程擅离职守，影响评标程序正常进行，或者在评标过程中不能客观公正地履行职责的，给予警告；情节严重的，取消担任评标委员会成员的资格，不得再参加任何依法必须进行招标项目的评标，并处一万元以下的罚款。

2. 评标委员会成员收受投标人、其他利害关系人的财物或者其他好处的，评标委员会成员或者与评标活动有关的工作人员向他人透露对投标文件的评审和比较、中标候选人的推荐以及与评标有关的其他情况的，给予警告，没收收受的财物，可以并处三千元以上五万元以下的罚款；对有违法行为的评标委员会成员取消担任评标委员会成员的资格，不得再参加任何依法必须进行招标项目的评标；构成犯罪的，依法追究刑事责任。

《工程建设项目施工招标投标办法》在《招标投标法》的有关法律责任的16条规定的基础上，对于施工招标投标过程中可能出现违法违规行为做出了具体处罚规定。

3. 招标人以不合理的条件限制或者排斥潜在投标人的，对潜在投标人实行歧视待遇的，强制要求投标人组成联合体共同投标的，或者限制投标人之间竞争的，有关行政监督部门责令改正，可以并处一万元以上五万元以下的罚款。

4. 依法必须进行招标项目的招标人向他人已获取招标文件的潜在投标人的名称、数量或者可能影响公平竞争的有关招标投标的其他情况的，或者泄露标底的，有关行政监督部门给予警告，可以并处一万元以上十万元以下的罚款；对单位直接负责的主管人员和其他直接责任人员依法给予处分；构成犯罪的，依法追究刑事责任。

前款所列行为影响中标结果，并且中标人为前款所列行为的受益人的，中标无效。

5. 招标人或者招标代理机构有下列情形之一的，有关行政监督部门责令其限期改正，根据情节可处三万以下的罚款；情节严重的，招标无效。

(1) 未在制定的媒介发布招标公告的；

(2) 邀请招标不依法发出投标邀请书的；

(3) 自招标文件或资格预审文件出售之日起至停止出售之日止，少于五个工作日的；

(4) 依法必须招标的项目，自招标文件开始发出之日起至提交投标文件截止之日止，少于二十日的；

(5) 应当公开招标而不公开招标的；

(6) 不具备招标条件而进行招标的；

(7) 应当履行核准手续而未履行的；

(8) 不按项目审批部门核准内容进行招标的；

(9) 在提交投标文件截止时间后接收投标文件的；

(10) 投标人数量不符合法定要求不重新招标的。

被认定为招标无效的，应当重新招标。

6. 投标人相互串通投标或者与招标人串通投标的，投标人以向招标人或者评标委员会成员行贿的手段谋取中标的，中标无效，由有关行政监督部门处中标项目金额千分之五以上千分之十以下的罚款，对单位直接负责的主管人员和其他直接责任人员处单位罚款数额百分之五以上百分之十以下的罚款；有违法所得的，并处没收违法所得；情节严重的，取消其一至二年的投标资格，并予以公告，直至由工商行政管理机关吊销营业执照；构成犯罪的，依法追究刑事责任。给其他人造成损失的，依法承担赔偿责任。

7. 投标人以他人名义投标或者以其他方式弄虚作假骗取中标的，中标无效，给招标人造成损失的，依法承担赔偿责任；构成犯罪的，依法追究刑事责任。

依法必须进行招标项目的投标人有前款所列行为尚未构成犯罪的，有关行政监督部门处中标项目金额千分之五以上千分之十以下的罚款，对单位直接负责的主管人员和其他直接责任人员处单位罚款数额百分之五以上百分之十以下的罚款；有违法所得的，并处没收违法所得；情节严重的，取消其一至三年的投标资格，并予以公告，直至由工商行政管理机关吊销营业执照。

8. 依法必须进行招标的项目，招标人违法与投标人就投标价格、投标方案等实质性内容进行谈判的，有关行政监督部门给予警告，对单位直接负责的主管人员和其他直接责任人员依法给予处分。

前款所列行为影响中标结果的，中标无效。

9. 评标过程有下列情况之一的，评标无效，应当依法重新进行评标或者重新进行招标，有关行政监督部门可处三万元以下的罚款：

(1) 使用招标文件没有确定的评标标准和方法的；

(2) 评标标准和方法含有倾向或者排斥投标人的内容，妨碍或者限制投标人之间竞争，且影响评标结果的；

(3) 应当回避担任评标委员会成员的人参与评标的；

(4) 评标委员会的组建及人员组成不符合法定要求的；

(5) 评标委员会及其成员在评标过程中有违法行为，且影响评标结果的。

10. 招标人在评标委员会依法推荐的中标候选人以外确定中标人的，依法必须进行招标的项目在所有投标被评标委员会否决后自行确定中标人的，中标无效。有关行政监督部门责令改正，可处中标项目金额千分之五以上千分之十以下的罚款；对单位直接负责的主管人员和其他直接责任人员依法给予处分。

11. 招标人不按规定期限确定中标人的，或者中标通知书发出以后，改变中标结果的，无正当理由不与中标人签订合同的，或者在签订合同时向中标人提出附加条件或者更改合同实质性内容的，有关行政监督部门给予警告，责令改正，根据情节可处三万元以下的罚款；造成中标人损失的，并应当赔偿损失。

中标通知书发出后，中标人放弃中标项目的，无正当理由不与招标人签订和同的，在签订合同时向招标人提出附加条件或者更改合同实质性内容的，或者拒不提交所要求的履约保证金的，招标人可取消其中标资格，并没收其投标保证金；给招标人的损失超过投标保证金数额的，中标人应当对超过部分予以赔偿；没有提交投标保证金的，应当对招标人的损失承担赔偿责任。

12. 中标人将中标项目转让给他人的，将中标项目肢解后分别转让给他人的，违法将中标项目的部分主体、关键性工作分包给他人的，或者分包人再次分包的，转让、分包无效，有关行政监督部门处转让、分包项目金额千分之五以上千分之十以下的罚款；有违法所得的，并处没收违法所得；可以责令停业整顿；情节严重的，由工商行政管理机关吊销营业执照。

13. 招标人与中标人不按照招标文件和中标人的投标文件订立合同的，招标人、中标人订立背离合同实质性内容的协议的，或者招标人擅自提高履约保证金或强制要求中标人垫付中标项目建设资金的，有关行政监督部门责令改正；可以处中标项目金额千分之五以上千分之十以下的罚款。

14. 中标人不履行与招标人订立的合同的，履约保证金不予退还，给招标人造成的损失超过履约保证金数额的，还应对超过部分予以赔偿；没有提交履约保证金的，应当对招标人的损失承担赔偿责任。

中标人不按照与招标人订立的合同履行义务，情节严重的，有关行政监督部门取消其二至五年参加招标项目的投标资格并予以公告，直至由工商行政管理机关吊销营业执照。

因不可抗力不能履行合同的，不适用前两款规定。

15. 招标人不履行与中标人订立的合同的，应当双倍返还中标人的履约保证金；给中标人造成的损失超过返还的履约保证金的，还应当对超过部分予以赔偿；没有提交履约保证金的，应当对中标人的损失承担赔偿责任。

因不可抗力不能履行合同的，不适用前两款规定。

16. 依法必须进行施工招标的项目违反法律规定，中标无效的，应当依照法律规定的中标条件从其余投标人中重新确定中标人或者依法重新进行招标。

中标无效的，发出的中标通知书和签订的合同自始没有法律约束力，但不影响合同中的独立存在的有关解决争议方法的条款的效力。

第三章　水利水电工程质量管理

第一节　水利水电工程施工质量管理的内容

为了加强水利工程的质量管理，保证工程质量，水利部于 1997 年 12 月 21 日颁发了《水利工程质量管理规定》（水利部令第 7 号）。《水利工程质量管理规定》共分为总则，工程质量监督管理，项目法人(建设单位)的质量管理，监理单位质量管理，设计单位质量管理，施工单位质量管理，建筑材料、设备采购的质量管理和工程保修，罚则，附则等九章计 48 条。对于各级主管部门的质量管理以及质量监督机构、项目法人(建设单位)、监理单位、设计单位、施工单位和建筑材料设备供应单位的质量管理均作出了明确规定。

一、水利工程施工质量管理的内容

1. 根据有关规定，建筑业企业(施工单位)应当按照其拥有的注册资本、净资产、专业技术人员、技术装备和已经完成的建筑工程业绩等资质条件申请资质，经审查合格后，取得相应等级的资质证书后，方可从事其资质等级范围内的建筑活动。

2. 建筑业企业资质等级分为总承包、专业承包和劳务分包三个序列。

获得施工总承包资质的企业，可以对工程实行施工总承包或者对主体工程实行施工承包。承包企业可以对所承接的工程全部自行施工，也可以将非主体工程或者劳务作业分包给具有相应专业承包资质或者劳务分包资质的其他企业。

获得专业承包资质的企业，可以承接施工总承包企业分包的专业工程或者招标人发包的专业工程。专业承包企业可以对所承接的工程全部自行施工，也可以将劳务作业分包给具有相应劳务分包资质的企业。

获得劳务分包资质的企业，可以承接施工总承包企业或者专业承包企业分包的劳务作业。劳务分包企业分为：木工作业、砌筑作业、抹灰作业、石制作业、油漆作业、钢筋作业、混凝土作业、脚手架作业、模板作业、焊接作业、水暖电安装作业、钣金作业以及架线作业等。

3. 根据《水利工程质量管理规定》，施工单位必须按其资质等级及业务范围承担相应水利工程施工任务。施工单位必须接受水利工程质量监督单位对其施工资质等级以及质量保证体系的监督检查。施工单位质量管理的主要内容是：

(1) 施工单位必须依据国家和水利行业有关工程建设法规、技术规程、技术标准的规定以及设计文件和施工合同的要求进行施工，并对其施工的工程质量负责。

(2) 施工单位不得将其承接的水利建设项目的主体工程进行转包。对工程的分包，分包单位必须具备相应资质等级，并对其分包工程的施工质量向总包单位负责，总包单位对全部工程质量向项目法人(建设单位)负责。

(3) 施工单位要推行全面质量管理，建立健全质量保证体系，制定和完善岗位质量规范、质量责任及考核办法，落实质量责任制。在施工过程中要加强质量检验工作，认真执行“三检制”，切实做好工程质量的全过程控制。

(4) 竣工工程质量必须符合国家和水利行业现行的工程标准及设计文件要求，并应向项目法人(建设单位)提交完整的技术档案、试验成果及有关资料。

二、水电工程施工质量管理的内容

为规范和加强水电建设工程质量管理工作，原电力工业部于 1997 年 4 月 22 日颁布实施了《水电建设工程质量管理暂行办法》(电水农［1997］220 号文)。《水电建设工程质量管理暂行办法》共分为总则、建设各方职责、设计质量管理、施工质量管理、施工质量检查与工程验收、质量监督、工程质量事故、经济奖罚、附则等九章。

根据《水电建设工程质量管理暂行办法》，水电工程建设必须遵守国家有关质量管理的法律、法规和政策，并应在有关文件、合同中予以具体体现。建设各方均应按合同约定的质量标准履行自己的义务。合同中有关质量约定不明确，按照合同条款内容不能确定，当事人又不能通过协商达成协议的，按国家质量标准履行，没有国家质量标准的，按同行公议标准履行。

根据《水电建设工程质量管理暂行办法》，有关施工质量管理的主要内容是：

1. 施工单位在近五年内工程发生重大及以上质量事故的，应视其整改情况决定取舍；在近一年内工程发生特大质量事故的，不得独立中标承建大型水电站主体工程的施工任务。

2. 非水电专业施工单位，不能独立或作为联营体责任方承担具有水工专业特点的工程项目。

3. 施工单位的质量保留金依合同按月进度付款的一定比例逐月扣留。因施工原因造成工程质量事故的，项目法人有权扣除部分以至全部保留金。

4. 施工质量检查与工程验收，主要内容有：

(1) 施工准备工程质量检查，由施工单位负责进行，监理单位应对关键部位(或项目)的施工准备情况进行抽查。

(2) 单元工程的检查验收，施工单位应按“三级检查制度”。(班组初检、作业队复检、项目部终检)的原则进行自检，在自检合格的基础上，由监理单位进行终检验收。经监理单位同意，施工单位的自检工作分级层次可以适当简化。

(3) 监理单位对隐蔽工程和关键部位进行终检验收时，设计单位应参加并签署意见。监理单位签署终检验收结论时，应认真考虑设计等单位的意见。

第二节 水利工程质量事故分类与事故报告的内容

为了加强水利工程质量管理，规范水利工程质量事故处理行为，根据《中华人民共和国建筑法》和《中华人民共和国行政处罚法》，水利部于 1999 年 3 月 4 日发布实施《水利工程质量事故处理暂行规定》(水利部令第 9 号)。

根据《水利工程质量事故处理暂行规定》(水利部令第 9 号)，水利工程工程质量事故是指在水利工程建设过程中，由于建设管理、监理、勘测、设计、咨询、施工、材料、设备等原因造成工程质量不符合规程、规范和合同规定的质量标准，影响工程使用寿命和对工程安全运行造成隐患和危害的事件。需要注意的问题是，水利工程质量事故可以造成经济损失，也可以同时造成人身伤亡。这里主要是指没有造成人身伤亡的质量事故。

一、质量事故分类

根据《水利工程质量事故处理暂行规定》，工程质量事故按直接经济损失的大小，检查、处理事故对工期的影响时间长短和对工程正常使用的影响，分类为一般质量事故、较大质量事故、重大质量事故、特大质量事故。其中：

1. 一般质量事故指对工程造成一定经济损失，经处理后不影响正常使用并不影响使用寿命的事故。

2. 较大质量事故指对工程造成较大经济损失或延误较短工期，经处理后不影响正常使用但对工程使用寿命有一定影响的事故。

3. 重大质量事故指对工程造成重大经济损失或延误较长时间工期，经处理后不影响正常使用但对工程使用寿命有较大影响的事故。

4. 特大质量事故指对工程造成特大经济损失或长时间延误工期，经处理仍对正常使用和工程使用寿命有较大影响的事故。

5. 小于一般质量事故的质量问题称为质量缺陷。

二、事故报告内容

根据《水利工程质量事故处理暂行规定》（水利部令第 9 号），事故发生后，事故单位要严格保护现场，采取有效措施抢救人员和财产，防止事故扩大。因抢救人员、疏导交通等原因需移动现场物件时，应作出标志、绘制现场简图并作出书面记录，妥善保管现场重要痕迹、物证，并进行拍照或录像。

发生质量事故后，项目法人必须将事故的简要情况向项目主管部门报告。项目主管部门接事故报告后，按照管理权限向上级水行政主管部门报告。发生(发现)较大质量事故、重大质量事故、特大质量事故，事故单位要在 48 小时内向有关单位提出书面报告。突发性事故，事故单位要在 4 小时内电话向上述单位报告。有关事故报告应包括以下主要内容：

1. 工程名称、建设地点、工期，项目法人、主管部门及负责人电话；
2. 事故发生的时间、地点、工程部位以及相应的参建单位名称；
3. 事故发生的简要经过、伤亡人数和直接经济损失的初步估计；
4. 事故发生原因初步分析；
5. 事故发生后采取的措施及事故控制情况；
6. 事故报告单位、负责人以及联络方式。

第三节 水利工程质量事故处理的要求

根据《水利工程质量事故处理暂行规定》（水利部令第 9 号），因质量事故造成人员伤亡的，还应遵从国家和水利部伤亡事故处理的有关规定。其中质量事故处理的基本要求包括以下内容。

一、质量事故处理原则

发生质量事故，必须坚持“事故原因不查清楚不放过、主要事故责任者和职工未受教育不放过、补救和防范措施不落实不放过”的原则(简称“三不放过原则”)，认真调查事故原因，研究处理措施，查明事故责任，做好事故处理工作。

二、质量事故处理职责划分

发生质量事故后，必须针对事故原因提出工程处理方案，经有关单位审定后实施。其中：

1. 一般质量事故，由项目法人负责组织有关单位制定处理方案并实施，报上级主管部门备案。

2. 较大质量事故，由项目法人负责组织有关单位制定处理方案，经上级主管部门审定后实施，报省级水行政主管部门或流域备案。

3. 重大质量事故，由项目法人负责组织有关单位提出处理方案，征得事故调查组意见后，报省级水行政主管部门或流域机构审定后实施。

4. 特大质量事故，由项目法人负责组织有关单位提出处理方案，征得事故调查组意见后，报省级水行政主管部门或流域机构审定后实施，并报水利部备案。

三、事故处理中设计变更的管理

事故处理需要进行设计变更的，需原设计单位或有资质的单位提出设计变更方案。需要进行重大设计变更的，必须经原设计审批部门审定后实施。

事故部位处理完毕后，必须按照管理权限经过质量评定与验收后，方可投入使用或进入下一阶段施工。

四、质量缺陷的处理

《水利工程质量事故处理暂行规定》(水利部令第 9 号)规定，小于一般质量事故的质量问题称为质量缺陷。所谓质量缺陷，是指小于一般质量事故的质量问题，即因特殊原因，使得工程个别部位或局部达不到规范和设计要求(不影响使用)，且未能及时进行处理的工程质量问题(质量评定仍为合格)。根据水利部《关于贯彻落实“国务院批转国家计委、财政部、水利部、建设部关于加强公益性水利工程建设管理若干意见的通知”的实施意见》，水利工程实行水利工程施工质量缺陷备案及检查处理制度：

1. 对因特殊原因，使得工程个别部位或局部达不到规范和设计要求(不影响使用)，且未能及时进行处理的工程质量缺陷问题(质量评定仍为合格)，必须以工程质量缺陷备案形式进行记录备案。

2. 质量缺陷备案的内容包括：质量缺陷产生的部位、原因，对质量缺陷是否处理和如何处理以及对建筑物使用的影响等。内容必须真实、全面、完整，参建单位(人员)必须在质量缺陷备案表上签字，有不同意见应明确记载。

3. 质量缺陷备案资料必须按竣工验收的标准制备，作为工程竣工验收备查资料存档。

质量缺陷备案表由监理单位组织填写。

4. 工程项目竣工验收时，项目法人必须向验收委员会汇报并提交历次质量缺陷的备案资料。

第四节　水电工程质量事故分类及处理的基本要求

一、工程质量事故分类及处理的基本要求

根据《水电建设工程质量管理暂行办法》，水电工程建设过程中，由于建设管理、设计、施工、材料、设备等原因造成工程质量不符合规程规范和合同规定的质量标准，影响工程使用寿命和正常运行，需返工或采取补救措施的，统称为工程质量事故。

1. 按对工程的耐久性、可靠性和正常使用的影响程度，检查、处理事故对工期的影响时间长短和直接经济损失的大小，工程质量事故分类为：

(1) 一般质量事故；

(2) 较大质量事故；

(3) 重大质量事故；

(4) 特大质量事故等四类。

2. 根据《水电建设工程质量管理暂行办法》，质量事故中出现人身伤亡事故的，按《水电建设工程施工安全管理暂行办法》处理。工程质量事故处理的基本要求是：

(1) 工程质量事故报告。工程质量事故发生以后，当事方应立即报项目法人、监理单位，同时按隶属关系报上级部门。

(2) 项目法人负责向质监总站进行事故报告。

(3) 项目法人、监理、设计和施工单位应对事故做好记录，并根据需要对事故现场进行录像，为事故调查、处理提供依据。

(4) 当质量事故危及施工安全，或不立即采取措施会使事故进一步发展甚至危及工程安全时，应立即停止施工并立即上报。项目法人应立即组织监理、设计、施工、运行等单位和有关专家进行研究，提出临时处理措施，避免造成更为严重的后果。

(5) 事故调查应查清事故原因、主要责任单位、责任人，并遵循“三不放过”，即事故原因不查清不放过，主要事故责任者和职工未受到教育不放过，补救和防范措施不落实不放过的原则。

(6) 事故调查权限按以下原则确定：

① 一般事故由项目法人或监理单位负责调查。

② 较大事故由项目法人负责组织专家组进行调查。

③ 重大事故和特大事故由质监总站负责组织专家组进行调查。

④ 质监总站有权根据质量巡视员的报告，对特定质量问题或质量管理情况进行调查。

(7) 事故的处理方案按以下原则确定：

① 一般事故的处理方案，由造成事故的单位提出，报监理单位批准后实施。

② 较大事故的处理方案，由造成事故的单位提出(必要时项目法人可委托设计单位提出)，报监理单位审查、项目法人批准后实施。

③ 重大及特大事故的处理方案，由项目法人委托设计单位提出，项目法人组织专家组审查批准后实施，必要时由上级部门组织审批后实施。

二、安全管理机构与职责的基本要求

《建设工程安全生产管理条例》规定，施工单位应当设立安全生产管理机构，配备专职安全生产管理人员。专职安全生产管理人员负责对安全生产进行现场监督检查。发现安全事故隐患，应当及时向项目负责人和安全生产管理机构报告；对违章指挥、违章操作的应当立即制止。

为加强水电建设工程施工安全管理，理顺关系，明确职责，保障职工和工程的安全，确保工程建设顺利进行，电力工业部于1997年4月22日颁布实施了《水电建设工程施工安全管理暂行办法》（电水［1997］220号）。《水电建设工程施工安全管理暂行办法》共分五章二十九条，包括第一章总则；第二章安全管理机构与职责；第三章事故报告、统计及调查、处理；第四章奖惩和第五章附则。

1. 根据《水电建设工程施工安全管理暂行办法》，水电建设工程施工安全管理机构的基本要求是：

(1) 水电建设工程施工必须坚持“安全第一，预防为主”的方针，认真贯彻执行国家有关安全生产的法律、法规和方针、政策。

(2) 水电建设工程施工安全管理工作贯彻“安全生产，人人有责”的原则，实行建设项目的业主、建设单位统一监督、协调，施工企业、设计院各负其责的管理体制。建设单位、施工企业和设计院应组成工程施工安全领导小组，负责工程施工安全工作的监督、协调。

(3) 建设项目业主、建设单位、施工企业和设计院的行政正职是安全工作的第一责任人，对建设项目或者本单位的安全工作负领导责任。各单位在工程项目上的行政负责人分别对本单位在工程建设中的安全工作负责直接领导责任。

(4) 施工企业坚持“管生产必须管安全”的原则，负责承包工程的施工安全。

2. 根据《水电建设工程施工安全管理暂行办法》，水电建设工程施工安全管理施工企业职责的基本要求是：

(1) 认真执行国家及上级主管部门颁发的安全生产法规和规定；

(2) 监督、健全适应工程建设的安全管理机构、安全工作体系和以安全生产责任制为核心的安全管理制度；

(3) 在制定施工组织设计时，必须制定安全技术措施计划，经逐级审核、审定后组织实施，必要时应报建设单位核备；

(4) 坚持在计划、布置、检查、总结和评比生产的同时，计划、布置、检查、总结和评比安全工作；

(5) 组织对本企业职工的经常性安全教育和技术培训，提高职工的安全素质和自我保护能力，班组长应进行轮训；

(6) 企业的安全机构应总结安全管理经验，积极推广应用现代安全管理新技术，使安全管理工作逐步科学化、现代化；

(7) 对本企业使用的临时工和分包单位进行安全施工的资格审查，并对其施工安全进行监督、指导；

（8）组织本企业一般和较大安全事故的调查处理；协助重大和特别重大安全事故的调查处理；

（9）建设项目的主要施工单位，应委派项目负责人参加工程施工安全领导小组。

三、安全事故分类及处理的基本要求

《国务院关于进一步加强安全生产工作的决定》（2004年1月9日国发［2004］2号）规定，认真查处各类事故，坚持事故原因未查清不放过、责任人员未处理不放过、整改措施未落实不放过、有关人员未受到教育不放过的“四不放过”原则，不仅要追究事故直接责任人的责任，同时要追究有关负责人的领导责任。

1. 根据《水电建设工程施工安全管理暂行办法》，事故是指在施工生产过程中发生的人身伤害、工程质量和机械设备事故。有关事故的报告、统计、调查和处理工作必须坚持实事求是、尊重科学的原则。人身伤害事故等级分类为一般事故、较大事故、重大事故、特别重大事故。其中：

（1）一般事故，指一次发生只有人员轻伤或重伤1～2人；

（2）较大事故，指一次死亡1～2人或重伤3人以上；

（3）重大事故，指一次死亡3～49人；

（4）特别重大事故，指一次死亡50人以上。

2. 根据《水电建设工程施工安全管理暂行办法》，凡在施工生产中发生的各类事故(一般事故除外)都必须按国家规定，由建设单位和事故发生单位按隶属关系逐级快速上报。其中，人身伤害事故(安全事故)调查处理的基本要求是：

（1）一般事故由企业负责人制定管理人员及工会成员组织事故调查组，进行调查处理。

（2）较大事故由企业负责人会同所在地劳动部门、公安部门、工会组织事故调查组，进行调查处理。

（3）重大事故由企业主管单位会同同级劳动、公安、监察部门、工会组织事故调查组，进行调查处理。

（4）特别重大事故按国务院的规定组织调查处理。

（5）组织人身死亡事故的调查组应邀请人民检察院派员参加。

（6）一起事故涉及两个以上企业时，根据事故等级，由企业或各自的上级主管单位协商组织事故调查组，进行调查处理。

（7）因事故造成人身伤害，应认真做好善后抚恤或赔偿。

（8）事故结案权限：

① 一般事故由发生事故的企业批复结案。

② 较大事故由发生事故企业的主管单位批复结案。

③ 重大和特别重大事故由电力部批复结案。

第四章　水利水电工程施工质量评定

第一节　水利水电工程施工质量检验的基本要求

《水利水电工程施工质量检验与评定规程》(SL 176—2007)(以下简称《新规程》)有关施工质量检验的基本要求有：

1. 承担工程检测业务的检测机构应具有水行政主管部门颁发的资质证书。

2. 工程施工质量检验中使用的计量器具、试验仪器仪表及设备应定期进行检定，并具备有效的检定证书。国家规定需强制检定的计量器具应经县级以上计量行政部门认定的计量检定机构或其授权设置的计量检定机构进行检定。

3. 检测人员应熟悉检测业务，了解被检测对象性质和所用仪器设备性能，经考核合格后，持证上岗。参与中间产品及混凝土(砂浆)试件质量资料复核的人员应具有工程师以上工程系列技术职称，并从事过相关试验工作。

4. 工程质量检验项目和数量应符合《单元工程评定标准》规定。工程质量检验方法，应符合《单元工程评定标准》和国家及行业现行技术标准的有关规定。

5. 工程项目中如遇《单元工程评定标准》中尚未涉及的项目质量评定标准时，其质量标准及评定表格，由项目法人组织监理、设计及施工单位按水利部有关规定进行编制和报批。

6. 工程中永久性房屋、专用公路、专用铁路等项目的施工质量检验与评定可按相应行业标准执行。

7. 项目法人、监理、设计、施工和工程质量监督等单位根据工程建设需要，可委托具有相应资质等级的水利工程质量检测机构进行工程质量检测。施工单位自检性质的委托检测项目及数量，按《单元工程评定标准》及施工合同约定执行。对已建工程质量有重大分歧时，由项目法人委托第三方具有相应资质等级的质量检测机构进行检测，检测数量视需要确定，检测费用由责任方承担。

8. 对涉及工程结构安全的试块、试件及有关材料，应实行见证取样。见证取样资料由施工单位制备，记录应真实齐全，参与见证取样人员应在相关文件上签字。

9. 工程中出现检验不合格的项目时，按以下规定进行处理。

(1) 原材料、中间产品一次抽样检验不合格时，应及时对同一取样批次另取两倍数量进行检验，如仍不合格，则该批次原材料或中间产品应当定为不合格，不得使用。

(2) 单元(工序)工程质量不合格时，应按合同要求进行处理或返工重作，并经重新检验且合格后方可进行后续工程施工。

(3) 混凝土(砂浆)试件抽样检验不合格时，应委托具有相应资质等级的质量检测机构对相应工程部位进行检验。如仍不合格，由项目法人组织有关单位进行研究，并提出处理意见。

(4) 工程完工后的质量抽检不合格，或其他检验不合格的工程，应按有关规定进行处理，合格后才能进行验收或后续工程施工。

新规程对施工过程中参建单位的质量检验职责的主要规定有：

(1) 施工单位应当依据工程设计要求、施工技术标准和合同约定，结合《单元工程评定标准》的规定确定检验项目及数量并进行自检，自检过程应当有书面记录，同时结合自检情况如实填写《水利水电工程施工质量评定表》。

(2) 监理单位应根据《单元工程评定标准》和抽样检测结果复核工程质量。其平行检测和跟踪检测的数量按《监理规范》或合同约定执行。

(3) 项目法人应对施工单位自检和监理单位抽检过程进行督促检查，对报工程质量监督机构核备、核定的工程质量等级进行认定。

(4) 工程质量监督机构应对项目法人、监理、勘测、设计、施工单位以及工程其他参建单位的质量行为和工程实物质量进行监督检查。检查结果应当按有关规定及时公布，并书面通知有关单位。

(5) 临时工程质量检验及评定标准，由项目法人组织监理、设计及施工等单位根据工程特点，参照《单元工程评定标准》和其他相关标准确定，并报相应的工程质量监督机构核备。

(6) 质量检验包括施工准备检查，原材料与中间产品质量检验，水工金属结构、启闭机及机电产品质量检查，单元(工序)工程质量检验，质量事故检查和质量缺陷备案，工程外观质量检验等。

(7) 质量缺陷备案表由监理单位组织填写，内容应真实、全面、完整。各工程参建单位代表应在质量缺陷备案表上签字，若有不同意见应明确记载。质量缺陷备案表应及时报工程质量监督机构备案。质量缺陷备案资料按竣工验收的标准制备。工程竣工验收时，项目法人应向竣工验收委员会汇报并提交历次质量缺陷备案资料。

第二节 水利水电工程施工质量评定的基本要求

《新规程》规定水利水电工程施工质量等级分为“合格”、“优良”两级。合格标准是工程验收标准。优良等级是为工程项目质量创优而设置。水利水电工程施工质量等级评定的主要依据有：

1. 国家及相关行业技术标准。

2.《单元工程评定标准》。

3. 经批准的设计文件、施工图纸、金属结构设计图样与技术条件、设计修改通知书、厂家提供的设备安装说明书及有关技术文件。

4. 工程承发包合同中约定的技术标准。

5. 工程施工期及试运行期的试验和观测分析成果。

(一)《新规程》有关施工质量合格标准

1. 单元(工序)工程施工质量合格标准

(1) 单元(工序)工程施工质量评定标准按照《单元工程评定标准》或合同约定的合格标准执行。

(2) 单元(工序)工程质量达不到合格标准时，应及时处理。处理后的质量等级按下列规定重新确定：

① 全部返工重做的，可重新评定质量等级。

② 经加固补强并经设计和监理单位鉴定能达到设计要求时，其质量评为合格。

③ 处理后的工程部分质量指标仍达不到设计要求时，经设计复核，项目法人及监理单位确认能满足安全和使用功能要求，可不再进行处理；或经加固补强后，改变了外形尺寸或造成工程永久性缺陷的，经项目法人、监理及设计单位确认能基本满足设计要求，其质量可定为合格，但应按规定进行质量缺陷备案。

2. 分部工程施工质量合格标准

(1) 所含单元工程的质量全部合格。质量事故及质量缺陷已按要求处理，并经检验合格。

(2) 原材料、中间产品及混凝土(砂浆)试件质量全部合格，金属结构及启闭机制造质量合格，机电产品质量合格。

3. 单位工程施工质量合格标准

(1) 所含分部工程质量全部合格。

(2) 质量事故已按要求进行处理。

(3) 工程外观质量得分率达到 70%以上。

(4) 单位工程施工质量检验与评定资料基本齐全。

(5) 工程施工期及试运行期，单位工程观测资料分析结果符合国家和行业技术标准以及合同约定的标准要求。

4. 工程项目施工质量合格标准

(1) 单位工程质量全部合格。

(2) 工程施工期及试运行期，各单位工程观测资料分析结果均符合国家和行业技术标准以及合同约定的标准要求。

(二)《新规程》有关施工质量优良标准

1. 单元工程施工质量优良标准

单元工程施工质量优良标准按照《单元工程评定标准》以及合同约定的优良标准执行。全部返工重做的单元工程，经检验达到优良标准时，可评为优良等级。

2. 分部工程施工质量优良标准

(1) 所含单元工程质量全部合格，其中 70%以上达到优良等级，主要单元工程以及重要隐蔽单元工程(关键部位单元工程)质量优良率达 90%以上，且未发生过质量事故。

(2) 中间产品质量全部合格，混凝土(砂浆)试件质量达到优良等级(当试件组数小于 30 时，试件质量合格)。原材料质量、金属结构及启闭机制造质量合格，机电产品质量合格。

3. 单位工程施工质量优良标准

(1) 所含分部工程质量全部合格，其中 70%以上达到优良等级，主要分部工程质量全部优良，且施工中未发生过较大质量事故。

(2) 质量事故已按要求进行处理。

(3) 外观质量得分率达到 85%以上。

(4) 单位工程施工质量检验与评定资料齐全。

(5) 工程施工期及试运行期，单位工程观测资料分析结果符合国家和行业技术标准以及合同约定的标准要求。

4. 工程项目施工质量优良标准

(1) 单位工程质量全部合格，其中70%以上单位工程质量达到优良等级，且主要单位工程质量全部优良。

(2) 工程施工期及试运行期，各单位工程观测资料分析结果均符合国家和行业技术标准以及合同约定的标准要求。

(三)《新规程》有关施工质量评定工作的组织要求

1. 单元(工序)工程质量在施工单位自评合格后，报监理单位复核，由监理工程师核定质量等级并签证认可。

2. 重要隐蔽单元工程及关键部位单元工程质量经施工单位自评合格、监理单位抽检后，由项目法人(或委托监理)、监理、设计、施工、工程运行管理(施工阶段已经有时)等单位组成联合小组，共同检查核定其质量等级并填写签证表，报工程质量监督机构核备。

3. 分部工程质量，在施工单位自评合格后，报监理单位复核，项目法人认定。分部工程验收的质量结论由项目法人报质量监督机构核备。大型枢纽工程主要建筑物的分部工程验收的质量结论由项目法人报工程质量监督机构核定。

4. 单位工程质量，在施工单位自评合格后，由监理单位复核，项目法人认定。单位工程验收的质量结论由项目法人报质量监督机构核定。

5. 工程外观质量评定。单位工程完工后，项目法人组织监理、设计、施工及工程运行管理等单位组成工程外观质量评定组，进行工程外观质量检验评定并将评定结论报工程质量监督机构核定。参加工程外观质量评定的人员应具有工程师以上技术职称或相应执业资格。评定组人数应不少于5人，大型工程宜不少于7人。

6. 工程项目质量，在单位工程质量评定合格后，由监理单位进行统计并评定工程项目质量等级，经项目法人认定后，报质量监督机构核定。

7. 阶段验收前，质量监督机构应提交工程质量评价意见。

8. 工程质量监督机构应按有关规定在工程竣工验收前提交工程质量监督报告，质量监督报告应当有工程质量是否合格的明确结论。

第五章　水利水电工程建设安全生产管理

第一节　水利工程施工单位的安全生产责任

为了加强水利工程建设安全生产监督管理，明确安全生产责任，防止和减少生产安全事故，保障人民群众生命和财产安全，根据《中华人民共和国安全生产法》、《建设工程安全生产管理条例》等法律、法规，结合水利工程的特点，2005 年 6 月 22 日水利部颁布《水利工程建设安全生产管理规定》（水利部令第 26 号），自 2005 年 9 月 1 日起施行。《水利工程建设安全生产管理规定》（以下简称《安全生产管理规定》）共分七章四十二条，其中第一章总则，第二章项目法人的安全生产责任，第三章勘察（测）、设计、建设监理及其他有关单位的安全责任，第四章施工单位的安全责任，第五章监督管理，第六章生产安全事故的应急救援和调查处理，第七章附则。《安全生产管理规定》第 40 条规定："违反本规定，需要实施行政处罚的，由水行政主管部门或者流域管理机构按照《建设工程安全生产管理条例》的规定执行。"

《水利工程建设安全生产管理规定》按施工单位、施工单位的相关人员以及施工作业人员等三个方面，从保证安全生产应当具有的基本条件出发，对施工单位的资质等级、机构设置、投标报价、安全责任，施工单位有关负责人的安全责任以及施工作业人员的安全责任等做出具体规定，主要有以下：

1. 施工单位从事水利工程的新建、扩建、改建、加固和拆除等活动，应当具备国家规定的注册资本、专业技术人员、技术装备和安全生产等条件，依法取得相应等级的资质证书，并在其资质等级许可的范围内承揽工程。

2. 施工单位应当依法取得安全生产许可证后，方可从事水利工程施工活动。

3. 施工单位主要负责人依法对本单位的安全生产工作全面负责。施工单位应当建立健全安全生产责任制度和安全生产教育培训制度，制定安全生产规章制度和操作规程，保证本单位建立和完善安全生产条件所需资金的投入，对所承担的水利工程进行定期和专项安全检查，并做好安全检查记录。

4. 施工单位的项目负责人应当由取得相应执业资格的人员担任，对水利工程建设项目的安全施工负责，落实安全生产责任制度、安全生产规章制度和操作规程，确保安全生产费用的有效使用，并根据工程的特点组织制定安全施工措施，消除安全事故隐患，及时、如实报告生产安全事故。

5. 施工单位在工程报价中应当包含工程施工的安全作业环境及安全施工措施所需费用。对列入建设工程概算的上述费用，应当用于施工安全防护用具及设施的采购和更新、安全施工措施的落实、安全生产条件的改善，不得挪作他用。

6. 施工单位应当设立安全生产管理机构，按照国家有关规定配备专职安全生产管理人员。施工现场必须有专职安全生产管理人员。

专职安全生产管理人员负责对安全生产进行现场监督检查。发现生产安全事故隐患，应当及时向项目负责人和安全生产管理机构报告；对违章指挥、违章操作的，应当立即制止。

7. 施工单位在建设有度汛要求的水利工程时，应当根据项目法人编制的工程度汛方案、措施制定相应的度汛方案，报项目法人批准；涉及防汛调度或者影响其他工程、设施度汛安全的，由项目法人报有管辖权的防汛指挥机构批准。

8. 垂直运输机械作业人员、安装拆卸工、爆破作业人员、起重信号工、登高架设作业人员等特种作业人员，必须按照国家有关规定经过专门的安全作业培训，并取得特种作业操作资格证书后，方可上岗作业。

9. 施工单位应当在施工组织设计中编制安全技术措施和施工现场临时用电方案，对下列达到一定规模的危险性较大的工程应当编制专项施工方案，并附具安全验算结果，经施工单位技术负责人签字以及总监理工程师核签后实施，由专职安全生产管理人员进行现场监督：

(1) 基坑支护与降水工程；

(2) 土方和石方开挖工程；

(3) 模板工程；

(4) 起重吊装工程；

(5) 脚手架工程；

(6) 拆除、爆破工程；

(7) 围堰工程；

(8) 其他危险性较大的工程。

对前款所列工程中涉及高边坡、深基坑、地下暗挖工程、高大模板工程的专项施工方案，施工单位还应当组织专家进行论证、审查。

10. 施工单位在使用施工起重机械和整体提升脚手架、模板等自升式架设设施前，应当组织有关单位进行验收，也可以委托具有相应资质的检验检测机构进行验收；使用承租的机械设备和施工机具及配件的，由施工总承包单位、分包单位、出租单位和安装单位共同进行验收。验收合格的方可使用。

11. 施工单位的主要负责人、项目负责人、专职安全生产管理人员应当经水行政主管部门安全生产考核合格后方可任职。

施工单位应当对管理人员和作业人员每年至少进行一次安全生产教育培训，其教育培训情况记入个人工作档案。安全生产教育培训考核不合格的人员，不得上岗。

施工单位在采用新技术、新工艺、新设备、新材料时，应当对作业人员进行相应的安全生产教育培训。

第二节 水利工程安全生产事故的应急救援和调查处理

关于生产安全事故的应急救援，《中华人民共和国安全生产法》第 68 条规定：“县级以上地方各级人民政府应当组织有关部门制定本行政区域内特大生产安全事故应急救援预案，建立应急救援体系。”第 69 条规定：“危险物品的生产、经营、储存单位以及矿山、建筑施工单位应当建立应急救援组织；生产经营规模较小，可以不建立应急救援组织的，应当指定兼职的应急救援人员。”

《建设工程安全生产管理条例》第47条规定：“县级以上地方人民政府建设行政主管部门应当根据本级人民政府的要求，制定本行政区域内建设工程特大生产安全事故应急救援预案。”第48条规定：“施工单位应当制定本单位生产安全事故应急救援预案，建立应急救援组织或者配备应急救援人员，配备必要的应急救援器材、设备，并定期组织演练。”

一、水利工程建设安全生产应急救援的要求

根据上述规定结合水利工程建设特点以及水利工程建设管理体系的实际情况，《水利工程建设安全生产管理规定》有关水利工程建设安全生产应急救援的要求主要有以下几点：

1. 各级地方人民政府水行政主管部门应当根据本级人民政府的要求，制定本行政区域内水利工程建设特大生产安全事故应急救援预案，并报上一级人民政府水行政主管部门备案。流域管理机构应当编制所管辖的水利工程建设特大生产安全事故应急救援预案，并报水利部备案。

2. 项目法人应当组织制定本建设项目的生产安全事故应急救援预案，并定期组织演练。应急救援预案应当包括紧急救援的组织机构、人员配备、物资准备、人员财产救援措施、事故分析与报告等方面的方案。

3. 施工单位应当根据水利工程施工的特点和范围，对施工现场易发生重大事故的部位、环节进行监控，制定施工现场生产安全事故应急救援预案。实行施工总承包的，由总承包单位统一组织编制水利工程建设生产安全事故应急救援预案，工程总承包单位和分包单位按照应急救援预案，各自建立应急救援组织或者配备应急救援人员，配备救援器材、设备，并定期组织演练。

二、生产安全事故的调查处理

关于生产安全事故的调查处理，《水利工程建设安全生产管理规定》根据《中华人民共和国安全生产法》以及《建设工程安全生产管理条例》的有关规定结合水利工程建设的特点，提出以下主要要求：

1. 施工单位发生生产安全事故，应当按照国家有关伤亡事故报告和调查处理的规定，及时、如实地向负责安全生产监督管理的部门以及水行政主管部门或者流域管理机构报告；特种设备发生事故的，还应当同时向特种设备安全监督管理部门报告。接到报告的部门应当按照国家有关规定，如实上报。

实行施工总承包的建设工程，由总承包单位负责上报事故。发生生产安全事故，项目法人及其他有关单位应当及时、如实地向负责安全生产监督管理的部门以及水行政主管部门或者流域管理机构报告。

2. 发生生产安全事故后，有关单位应当采取措施防止事故扩大，保护事故现场。需要移动现场物品时，应当做出标记和书面记录，妥善保管有关证物。

3. 水利工程建设生产安全事故的调查、对事故责任单位和责任人的处罚与处理，照有关法律、法规的规定执行。

第三节 水利工程重大质量安全事故应急预案

提高应对水利工程建设重大质量与安全事故能力，做好水利工程建设重大质量与安全事故应急处置工作，有效预防、及时控制和消除水利工程建设重大质量与安全事故的危害，最大限度减少人员伤亡和财产损失，保证工程建设质量与施工安全以及水利工程建设顺利进行，根据《中华人民共和国安全生产法》、《国家突发公共事件总体应急预案》和《水利工程建设安全生产管理规定》等法律、法规和有关规定，结合水利工程建设实际，水利部制定了《水利工程建设重大质量与安全事故应急预案》(水建管［2006］202号)，自2006年6月5日起实施。该应急预案共分为八章。

根据2005年1月26日国务院第79次常务会议通过的《国家突发公共事件总体应急预案》，按照不同的责任主体，国家突发公共事件应急预案体系设计为国家总体应急预案、专项应急预案、部门应急预案、地方应急预案、企事业单位应急预案五个层次。

《水利工程建设重大质量与安全事故应急预案》属于部门预案，是关于事故灾难的应急预案，其主要内容包括：

1.《水利工程建设重大质量与安全事故应急预案》适用于水利工程建设过程中突然发生且已经造成或者可能造成重大人员伤亡、重大财产损失，有重大社会影响或涉及公共安全的重大质量与安全事故的应急处置工作。按照水利工程建设质量与安全事故发生的过程、性质和机理，水利工程建设重大质量与安全事故主要包括：

(1) 施工中土石方塌方和结构坍塌安全事故；

(2) 特种设备或施工机械安全事故；

(3) 施工围堰坍塌安全事故；

(4) 施工爆破安全事故；

(5) 施工场地内道路交通安全事故；

(6) 施工中发生的各种重大质量事故；

(7) 其他原因造成的水利工程建设重大质量与安全事故。水利工程建设中发生的自然灾害(如洪水、地震等)、公共卫生事件、社会安全等事件，依照国家和地方相应应急预案执行。

2. 应急工作应当遵循“以人为本，安全第一；分级管理，分级负责；属地为主，条块结合；集中领导，统一指挥；信息准确，运转高效；预防为主，平战结合”的原则。

3. 水利工程建设重大质量与安全事故应急组织指挥体系由水利部及流域机构、各级水行政主管部门的水利工程建设重大质量与安全事故应急指挥部、地方各级人民政府、水利工程建设项目法人以及施工等工程参建单位的质量与安全事故应急指挥部组成。

4. 在本级水行政主管部门的指导下，水利工程建设项目法人应当组织制定本工程项目建设质量与安全事故应急预案(水利工程项目建设质量与安全事故应急预案应当报工程所在地县级以上水行政主管部门以及项目法人的主管部门备案)。建立工程项目建设质量与安全事故应急处置指挥部。工程项目建设质量与安全事故应急处置指挥部的组成如下：

指挥：项目法人或主要负责人；

副指挥：各参建单位主要负责人；

成员：各参建单位有关人员。

5. 承担水利工程施工的施工单位应当制定本单位施工质量与安全事故应急预案，建立应急救援组织或者配备应急救援人员，配备必要的应急救援器材、设备，并定期组织演练。水利工程施工企业应明确专人维护救援器材、设备等。在工程项目开工前，施工单位应当根据所承担的工程项目施工特点和范围，制定施工现场施工质量与安全事故应急预案，建立应急救援组织或配备应急救援人员并明确职责。在承包单位的统一组织下，工程施工分包单位(包括工程分包和劳务作业分包)应当按照施工现场施工质量与安全事故应急预案，建立应急救援组织或配备应急救援人员并明确职责。施工单位的施工质量与安全事故应急预案、应急救援组织或配备的应急救援人员和职责应当与项目法人制定的水利工程项目建设质量与安全事故应急预案协调一致，并将应急预案报项目法人备案。

6. 重大质量与安全事故发生后，在当地政府的统一领导下，应当迅速组建重大质量与安全事故现场应急处置指挥机构，负责事故现场应急救援和处置的统一领导与指挥。

7. 预警预防行动。施工单位应当根据建设工程的施工特点和范围，加强对施工现场易发生重大事故的部位、环节进行监控，配备救援器材、设备，并定期组织演练。

8. 按事故的严重程度和影响范围，将水利工程建设质量与安全事故分为Ⅰ、Ⅱ、Ⅲ、Ⅳ四级。对应相应事故等级，采取Ⅰ级、Ⅱ级、Ⅲ级、Ⅳ级应急响应行动。其中：

(1) Ⅰ级(特别重大质量与安全事故)。已经或者可能导致死亡(含失踪)30人以上(含本数，下同)，或重伤(中毒)100人以上，或需要紧急转移安置10万人以上，或直接经济损失1亿元以上的事故。

(2) Ⅱ级(特大质量与安全事故)。已经或者可能导致死亡(含失踪)10人以上、30人以下(不含本数，下同)，或重伤(中毒)50人以上、100人以下，或需要紧急转移安置1万人以上、10万人以下，或直接经济损失5000万元以上、1亿元以下的事故。

(3) Ⅲ级(重大质量与安全事故)。已经或者可能导致死亡(含失踪)3人以上、10人以下，或重伤(中毒)30人以上、50人以下，或直接经济损失1000万元以上、5000万元以下的事故。

(4) Ⅳ级(较大质量与安全事故)。已经或者可能导致死亡(含失踪)3人以下，或重伤(中毒)30人以下，或直接经济损失1000万元以下的事故。

9. 水利工程建设重大质量与安全事故报告程序如下：

(1) 水利工程建设重大质量与安全事故发生后，事故现场有关人员应当立即报告本单位负责人。项目法人、施工等单位应当立即将事故情况按项目管理权限如实向流域机构或水行政主管部门和事故所在地人民政府报告，最迟不得超过4小时。流域机构或水行政主管部门接到事故报告后，应当立即报告上级水行政主管部门和水利部工程建设事故应急指挥部。水利工程建设过程中发生生产安全事故的，应当同时向事故所在地安全生产监督局报告；特种设备发生事故，应当同时向特种设备安全监督管理部门报告。接到报告的部门应当按照国家有关规定，如实上报。报告的方式可先采用电话口头报告，随后递交正式书面报告。在法定工作日向水利部工程建设事故应急指挥部办公室报告，夜间和节假日向水利部总值班室报告，总值班室归口负责向国务院报告。

(2) 各级水行政主管部门接到水利工程建设重大质量与安全事故报告后，应当遵循“迅速、准确”的原则，立即逐级报告同级人民政府和上级水行政主管部门。

(3) 对于水利部直管的水利工程建设项目以及跨省(自治区、直辖市)的水利工程项目，在报告水利部的同时应当报告有关流域机构。

（4）特别紧急的情况下，项目法人和施工单位以及各级水行政主管部门可直接向水利部报告。

10. 事故报告内容分为事故发生时报告的内容以及事故处理过程中报告的内容，其中：

（1）事故发生后及时报告以下内容：

1）发生事故的工程名称、地点、建设规模和工期，事故发生的时间、地点、简要经过、事故类别和等级、人员伤亡及直接经济损失初步估算；

2）有关项目法人、施工单位、主管部门名称及负责人联系电话，施工等单位的名称、资质等级；

3）事故报告的单位、报告签发人及报告时间和联系电话等。

（2）根据事故处置情况及时续报以下内容：

1）有关项目法人、勘察、设计、施工、监理等工程参建单位名称、资质等级情况，单位以及项目负责人的姓名以及相关执业资格；

2）事故原因分析；

3）事故发生后采取的应急处置措施及事故控制情况；

4）抢险交通道路可使用情况；

5）其他需要报告的有关事项等。

11. 事故现场指挥协调和紧急处置：

（1）水利工程建设发生质量与安全事故后，在工程所在地人民政府的统一领导下，迅速成立事故现场应急处置指挥机构负责统一领导、统一指挥、统一协调事故应急救援工作。事故现场应急处置指挥机构由到达现场的各级应急指挥部和项目法人、施工等工程参建单位组成。

（2）水利工程建设发生重大质量与安全事故后，项目法人和施工等工程参建单位必须迅速、有效地实施先期处置，防止事故进一步扩大，并全力协助开展事故应急处置工作。

12. 各级应急指挥部应当组织好三支应急救援基本队伍：

（1）工程设施抢险队伍，由工程施工等参建单位的人员组成，负责事故现场的工程设施抢险和安全保障工作。

（2）专家咨询队伍，由从事科研、勘察、设计、施工、监理、质量监督、安全监督、质量检测等工作的技术人员组成，负责事故现场的工程设施安全性能评价与鉴定，研究应急方案、提出相应应急对策和意见；并负责从工程技术角度对已发事故还可能引起或产生的危险因素进行及时分析预测。

（3）应急管理队伍，由各级水行政主管部门的有关人员组成，负责接收同级人民政府和上级水行政主管部门的应急指令、组织各有关单位对水利工程建设重大质量与安全事故进行应急处置，并与有关部门进行协调和信息交换。

经费与物资保障应当做到地方各级应急指挥部确保应急处置过程中的资金和物资供给。

13. 宣传、培训和演练。

其中，公众信息交流应当做到：

（1）水利部应急预案及相关信息公布范围至流域机构、省级水行政主管部门。

（2）项目法人制定的应急预案应当公布至工程各参建单位及相关责任人，并向工程所在地人民政府及有关部门备案。

培训应当做到：

(1) 水利部负责对各级水行政主管部门以及国家重点建设项目的项目法人应急指挥机构有关工作人员进行培训。

(2) 项目法人应当组织水利工程建设各参建单位人员进行各类质量与安全事故及应急预案教育，对应急救援人员进行上岗前培训和常规性培训。培训工作应结合实际，采取多种形式，定期与不定期相结合，原则上每年至少组织一次。

14. 监督检查。水利部工程建设事故应急指挥部对流域机构、省级水行政主管部门应急指挥部实施应急预案进行指导和协调。按照水利工程建设管理事权划分，由水行政主管部门应急指挥部对项目法人以及工程项目施工单位应急预案进行监督检查。项目法人应急指挥部对工程各参建单位实施应急预案进行督促检查。

第四节 水利工程文明建设工地的要求

水利部于1998年4月3日颁布实施《水利系统文明建设工地评审管理办法》(建地[1998] 4号)，该办法共16条，并附水利系统文明建设工地考核标准。

一、申报水利系统文明建设工地的基本条件

水利系统文明建设工地由项目法人负责申报。申报水利系统文明建设工地的项目应满足下列基本条件：

1. 已完工程量一般应达全部建安工程量的30%以上；
2. 工程未发生严重违法乱纪事件和重大质量、安全事故；
3. 符合水利系统文明建设工地考核标准的要求。

二、水利系统文明建设工地考核标准的主要内容

水利系统文明建设工地考核标准分为以下三项内容：

1. 精神文明建设；
2. 工程建设管理水平；
3. 施工区环境。

三、工程建设管理水平考核的内容

1. 基本建设程序；
2. 工程质量管理；
3. 施工安全措施；
4. 内部管理制度。

四、基本建设程序考核的内容

1. 工程建设符合国家的政策、法规，严格按建设程序建设；
2. 按照有关文件实行招标投标制和建设监理制规范；

3. 工程实施过程中，能严格按合同管理，合理控制投资、工期、质量；
4. 验收程序符合要求；
5. 项目法人与监理、设计、施工单位关系融洽。

五、工程质量管理考核的内容

1. 工程施工质量检查体系及质量保证体系健全；
2. 工地试验室拥有必要的检测设备；
3. 各种档案资料真实可靠，填写规范、完整；
4. 工程内在、外观质量优良，单元工程优良品率达到70%以上，未出现过重大质量事故；
5. 出现质量事故能按照三不放过原则及时处理。

六、施工安全措施考核的内容

1. 建立了以责任制为核心的安全管理和保证体系，配备了专职或兼职安全员；
2. 认真贯彻国家有关施工安全的各项规定和标准，并制定了安全保证制度；
3. 施工现场无不符合安全操作规程状况；
4. 一般伤亡事故控制在标准内，未发生重大安全事故。

七、内部管理制度考核的内容

主要考核内部管理制度是否健全，建设资金使用是否合理合法。

八、施工区环境考核的内容

1. 现场材料堆放、施工机械停放有序、整齐；
2. 施工现场道路平整、畅通；
3. 施工现场排水畅通，无严重积水现象；
4. 施工现场做到工完场清，建筑垃圾集中堆放并及时清运；
5. 危险区域有醒目的安全警示牌，夜间作业要设警示灯；
6. 施工区与生活区应挂设文明施工标牌或文明施工规章制度；
7. 办公室、宿舍、食堂等公共场所整洁卫生、有条理；
8. 工区内社会治安环境稳定，未发生严重打架斗殴事件，无黄、赌、毒等社会丑恶现象；
9. 能注意正确协调处理与当地政府和周围群众的关系。

九、关于施工安全检查标准

根据水利部建设与管理司编写的《水利水电工程施工企业主要负责人、项目负责人和专职安全生产管理人员安全生产考核指导书》，要求水利水电工程施工企业主要负责人了解、项目负责人和专职安全生产管理人员熟悉《建筑施工安全检查标准》(JGJ 59—99)的主要内容。水利工程建设工地的安全管理以及文明施工情况的检查可以参照《建筑施工安全检查标准》(JGJ 59—99)的有关标准。

第六章　水利水电工程验收

第一节　水利水电工程验收的分类及要求

为了加强公益性建设项目的验收管理，《国务院办公厅关于加强基础设施工程质量管理的通知》中指出："必须实行竣工验收制度。项目建成后必须按国家有关规定进行严格的竣工验收，由验收人员签字负责。项目竣工验收合格后，方可投入使用。对未经验收或验收不合格就交付使用的，要追究项目法定代表人的责任，造成重大损失的，要追究其法律责任。"对于水利工程建设项目，《国务院批转国家计委、财政部、水利部、建设部关于加强公益性水利工程建设管理若干意见的通知》中再次指出"严格水利工程项目验收制度"。这里所指的验收制度，既包括法人验收，也包括政府验收。

现行《水利水电建设工程验收规程》(SL 223—2008)是国家为加强水利水电建设工程验收管理，使水利水电建设工程验收制度化、规范化，保证工程验收质量，由水利部2008年3月3日发布，自2008年6月3日实施。该规程适用于由中央、地方财政全部投资或部分投资建设的大中型水利水电建设工程(含1、2、3级堤防工程)的验收，其他水利水电建设工程的验收可参照执行。《水利水电建设工程验收规程》(SL 223—2008)共9章15节146条和25个附录，所替代标准的历次版本为(1)SD 184—86、(2)SL 223—1999。

一、水利水电工程验收分类

根据《水利水电建设工程验收规程》(SL 223—2008)，水利水电建设工程验收按验收主持单位可分为法人验收和政府验收。法人验收应包括分部工程验收、单位工程验收、水电站(泵站)中间机组启动验收、合同工程完工验收等。政府验收应包括阶段验收、专项验收、竣工验收等。验收主持单位可根据工程建设需要增设验收的类别和具体要求。

二、水利水电工程验收的基本要求

根据《水利水电建设工程验收规程》(SL 223—2008)，验收的基本要求是：

1. 工程验收应以下列文件为主要依据：

(1) 国家现行有关法律、法规、规章和技术标准；

(2) 有关主管部门的规定；

(3) 经批准的工程立项文件、初步设计文件、调整概算文件；

(4) 经批准的设计文件及相应的工程变更文件；

(5) 施工图纸及主要设备技术说明书等；

(6) 法人验收还应以施工合同为依据。

2. 工程验收工作的主要内容：

(1) 检查工程是否按照批准的设计进行建设；

(2) 检查已完工程在设计、施工、设备制造安装等方面的质量及相关资料的收集、整理和归档情况；

(3) 检查工程是否具备运行或进行下一阶段建设的条件；

(4) 检查工程投资控制和资金使用情况；

(5) 对验收遗留问题提出处理意见；

(6) 对工程建设做出评价和结论。

3. 政府验收应由验收主持单位组织成立的验收委员会负责；法人验收应由项目法人组织成立的验收工作组负责。验收委员会(工作组)由有关单位代表和有关专家组成。验收的成果性文件是验收鉴定书，验收委员会(工作组)成员应在验收鉴定书上签字。对验收结论持有异议的，应将保留意见在验收鉴定书上明确记载并签字。

4. 工程验收结论应经 2/3 以上验收委员会(工作组)成员同意。

验收过程中发现的问题，其处理原则应由验收委员会(工作组)协商确定。主任委员(组长)对争议问题有裁决权。若 1/2 以上的委员(组员)不同意裁决意见时，法人验收应报请验收监督管理机关决定；政府验收应报请竣工验收主持单位决定。

5. 工程项目中需要移交非水利行业管理的工程，验收工作宜同时参照相关行业主管部门的有关规定。

6. 当工程具备验收条件时，应及时组织验收。未经验收或验收不合格的工程不应交付使用或进行后续工程施工。验收工作应相互衔接，不应重复进行。

7. 工程验收应在施工质量检验与评定的基础上，对工程质量提出明确结论意见。

8. 验收资料制备由项目法人统一组织，有关单位应按要求及时完成并提交。项目法人应对提交的验收资料进行完整性、规范性检查。验收资料分为应提供的资料和需备查的资料。有关单位应保证其提交资料的真实性并承担相应责任。工程验收的图纸、资料和成果性文件应按竣工验收资料要求制备。除图纸外，验收资料的版面规格宜为国际标准 A4 (210mm×297mm)。文件正本应加盖单位印章且不应采用复印件。需归档资料应符合《水利工程建设项目档案管理规定》(水利部水办［2005］480 号)要求。验收资料应具有真实性、完整性和历史性。所谓真实性是指如实记录和反映工程建设过程的实际情况。所谓完整性是指建设过程应有及时完整有效的记录。所谓历史性是指对未来有可靠和重要的参考价值。验收时所需提供资料与备查资料的区别主要是，备查资料是原始的且数量有限不可再制，提供资料是对原始资料的归纳和建立在实践基础上的经验总结。

三、水利水电工程验收监督管理的基本要求

根据《水利水电建设工程验收规程》(SL 223—2008)，有关验收监督管理的基本要求：

1. 水利部负责全国水利工程建设项目验收的监督管理工作。水利部所属流域管理机构(以下简称流域管理机构)按照水利部授权，负责流域内水利工程建设项目验收的监督管理工作。县级以上地方人民政府水行政主管部门按照规定权限负责本行政区域内水利工程建设项目验收的监督管理工作。

2. 法人验收监督管理机关应对工程的法人验收工作实施监督管理。

由水行政主管部门或者流域管理机构组建项目法人的，该水行政主管部门或者流域管

理机构是本工程的法人验收监督管理机关；由地方人民政府组建项目法人的，该地方人民政府水行政主管部门是本工程的法人验收监督管理机关。

3. 工程验收监督管理的方式应包括现场检查、参加验收活动、对验收工作计划与验收成果性文件进行备案等。工程验收监督管理应包括以下主要内容：

(1) 验收工作是否及时；

(2) 验收条件是否具备；

(3) 验收人员组成是否符合规定；

(4) 验收程序是否规范；

(5) 验收资料是否齐全；

(6) 验收结论是否明确。

4. 当发现工程验收不符合有关规定时，验收监督管理机关应及时要求验收主持单位予以纠正，必要时可要求暂停验收或重新验收并同时报告竣工验收主持单位。

5. 项目法人应在开工报告批准后60个工作日内，制定法人验收工作计划，报法人验收监督管理机关备案。当工程建设计划进行调整时，法人验收工作计划也应相应地进行调整并重新备案。

6. 法人验收过程中发现的技术性问题原则上应按合同约定进行处理。合同约定不明确的，应按国家或行业技术标准规定处理。当国家或行业技术标准暂无规定时，应由法人验收监督管理机关负责协调解决。

第二节　水利水电工程分部工程验收的要求

根据《水利水电建设工程验收规程》(SL 223—2008)，水利水电分部工程验收的基本要求是：

1. 分部工程验收应由项目法人(或委托监理单位)主持。验收工作组应由项目法人、勘测、设计、监理、施工、主要设备制造(供应)商等单位的代表组成。运行管理单位可根据具体情况决定是否参加。质量监督机构宜派代表列席大型枢纽工程主要建筑物的分部工程验收会议。

2. 大型工程分部工程验收工作组成员应具有中级及其以上技术职称或相应执业资格；其他工程的验收工作组成员应具有相应的专业知识或执业资格。参加分部工程验收的每个单位代表人数不宜超过2名。

3. 分部工程具备验收条件时，施工单位应向项目法人提交验收申请报告。项目法人应在收到验收申请报告之日起10个工作日内决定是否同意进行验收。

4. 分部工程验收应具备以下条件：

(1) 所有单元工程已完成；

(2) 已完单元工程施工质量经评定全部合格，有关质量缺陷已处理完毕或有监理机构批准的处理意见；

(3) 合同约定的其他条件。

5. 分部工程验收工作包括以下主要内容：

(1) 检查工程是否达到设计标准或合同约定标准的要求；

(2) 评定工程施工质量等级；

(3) 对验收中发现的问题提出处理意见。

6. 项目法人应在分部工程验收通过之日后10个工作日内，将验收质量结论和相关资料报质量监督机构核备。大型枢纽工程主要建筑物分部工程的验收质量结论应报质量监督机构核定。质量监督机构应在收到验收质量结论之日后20个工作日内，将核备(定)意见书面反馈项目法人。当质量监督机构对验收质量结论有异议时，项目法人应组织参加验收单位进一步研究，并将研究意见报质量监督机构。当双方对质量结论仍然有分歧意见时，应报上一级质量监督机构协调解决。

7. 分部工程验收遗留问题处理情况应有书面记录并有相关责任单位代表签字，书面记录应随分部工程验收鉴定书一并归档。

8. 分部工程验收的成果性文件是分部工程验收鉴定书。正本数量可按参加验收单位、质量和安全监督机构各一份以及归档所需要的份数确定。自验收鉴定书通过之日起30个工作日内，由项目法人发送有关单位，并报送法人验收监督管理机关备案。

9. 根据《水利水电建设工程验收规程》(SL 223—2008)，“分部工程验收鉴定书”的主要内容及填写注意事项如下：

(1) 开工完工日期，系指本分部工程开工及完工日期，具体到日。

(2) 质量事故及缺陷处理，达不到《水利工程质量事故处理暂行规定》(水利部第9号令)所规定分类标准下限的，均为质量缺陷。对于质量事故的处理程序应符合第9号令，对于质量缺陷按有关规范及合同进行处理。需说明本分部工程是否存在上述问题，如果存在是如何处理的。

(3) 拟验工程质量评定，主要填写本分部单元工程个数、主要单元工程个数、单元工程合格数和优良数以及优良品率，并应按《水利水电工程施工质量检验与评定规程》(SL 176—2007)和《堤防工程施工质量评定与验收规程(试行)》(SL 239—1999)的要求进行质量评定。工程质量指标，主要填写有关质量方面设计指标(或规范要求的指标)，施工单位自检统计结果，监理单位抽检统计结果，以及各指标之间的对比情况。

(4) 存在问题及处理意见：主要填写有关本分部工程质量方面是否存在问题，以及如何处理，处理意见应明确存在问题的处理责任单位，完成期限以及应达到的质量标准。存在问题处理后的验收责任单位。

(5) 验收结论，系填写验收的简单过程(包括验收日期、质量评定依据)和结论性意见。

(6) 保留意见，系填写对验收结论的不同意见以及需特别说明与该分部工程验收有关的问题，并需持保留意见的人签字。

第三节　水利水电工程单位工程验收的要求

根据《水利水电建设工程验收规程》(SL 223—2008)，水利水电单位工程验收的基本要求是：

一、验收的组织

1. 工程验收应由项目法人主持。验收工作组应由项目法人、勘测、设计、监理、施工、主要设备制造(供应)商、运行管理等单位的代表组成。必要时，可邀请上述单位以外的专家参加。单位工程验收工作组成员应具有中级及其以上技术职称或相应执业资格，每个单位代表人数不宜超过3名。

2. 单位工程完工并具备验收条件时，施工单位应向项目法人提出验收申请报告。项目法人应在收到验收申请报告之日起10个工作日内决定是否同意进行验收。

3. 项目法人组织单位工程验收时，应提前10个工作日通知质量和安全监督机构。主要建筑物单位工程验收应通知法人验收监督管理机关。法人验收监督管理机关可视情况决定是否列席验收会议，质量和安全监督机构应派员列席验收会议。

4. 需要提前投入使用的单位工程应进行单位工程投入使用验收。单位工程投入使用验收应由项目法人主持，根据工程具体情况，经竣工验收主持单位同意，单位工程投入使用验收也可由竣工验收主持单位或其委托的单位主持。

二、验收的条件

单位工程验收应具备以下条件：

1. 所有分部工程已完建并验收合格。

2. 分部工程验收遗留问题已处理完毕并通过验收，未处理的遗留问题不影响单位工程质量评定并有处理意见。

3. 合同约定的其他条件。

4. 单位工程投入使用验收除应满足以上条件外，还应满足以下条件：

(1) 工程投入使用后，不影响其他工程正常施工，且其他工程施工不影响该单位工程安全运行；

(2) 已经初步具备运行管理条件，需移交运行管理单位的，项目法人与运行管理单位已签订提前使用协议书。

三、验收的主要工作

单位工程验收工作包括以下主要内容：

1. 检查工程是否按批准的设计内容完成。

2. 评定工程施工质量等级。

3. 检查分部工程验收遗留问题处理情况及相关记录。

4. 对验收中发现的问题提出处理意见。

5. 单位工程投入使用验收除完成以上工作内容外，还应对工程是否具备按全运行条件进行检查。

四、验收工作程序

单位工程验收应按以下程序进行。

1. 工程参建单位工程建设有关情况的汇报。

2. 现场检查工程完成情况和工程质量。

3. 检查分部工程验收有关文件及相关档案资料。

4. 讨论并通过单位工程验收鉴定书。

五、验收工作的成果

单位工程验收的成果性文件是单位工程验收鉴定书。项目法人应在单位工程验收通过之日起10个工作日内，将验收质量结论和相关资料报质量监督机构核定。质量监督机构应在收到验收质量结论之日起20个工作日内，将核定意见反馈给项目法人。当质量监督机构对验收质量结论有异议时，应按分部工程验收的有关规定执行。

单位工程验收鉴定书正本数量可按参加验收单位、质量和安全监督机构、法人验收监督管理机关各一份以及归档所需要的份数确定。自验收鉴定书通过之日起30个工作日内，由项目法人发送有关单位并报法人验收监督管理机关备案。

第四节 水利工程阶段验收的要求

根据工程建设需要，当工程建设达到一定关键阶段时(如截流、水库蓄水、机组启动、输水工程通水等)，应进行阶段验收。阶段验收原则上应根据工程建设的需要。阶段验收与分部工程验收的不同点在于：每个分部工程内的单元工程完成后，即应进行该分部工程验收，因此，分部工程验收是工程建设过程中经常性的工作。工程阶段验收时，对于工程的单元和分部工程完成情况并没有具体条件要求，主要是根据工程建设的实际需要来确定是否进行阶段验收。根据《水利水电建设工程验收规程》(SL 223—2008)，阶段验收的基本要求是：

一、验收的组织

1. 阶段验收应包括枢纽工程导(截)流验收、水库下闸蓄水验收、引(调)排水工程通水验收、水电站(泵站)首(末)台机组启动验收、部分工程投入使用验收以及竣工验收主持单位根据工程建设需要增加的其他验收。

2. 阶段验收应由竣工验收主持单位或其委托的单位主持。阶段验收委员会应由验收主持单位、质量和安全监督机构、运行管理单位的代表以及有关专家组成；必要时，可邀请地方人民政府以及有关部门参加。工程参建单位应派代表参加阶段验收，并作为被验收单位在验收鉴定书上签字。

3. 工程建设具备阶段验收条件时，项目法人应向竣工验收主持单位提出阶段验收申请报告。竣工验收主持单位应自收到申请报告之日起20个工作日内决定是否同意进行阶段验收。

二、验收的主要工作

阶段验收工作包括以下主要内容：

1. 检查已完工程的形象面貌和工程质量。
2. 检查在建工程的建设情况。
3. 检查后续工程的计划安排和主要技术措施落实情况，以及是否具备施工条件。
4. 检查拟投入使用工程是否具备运行条件。
5. 检查历次验收遗留问题的处理情况。

6. 鉴定已完工程施工质量。

7. 对验收中发现的问题提出处理意见。

8. 讨论并通过阶段验收鉴定书。

9. 大型工程在阶段验收前，验收主持单位根据工程建设需要预验收。可成立专家组先进行技术预验收，技术预验收工作可参照规程的有关规定进行。

三、验收的工作程序及成果

1. 阶段验收的工作程序可参照竣工验收的规定进行。

2. 阶段验收的成果性文件是阶段验收鉴定书。数量按参加验收单位、法人验收监督机关、质量和安全监督机构各1份以及归档所需要的份数确定。自验收鉴定书通过之日起30个工作日内，由验收主持单位发送有关单位。

四、枢纽工程导(截)流验收

1. 枢纽工程导(截)流前，应进行导(截)流验收。

2. 导(截)流验收应具备以下条件：

(1) 导流工程已基本完成，具备过流条件，投入使用(包括采取措施后)不影响其他未验收工程继续施工；

(2) 满足截流要求的水下隐蔽工程已完成；

(3) 截流设计已获批准，截流方案已编制完成，并做好各项准备工作；

(4) 工程度汛方案已经有管辖权的防汛指挥部门批准，相关措施已落实；

(5) 截流后壅高水位以下的移民搬迁安置和库底清理已完成并通过验收；

(6) 有航运功能的河道，碍航问题已得到解决。

3. 导(截)流验收工作包括以下主要内容：

(1) 检查已完水下工程、隐蔽工程、导(截)流工程是否满足导(截)流要求；

(2) 检查建设征地、移民搬迁安置和库底清理完成情况；

(3) 审查导(截)流方案，检查导(截)流措施和准备工作落实情况；

(4) 检查为解决碍航等问题而采取的工程措施落实情况；

(5) 鉴定与截流有关已完工程施工质量；

(6) 对验收中发现的问题提出处理意见；

(7) 讨论并通过阶段验收鉴定书。

4. 工程分期导(截)流时，应分期进行导(截)流验收。

五、水库下闸蓄水验收

1. 水库下闸蓄水前，应进行下闸蓄水验收。

2. 下闸蓄水验收应具备以下条件：

(1) 挡水建筑物满足蓄水位的要求；

(2) 蓄水淹没范围内的移民搬迁安置和库底清理已完成并通过验收；

(3) 蓄水后需要投入使用的泄水建筑物已基本完成，具备过流条件；

(4) 有关观测仪器、设备已按设计要求安装和调试，并已测得初始值和施工期观测值；

(5) 蓄水后未完工程的建设计划和施工措施已落实；

(6) 蓄水安全鉴定报告已提交；

(7) 蓄水后可能影响工程安全运行的问题已处理，有关重大技术问题已有结论；

(8) 蓄水计划、导流洞封堵方案等已编制完成，并做好各项准备工作；

(9) 年度度汛方案(包括调度运用方案)已经有管辖权的防汛指挥部门批准，相关措施已落实。

3. 下闸蓄水验收工作包括以下主要内容：

(1) 检查已完工程是否满足蓄水要求；

(2) 检查建设征地、移民搬迁安置和库区清理完成情况；

(3) 检查近坝库岸处理情况；

(4) 检查蓄水准备工作落实情况；

(5) 鉴定与蓄水有关的已完工程施工质量；

(6) 对验收中发现的问题提出处理意见；

(7) 讨论并通过阶段验收鉴定书。

4. 工程分期蓄水时，宜分期进行下闸蓄水验收。

5. 拦河水闸工程可根据工程规模、重要性，由竣工验收主持单位决定是否组织蓄水(挡水)验收。

六、引(调)排水工程通水验收

1. 引(调)排水工程通水前，应进行通水验收。

2. 通水验收应具备以下条件：

(1) 引(调)排水建筑物的形象面貌满足通水的要求；

(2) 通水后未完工程的建设计划和施工措施已落实；

(3) 引(调)排水位以下的移民搬迁安置和障碍物清理已完成并通过验收；

(4) 引(调)排水的调度运用方案已编制完成；度汛方案已得到有管辖权的防汛指挥部门批准，相关措施已落实。

3. 通水验收工作包括以下主要内容：

(1) 检查已完工程是否满足通水的要求；

(2) 检查建设征地、移民搬迁安置和清障完成情况；

(3) 检查通水准备工作落实情况；

(4) 鉴定与通水有关的工程施工质量；

(5) 对验收中发现的问题提出处理意见；

(6) 讨论并通过阶段验收鉴定书。

4. 工程分期(或分段)通水时，应分期(或分段)进行通水验收。

七、水电站(泵站)机组启动验收

1. 水电站(泵站)每台机组投入运行前，应进行机组启动验收。

2. 首(末)台机组启动验收应由竣工验收主持单位或其委托单位组织的机组启动验收

委员会负责；中间机组启动验收应由项目法人组织的机组启动验收工作组负责。验收委员会CE作组)应有所在地区电力部门的代表参加。

根据机组规模情况，竣工验收主持单位也可委托项目法人主持首(末)台机组启动验收。

3. 机组启动验收前，项目法人应组织成立机组启动试运行工作组开展机组启动试运行工作。首(末)台机组启动试运行前，项目法人应将试运行工作安排报验收主持单位备案，必要时，验收主持单位可派专家到现场收集有关资料，指导项目法人进行机组启动试运行工作。

4. 机组启动试运行工作组应主要进行以下工作：

(1) 审查批准施工单位编制的机组启动试运行试验文件和机组启动试运行操作规程等；

(2) 检查机组及相应附属设备安装、调试、试验以及分部试运行情况，决定是否进行充水试验和空载试运行；

(3) 检查机组充水试验和空载试运行情况；

(4) 检查机组带主变压器与高压配电装置试验和并列及负荷试验情况，决定是否进行机组带负荷连续运行；

(5) 检查机组带负荷连续运行情况；

(6) 检查带负荷连续运行结束后消除缺陷处理情况；

(7) 审查施工单位编写的机组带负荷连续运行情况报告。

5. 机纽带负荷连续运行应符合以下要求：

(1) 水电站机组带额定负荷连续运行时间为72h；泵站机组带额定负荷连续运行时间为24h或7d内累计运行时间为48h，包括机组无故障停机次数不少于3次；

(2) 受水位或水量限制无法满足上述要求时，经过项目法人组织论证并提出专门报告，报验收主持单位批准后，可适当降低机组启动运行负荷以及减少连续运行的时间。

6. 首(末)台机组启动验收前，验收主持单位应组织进行技术预验收，技术预验收应在机组启动试运行完成后进行。技术预验收应具备以下条件：

(1) 与机组启动运行有关的建筑物基本完成，满足机组启动运行要求；

(2) 与机组启动运行有关的金属结构及启闭设备安装完成，并经过调试合格，可满足机组启动运行要求；

(3) 过水建筑物已具备过水条件，满足机组启动运行要求；

(4) 压力容器、压力管道以及消防系统等已通过有关主管部门的检测或验收；

(5) 机组、附属设备以及油、水、气等辅助设备安装完成，经调试合格并经分部试运转，满足机组启动运行要求；

(6) 必要的输配电设备安装调试完成，并通过电力部门组织的安全性评价或验收，送(供)电准备工作已就绪，通信系统满足机组启动运行要求；

(7) 机组启动运行的测量、监测、控制和保护等电气设备已安装完成并调试合格；

(8) 有关机组启动运行的安全防护措施已落实，并准备就绪；

(9) 按设计要求配备的仪器、仪表、工具及其他机电设备已能满足机组启动运行的需要；

(10) 机组启动运行操作规程已编制，并得到批准；

(11) 水库水位控制与发电水位调度计划已编制完成，并得到相关部门的批准；

(12) 运行管理人员的配备可满足机组启动运行的要求；

(13) 水位和引水量满足机组启动运行最低要求；

(14) 机组按要求完成带负荷连续运行。

7. 技术预验收工作包括以下主要内容：

(1) 听取有关建设、设计、监理、施工和试运行情况报告；

(2) 检查评价机组及其辅助设备质量、有关工程施工安装质量；检查试运行情况和消除缺陷处理情况；

(3) 对验收中发现的问题提出处理意见；

(4) 讨论形成机组启动技术预验收工作报告。

8. (末)台机组启动验收应具备以下条件：

(1) 技术预验收工作报告已提交；

(2) 技术预验收工作报告中提出的遗留问题已处理。

9. 首(末)台机组启动验收应包括以下主要内容：

(1) 听取工程建设管理报告和技术预验收工作报告；

(2) 检查机组和有关工程施工和设备安装以及运行情况；

(3) 鉴定工程施工质量；

(4) 讨论并通过机组启动验收鉴定书。

10. 中间机组启动验收可参照首(末)台机组启动验收的要求进行。

11. 机组启动验收的成果性文件是机组启动验收鉴定书，与阶段验收鉴定书的内容有所不同。机组启动验收鉴定书是机组交接和投入使用运行的依据。

八、部分工程投入使用验收

1. 项目施工工期因故拖延，并预期完成计划不确定的工程项目，部分已完成工程需要投入使用的，应进行部分工程投入使用验收。

2. 在部分工程投入使用验收申请报告中，应包含项目施工工期拖延的原因、预期完成计划的有关情况和部分已完成工程提前投入使用的理由等内容。

3. 部分工程投入使用验收应具备以下条件：

(1) 拟投入使用工程已按批准设计文件规定的内容完成并已通过相应的法人验收；

(2) 拟投入使用工程已具备运行管理条件；

(3) 工程投入使用后，不影响其他工程正常施工，且其他工程施工不影响部分工程安全运行(包括采取防护措施)；

(4) 项目法人与运行管理单位已签订部分工程提前使用协议；

(5) 工程调度运行方案已编制完成。度汛方案已经有管辖权的防汛指挥部门批准，相关措施已落实。

4. 部分工程投入使用验收工作包括以下主要内容：

(1) 检查拟投入使用工程是否已按批准设计完成；

(2) 检查工程是否已具备正常运行条件；

(3) 鉴定工程施工质量；

(4) 检查工程的调度运用、度汛方案落实情况；

(5) 对验收中发现的问题提出处理意见；

(6) 讨论并通过部分工程投入使用验收鉴定书。

5. 部分工程投入使用验收的成果性文件是部分工程投入使用验收鉴定书，与阶段验收鉴定书的内容有所不同；部分工程投入使用验收鉴定书是部分工程投入使用运行的依据，也是施工单位向项目法人交接和项目法人向运行管理单位移交的依据。

6. 提前投入使用的部分工程如有单独的初步设计，可组织进行单项工程竣工验收，验收工作参照竣工验收的有关规定进行。

第五节 掌握水利工程竣工验收的要求

根据《水利水电建设工程验收规程》(SL 223—2008)，竣工验收应在工程建设项目全部完成并满足一定运行条件后1年内进行。不能按期进行竣工验收的，经竣工验收主持单位同意，可适当延长期限，但最长不得超过6个月。一定运行条件是指：

1. 泵站工程经过一个排水或抽水期；

2. 河道疏浚工程完成后；

3. 其他工程经过6个月(经过一个汛期)至12个月。

一、验收的组织

1. 工程具备验收条件时，项目法人应向竣工验收主持单位提出竣工验收申请报告。竣工验收申请报告应经法人验收监督管理机关审查后报竣工验收主持单位，竣工验收主持单位应自收到申请报告后20个工作日内决定是否同意进行竣工验收。

2. 工程未能按期进行竣工验收的，项目法人应提前30个工作日向竣工验收主持单位提出延期竣工验收专题申请报告。申请报告应包括延期竣工验收的主要原因及计划延长的时间等内容。

3. 项目法人编制完成竣工财务决算后，应报送竣工验收主持单位财务部门进行审查和审计部门进行竣工审计。审计部门应出具竣工审计意见。项目法人应对审计意见中提出的问题进行整改并提交整改报告。

二、竣工验收的条件

1. 竣工验收分为竣工技术预验收和竣工验收两个阶段。

2. 大型水利工程在竣工技术预验收前，应按照有关规定进行竣工验收技术鉴定。中型水利工程，竣工验收主持单位可以根据需要决定是否进行竣工验收技术鉴定。

3. 竣工验收应具备以下条件：

(1) 工程已按批准设计全部完成；

(2) 工程重大设计变更已经有审批权的单位批准；

(3) 各单位工程能正常运行；

(4) 历次验收所发现的问题已基本处理完毕；

(5) 各专项验收已通过；

(6) 工程投资已全部到位；

(7) 竣工财务决算已通过竣工审计，审计意见中提出的问题已整改并提交了整改报告；

(8) 运行管理单位已明确，管理养护经费已基本落实；

(9) 质量和安全监督工作报告已提交，工程质量达到合格标准；

(10) 竣工验收资料已准备就绪。

4. 工程有少量建设内容未完成，但不影响工程正常运行，且能符合财务有关规定，项目法人已对尾工做出安排的，经竣工验收主持单位同意，可进行竣工验收。

三、竣工验收的程序

1. 申请竣工验收前，项目法人应组织竣工验收自查。自查工作由项目法人主持，参加。

2. 竣工验收自查应包括以下主要内容：

(1) 检查有关单位的工作报告；

(2) 检查工程建设情况，评定工程项目施工质量等级；

(3) 检查历次验收、专项验收的遗留问题和工程初期运行所发现问题的处理情况；

(4) 确定工程尾工内容及其完成期限和责任单位；

(5) 对竣工验收前应完成的工作做出安排；

(6) 讨论并通过竣工验收自查工作报告。

3. 项目法人组织工程竣工验收自查前，应提前 10 个工作日通知质量和安全监督机构，同时向法人验收监督管理机关报告。质量和安全监督机构应派员列席自查工作会议。

4. 项目法人应在完成竣工验收自查工作之日起 10 个工作日内，将自查的工程项目质量结论和相关资料报质量监督机构核备。

5. 竣工验收自查的成果性文件是竣工验收自查工作报告。参加竣工验收自查的人员应在自查工作报告上签字。项目法人应自竣工验收自查工作报告通过之日起 30 个工作日内，将自查报告报法人验收监督管理机关。

四、竣工验收自查

1. 申请竣工验收前，项目法人应组织竣工验收自查：自查工作由项目法人主持，勘测、设计、监理、施工、主要设备制造(供应)商以及运行管理等单位的代表参加。

2. 竣工验收自查应包括以下主要内容：

(1) 检查有关单位的工作报告；

(2) 检查工程建设情况，评定工程项目施工质量等级；

(3) 检查历次验收、专项验收的遗留问题和工程初期运行所发现问题的处理情况；

(4) 确定工程尾工内容及其完成期限和责任单位；

(5) 对竣工验收前应完成的工作做出安排；

(6) 讨论并通过竣工验收自查工作报告。

3. 项目法人组织工程竣工验收自查前，应提前 10 个工作日通知质量和安全监督机构，同时向法人验收监督管理机关报告。质量和安全监督机构应派员列席自查工作会议。

4. 项目法人应在完成竣工验收自查工作之日起 10 个工作日内，将自查的工程项目质量结论和相关资料报质量监督机构核备。

5. 竣工验收自查的成果性文件是竣工验收自查工作报告。参加竣工验收自查的人员应在自查工作报告上签字。项目法人应自竣工验收自查工作报告通过之日起 30 个工作日内，将自查报告报法人验收监督管理机关。

五、工程质量抽样检测

1. 根据竣工验收的需要，竣工验收主持单位可以委托具有相应资质的工程质量检测单位对工程质量进行抽样检测。项目法人应与工程质量检测单位签订工程质量检测合同。检测所需费用由项目法人列支，质量不合格工程所发生的检测费用由责任单位承担。

2. 工程质量检测单位不应与参与工程建设的项目法人、设计、监理、施工、设备制造(供应)商等单位隶属同一经营实体。

3. 根据竣工验收主持单位的要求和项目的具体情况，项目法人应负责提出工程质量抽样检测的项目、内容和数量，经质量监督机构审核后报竣工验收主持单位核定。

4. 工程质量检测单位应按照有关技术标准对工程进行质量检测，按合同要求及时提出质量检测报告并对检测结论负责。项目法人应自收到检测报告 10 个工作日内将检测报告报竣工验收主持单位。

5. 对抽样检测中发现的质量问题，项目法人应及时组织有关单位研究处理。在影响工程安全运行以及使用功能的质量问题未处理完毕前，不应进行竣工验收。

六、竣工技术预验收

1. 竣工技术预验收应由竣工验收主持单位组织的专家组负责。技术预验收专家组成员应具有高级技术职称或相应执业资格，2/3 以上成员应来自工程非参建单位。工程参建单位的代表应参加技术预验收，负责回答专家组提出的问题。

2. 竣工技术预验收专家组可下设专业工作组，并在各专业工作组检查意见的基础上形成竣工技术预验收工作报告。

3. 竣工技术预验收工作包括以下主要内容：

(1) 检查工程是否按批准的设计完成；

(2) 检查工程是否存在质量隐患和影响工程安全运行的问题；

(3) 检查历次验收、专项验收的遗留问题和工程初期运行中所发现问题的处理情况；

(4) 对工程重大技术问题做出评价；

(5) 检查工程尾工安排情况；

(6) 鉴定工程施工质量；

(7) 检查工程投资、财务情况；

(8) 对验收中发现的问题提出处理意见。

4. 竣工技术预验收应按以下程序进行：

(1) 现场检查工程建设情况并查阅有关工程建设资料；

（2）听取项目法人、设计、监理、施工、质量和安全监督机构、运行管理等单位工作报告；

（3）听取竣工验收技术鉴定报告和工程质量抽样检测报告；

（4）专业工作组讨论并形成各专业工作组意见；

（5）讨论并通过竣工技术预验收工作报告；

（6）讨论并形成竣工验收鉴定书初稿。

5. 竣工技术预验收的成果性文件是竣工技术预验收工作报告，竣工技术预验收工作报告是竣工验收鉴定书的附件。

七、竣工验收会议

1. 竣工验收委员会可设主任委员 1 名，副主任委员以及委员若干名，主任委员应由验收主持单位代表担任。竣工验收委员会应由竣工验收主持单位、有关地方人民政府和部门、有关水行政主管部门和流域管理机构、质量和安全监督机构、运行管理单位的代表以及有关专家组成。工程投资方代表可参加竣工验收委员会。

2. 项目法人、勘测、设计、监理、施工和主要设备制造（供应）商等单位应派代表参加竣工验收，负责解答验收委员会提出的问题，并应作为被验收单位代表在验收鉴定书上签字。

3. 验收会议应包括以下主要内容和程序：

（1）现场检查工程建设情况及查阅有关资料；

（2）召开大会：

① 宣布验收委员会组成人员名单；

② 观看工程建设声像资料；

③ 听取工程建设管理工作报告；

④ 听取竣工技术预验收工作报告；

⑤ 听取验收委员会确定的其他报告；

⑥ 讨论并通过竣工验收鉴定书；

⑦ 验收委员会委员和被验收单位代表在竣工验收鉴定书上签字。

4. 工程项目质量达到合格以上等级的，竣工验收的质量结论意见应为合格。

5. 竣工验收会议的成果性文件是竣工验收鉴定书。数量应按验收委员会组成单位、工程主要参建单位各 1 份以及归档所需要份数确定。自鉴定书通过之日起 30 个工作日内，应由竣工验收主持单位发送有关单位。

八、工程移交及遗留问题处理

1. 工程交接手续

（1）通过合同工程完工验收或投入使用验收后，项目法人与施工单位应在 30 个工作日内组织专人负责工程的交接工作，交接过程应有完整的文字记录并有双方交接负责人签字。

（2）项目法人与施工单位应在施工合同或验收鉴定书约定的时间内完成工程及其档案资料的交接工作。

（3）工程办理具体交接手续的同时，施工单位应向项目法人递交单位法定代表人签字的工程质量保修书，保修书的内容应符合合同约定的条件。保修书的主要内容有：

① 合同工程完工验收情况；

② 质量保修的范围和内容；

③ 质量保修期；

④ 质量保修责任；

⑤ 质量保修费用；

⑥ 其他。

(4) 工程质量保修期应从工程通过合同工程完工验收后开始计算，但合同另有约定的除外。

(5) 在施工单位递交了工程质量保修书、完成施工场地清理以及提交有关竣工资料后，项目法人应在30个工作日内向施工单位颁发经单位法定代表人签字的合同工程完工证书。

2. 工程移交手续

(1) 工程通过投入使用验收后，项目法人宜及时将工程移交运行管理单位管理，并与其签订工程提前启用协议。

(2) 在竣工验收鉴定书印发后60个工作日内，项目法人与运行管理单位应完成工程移交手续。

(3) 工程移交应包括工程实体、其他固定资产和工程档案资料等，应按照初步设计等。有关批准文件进行逐项清点，并办理移交手续。办理工程移交，应有完整的文字记录和双方法定代表人签字。

九、验收遗留问题及尾工处理

1. 有关验收成果性文件应对验收遗留问题有明确的记载。影响工程正常运行的，不应作为验收遗留问题处理。

2. 收遗留问题和尾工的处理应由项目法人负责。项目法人应按照竣工验收签订书、合同约定等要求，督促有关责任单位完成处理工作。

3. 验收遗留问题和尾工处理完成后，有关单位应组织验收，并形成验收成果性文件。项目法人应参加验收并负责将验收成果性文件报竣工验收主持单位。

4. 工程竣工验收后，应由项目法人负责处理的验收遗留问题，项目法人已撤销的，应由组建或批准组建项目法人的单位或其指定的单位处理完成。

十、工程竣工证书颁发

1. 工程质量保修期满后30个工作日内，项目法人应向施工单位颁发工程质量保修责任终止证书。但保修责任范围内的质量缺陷未处理完成的应除外。

2. 工程质量保修期满以及验收遗留问题和尾工处理完成后，项目法人应向工程竣工验收主持单位申请领取竣工证书。申请报告应包括以下内容：

(1) 工程移交情况；

(2) 工程运行管理情况；

(3) 验收遗留问题和尾工处理情况；

（4）工程质量保修期有关情况。

3. 竣工验收主持单位应自收到项目法人申请报告后30个工作日内决定是否颁发工程竣工证书，包括正本和副本。颁发竣工证书应符合以下条件：

（1）竣工验收鉴定书已印发；

（2）工程遗留问题和尾工处理已完成并通过验收；

（3）工程已全面移交运行管理单位管理。

4. 工程竣工证书是项目法人全面完成工程项目建设管理任务的证书，也是工程参建单位完成相应工程建设任务的最终证明文件。

5. 工程竣工证书数量应按正本3份和副本若干份颁发，正本应由项目法人、运行管理单位和档案部门保存，副本应由工程主要参建单位保存。

第六节　小水电站工程验收的要求

为加强小型水电站工程建设的验收管理，促使其早日发挥效益，为运行管理创造条件，水利部以水科技(1996)421号批准发布《小型水电站建设工程验收规程》(SL 168—96)，自1996年12月1日起施行。

该验收规程适用于总装机容量25MW及以下、0.5MW及以下：各种所有制的小型水电站建设工程(以下简称小水电工程)的验收。综合利用水利枢纽中的小水电工程部分，按规程的要求进行验收。小水电工程的水利枢纽工程如属大、中型，应按大中型枢纽工程的有关规程单独进行验收。0.5MW以下的小水电工程验收可由省、自治区、直辖市行政主管部门进行适当简化后执行。

一、小型水电站工程验收的分类及总体基本要求

（一）小水电工程验收的依据

验收工作的依据包括国家和行业的规程规范；已批准的设计文件；上级主管部门有关文件；设计变更通知单、修改文件；施工图纸及说明；设备技术说明书；合同文件等。

（二）小水电工程验收的主要内容

1. 检查待验项目已完成的工程是否符合批准的设计文件要求。

2. 检查工程设计、施工、设备制造和安装有无缺陷。

3. 检查机组启动、工程投产条件及生产管理单位必须的生产手段是否具备。

4. 审定工程质量等级、竣工决算、核定固定资产、办理工程交接手续。

5. 对工程的缺陷和遗留问题提出处理意见。

6. 通过阶段(中间)验收、机组启动验收、竣工验收鉴定书。

（三）小水电工程验收的分类

小水电工程验收工作分为阶段(中间)验收、机组启动验收和竣工验收。

二、阶段(中间)验收的基本要求

（一）阶段(中间)验收的分类

小水电工程施工达到一定的关键阶段时应进行阶段(中间)验收。阶段(中间)验收主

要有：

1. 工程截流前的验收。

2. 重要隐蔽工程和基础处理完毕的验收。

3. 水库(拦河闸坝)蓄水前的验收。

4. 对已经完成并可单独形成生产能力的单位工程(水库、大坝、拦河蓄洪闸、输水建筑物通水)的验收。

5. 工程停、缓建或施工单位变更，对已完成部分进行验收。

(二) 阶段(中间)验收检查的重点

阶段(中间)验收对已完工程重点检查其质量；对在建工程重点检查其过水影响；对待建工程重点检查其施工条件。

三、机组启动验收的基本要求

(一) 机组启动验收的时机

小水电工程的每一台机组及其附属设备安装完毕，并具备生产条件后，必须进行机组启动验收。确认合格后，方可移交或委托生产单位试生产。

(二) 机组启动验收的组织

机组启动验收工作，由机组启动验收小组负责进行。

第二台机组及以后机组的启动验收，可委托试运行指挥组和验收交接组负责进行验收过程中的问题和情况，随时向启动验收小组报告。

小水电工程最后一台机组的启动验收，仍由启动验收小组主持进行。

(三) 机组启动试运行

1. 机组启动试验程序：机组启动试运行前应由试验人员编制启动试验程序，经启动验收小组批准后执行。机组启动试验程序包括：

(1) 在机组启动前，对引水系统，水轮机和调速系统，发电机和励磁系统，油、水、气系统以及发电机通风冷却系统，机电设备，测量表计，继电保护及自动装置，操作控制回路等进行检查、试验。

(2) 对引水设备、设施进行充水时和充水后的检查、试验。

(3) 机组第一次启动和空载运行时的检查、试验。

(4) 机组投入系统和带负荷时的检查、试验。

(5) 机组甩负荷试验。

2. 机组带额定负荷连续运行 72h 试验。如因负荷不足，或因特殊原因使机组不能达到额定出力时，启动验收小组可根据具体条件确定机组应带的最大负荷试验。

3. 经 72h 连续运行，一切正常，机组启动试运行即告完成。机组试运行指挥组应向启动验收小组报告试运行完成情况。

4. 机组带额定负荷(或最大负荷)连续 72h 运行结束后，经全面检查，确认可以安全试运行，由启动验收小组提出机组启动验收鉴定书。

(四) 机组试生产运行

1. 启动验收小组提出验收鉴定书后，应办理机组交接手续，由建设单位委托(或移交)生产单位管理、维护、进行试生产。

2. 在试生产期间，如发生设备、设施缺陷、障碍或事故时，应分清责任，由责任单位及时处理。

3. 小水电工程试生产期限为 6 个月至 4 年。试生产期满后才能办理工程竣工验收手续。

四、竣工验收的基本要求

（一）竣工初验的时机

当小水电工程全部完建，经试运行能正常投入生产时，必须进行竣工验收。分期建设工程每期完建后，应分别进行竣工验收。

（二）竣工初验的主要工作

小水电工程竣工验收前均应进行初验，10MW 及以上的小水电工程由项目主管部门主持，建设、监理、设计、施工、质量监督、主管部门和有关单位参加；10MW 以下的由建设单位自己组织，并邀请项目主管部门参加。

第七节 水力发电工程验收的要求

一、验收的总体要求

为了加强对水电工程验收工作的管理，国家发展和改革委员会办公厅颁发了《关于水电站基本建设工程验收管理有关事项的通知》（发改办能源［2003］1311 号）。水电工程验收包括工程截流验收、工程蓄水验收、水轮发电机组启动验收和工程竣工验收。水电工程各项验收应具备的条件、验收委员会的主要工作及有关要求按《水电站基本建设工程验收规程》（DL/T 5123—2000）执行。

1. 水电工程验收实行分级和分类验收制度。工程截流验收由项目法人会同省级政府主管部门共同组织工程截流验收委员会进行；工程蓄水验收由项目审批部门委托有资质单位与省级政府主管部门共同组织工程蓄水验收委员会进行；水轮发电机组启动验收由项目法人会同电网经营管理单位共同组织启动验收委员会进行；枢纽工程专项验收由项目审批部门委托有资质单位与省级政府主管部门组织工程专项验收委员会进行；库区移民专项验收由省级政府有关部门会同项目法人组织库区移民专项验收委员会进行；环保、消防、劳动安全与工业卫生、工程档案和工程决算验收由项目法人按有关法规办理；工程竣工验收由工程建设的审批部门负责；库区移民、环保、消防、劳动安全与工业卫生、工程档案和工程决算各专项验收完成的基础上，由项目法人向项目审批部门提出竣工验收申请报告，由项目审批部门组织竣工验收。

2. 水电工程安全鉴定是水电工程蓄水验收和枢纽工程专项验收的重要条件，也是确保工程安全的重要措施。工程安全鉴定由项目审批部门指定有资质单位负责。

3. 水电工程的各项验收由项目法人根据工程建设的进展情况适时提出验收建议，配合有关部门和单位组成验收委员会，并按验收委员会制定的验收大纲要求做好验收工程。

工程竣工验收在枢纽工程、库区移民、环保、消防、劳动安全与工业卫生、工程档案和工程决算分别进行专项验收的基础上进行。

4.《水电站基本建设工程验收规程》(DL/T 5123—2000)(国经贸电力［2000］1048号)由国家经贸委2000年11月3日批准并于2001年1月1日起实施，同时《水电站基本建设工程验收规程》(SDJ 275—88)在水电行业停止使用。《水电站基本建设工程验收规程》(DL/T 5123—2000)分为第一章范围、第二章引用标准、第三章总则、第四章工程截流验收、第五章工程蓄水验收、第六章机组启动验收、第七章单项工程竣工验收、第八章工程竣工验收以及附录等。

5. 根据《关于水电站基本建设工程验收管理有关事项的通知》以及《水电站基本建设工程验收规程》(DL/T 5123—2000)，水电工程必须及时进行验收，验收的目的是检查工程进度和质量，协调建设中存在的问题，以确保工程安全度汛和正常安全运行，发挥投资效益。水电工程在截流、下闸蓄水、机组启动时应进行阶段性验收，工程整体竣工时应进行竣工验收。能独立发挥效益且不影响工程运行安全的单项工程验收，不能与工程阶段性验收和竣工验收同步进行时，可单独进行竣工验收。

6. 根据《关于水电站基本建设工程验收管理有关事项的通知》以及《水电站基本建设工程验收规程》(DL/T 5123—2000)，水电工程验收的依据是批准的可行性研究设计文件及项目立项、开工文件，合同中明确采用的规程、规范、质量标准和技术文件。非水电专业的单项工程竣工验收。应遵循有关部门的验收法规进行。

验收过程中的争议，由验收委员会主任委员协调、裁决，并将验收委员会成员提出的涉及重大问题的保留意见列入备忘录，作为验收鉴定书(报告)的附件。主任委员裁决意见有半数以上委员反对或难以裁决的重大问题，应由验收委员会报请验收委员会主任委员单位或国家有关部门决定。重要技术问题可组织国内专家协助决策。

二、工程截流验收的基本要求

工程截流是指在枯水期截断河道主流，迫使河水从导流建筑物或预留的通道绕过基坑向下游宣泄。

工程截流验收由项目法人会同有关省级政府主管部门共同组织工程截流验收委员会进行，验收成果是工程截流验收鉴定书。

三、工程蓄水验收的基本要求

工程蓄水是指截断导流建筑物的水流，拦河大坝开始挡水，水库蓄水，标志着主体工程即将发挥效益。工程蓄水验收由项目审批部门委托有资质单位与省级政府主管部门共同组织工程蓄水验收委员会进行，工程蓄水前，应按原电力部《水电建设工程安全鉴定规定》(电综［1998］219号)进行工程安全鉴定。水电工程安全鉴定是水电工程蓄水验收和枢纽工程专项验收的重要条件，也是确保工程安全的重要措施。工程安全鉴定由项目审批部门指定有资质单位负责。

项目法人应在计划蓄水时间前9个月向有关部门报送蓄水验收申请报告。

工程蓄水验收的成果是工程蓄水验收鉴定书。验收鉴定书正本一式8份。

四、机组启动验收的基本要求

水电工程的每一台水轮发电机组及相应附属设备安装完毕后，在移交生产单位投入初期商业运行前，应进行机组启动试运行和验收。机组启动验收，由项目法人会同电网经营管理单位共同组织机组启动验收委员会进行。

机组启动验收的成果是在机组完成72h带负荷连续运行后提出机组启动验收鉴定书。验收鉴定书正本一式8份。

五、单项工程验收的基本要求

单项验收是指工程中的取水、通航、对外永久交通等单项工程，在工程竣工前已经建成，能独立发挥效益且需要提前投入运行的，或需要单独进行验收的，均应分别进行单项工程验收。个别单项工程延期建设或缓建，可在工程竣工验收后，待该单项工程建成时再进行单项工程竣工验收。

单项工程竣工验收由项目法人自行组织进行，必要时，会同有关部门或单位共同组织单项工程竣工验收委员会进行。验收成果是单项工程竣工验收鉴定书。

六、工程竣工验收的基本要求

枢纽工程和库区工程已按批准的设计文件全部建成，并经过一个洪水期的运行考验后，应进行工程竣工验收，竣工验收分专项进行。专项竣工验收指枢纽工程专项竣工验收、库区移民专项竣工验收以及环保、消防、劳动安全卫生、工程档案、工程竣工决算等专项验收。根据《关于水电站基本建设工程验收管理有关事项的通知》以及《水电站基本建设工程验收规程》(DL/T 5123—2000)，工程竣工验收的基本要求是：

(一) 枢纽工程专项竣工验收应具备的基本条件

1. 枢纽工程已按批准的设计规模、设计标准全部建成，质量符合合同文件规定的标准。

2. 施工单位在质量保证期内已及时完成剩余尾工和质量缺陷处理工作。

3. 工程运行已经过至少一个洪水期的考验，最高库水位已经达到或基本达到正常高水位，水轮发电机组已能按额定出力正常运行，各单项工程运行正常。

4. 工程安全鉴定单位已提出工程竣工安全鉴定报告，并有可以安全运行的结论意见。

5. 有关验收的文件、资料齐全。

(二) 枢纽工程专项验收的组织

枢纽工程专项验收由项目审批部门委托有资质单位与省级政府主管部门组织枢纽工程专项验收委员会进行，枢纽工程专项竣工验收的成果是枢纽工程专项竣工验收鉴定书。

库区移民专项验收由省级政府有关部门会同项目法人组织库区移民专项验收委员会进行，环保、消防、劳动安全与工业卫生、工程档案和工程决算验收由项目法人按有关法规办理。工程竣工验收由工程建设的审批部门负责。

各项验收(包括枢纽工程、库区移民、环保、消防、劳动安全与工业卫生、工程档案、工程竣工决算)工作完成后，项目法人对验收工作进行总结，提出工程竣工验收总结报告。

(三) 颁发工程竣工验收证书的条件

符合下列条件的工程，由国家有关部门向项目法人颁发工程竣工验收证书：

1. 已按规定完成各专项竣工验收的全部工作；

2. 各专项竣工验收的鉴定书均有明确的可以通过工程竣工验收的结论；

3. 遗留的单项工程不致对工程和上下游人民生命财产安全造成影响，并已制定该单项工程建设和竣工验收计划。

水电工程的各项验收由项目法人根据工程建设的进展情况适时提出验收建议，配合有关部门和单位组成验收委员会，并按验收委员会制定的验收大纲要求做好验收工程。工程竣工验收要在枢纽工程、库区移民、环保、消防、劳动安全与工业卫生、工程档案和工程决算各专项验收完成的基础上，由项目法人向项目审批部门提出竣工验收申请报告，由项目审批部门组织竣工验收。

第七章　水利工程施工监理

第一节　水利工程施工监理的主要工作方法和主要制度

一、水利工程建设项目施工监理的主要工作方法

根据《水利工程建设项目施工监理规范》(SL 288—2003)，水利工程建设项目施工监理的主要工作方法是：

1. 现场记录。监理机构完整记录每日各施工项目和部位的人员、设备和材料以及天气、施工环境以及施工中出现的各种情况。

2. 指令文件。监理机构采用通知单、指令、签证单、认可书、指示、证书等文件形式进行施工全过程的控制和管理。

3. 旁站。监理机构按照监理合同约定，在施工现场对工程项目的重要隐蔽工程、工程的隐蔽部位和关键部位的工序的施工，实施连续性的全过程检查与监督。

4. 巡视检验。监理机构对所监理的工程项目进行定期或不定期的检查、监督和管理。

5. 跟踪检测。在承包人进行自检前，监理机构应对其试验人员、仪器设备、程序、方法进行审核；在承包人检测时，进行全过程的监督，确认其程序、方法的有效性，检验结果的可信性，并对该结果签认。

6. 平行检测。监理机构在承包人自行检测的同时独立进行检测，以核验承包人的检测结果。

7. 协调。监理机构对参加工程建设各方的关系以及工程施工过程中出现的问题和争议进行调解解决。

二、水利工程建设项目施工监理的主要工作制度

根据《水利工程建设项目施工监理规范》(SL 288—2003)，水利工程建设项目施工监理的主要工作制度有：

1. 技术文件审核、审批制度。

2. 原材料、构配件、工程设备检验制度。

3. 工程质量检验制度。承包人每完成一道工序及一个单元工程，都必须经过自检合格后，方可报监理机构进行复核检验。上道工序及上一单元工程未经复核检验或复核检验不合格，禁止进行下道工序及下一单元工程施工。

4. 工程计量付款签证制度。

5. 会议制度。

6. 施工现场紧急情况报告制度。

7. 工作报告制度。

8. 工程验收制度。

第二节　水利工程施工实施阶段监理工作的内容

根据有关规范和规定，水利工程建设项目施工监理实施阶段监理工作的基本内容有：

一、开工条件的控制

包括签发进场通知、审批开工申请、签发工程开工令、分部工程开工通知等。

第一个单元工程在分部工程开工申请获批准后自行开工，后续单元工程凭监理机构签发的上一单元工程施工质量合格证明方可开工。监理机构应对承包人报送的混凝土浇筑开仓报审表进行审核。符合开仓条件后，方可签发。

二、工程质量控制

按照有关工程建设标准和强制性条文及施工合同约定，对所有施工质量活动及与质量活动相关的人员、材料、工程设备和施工设备、工法和环境进行监督和控制，按照事前审批、事中监督和事后检验等监理工作环节控制工程质量。

监理机构可采用跟踪检测、平行检测方法对承包人的检验结果进行复核。平行检测的检测数量，混凝土试样不应少于承包人检测数量的3%，重要部位每种强度等级的混凝土最少取样1组；土方试样不应少于承包人检测数量的5%，重要部位至少取样3组；跟踪检测的检测数量，混凝土试样不应少于承包人检测数量的7%，土方试样不应少于承包人检测数量的10%。平行检测和跟踪检测工作都应由具有国家规定的资质条件的检测机构承担。平行检测的费用由发包人承担。

三、工程进度控制

包括协助发包人编制控制性总进度计划进度的检查与协调；施工进度计划的调整。审批承包人提交的施工进度计划；实际施工构应提出处理意见报发包人批准。

四、工程投资控制

包括协助发包人编制年、月度合同付款计划；审批承包人提交的资金流计划；根据工程实际进展情况，对合同付款情况进行分析，提出资金流调整意见；审核工程付款申请；根据施工合同约定进行价格调整；根据授权处理工程变更所引起的工程费用变化事宜；根据授权处理合同索赔中的费用问题；审核完工付款申请，签发完工付款证书；审核最终付款申请，签发最终付款证书等。

五、施工安全与环境保护

六、合同管理的其他工作

包括工程变更；索赔管理；违约管理；工程担保；工程保险；工程分包；争议的解决等。

七、信息管理

八、工程验收与移交

第三篇　水利水电工程建设法规及强制标准

本篇介绍了水利水电工程建设的有关法规，包括《水法》、《防洪法》和《水土保持法》中有关工程建设的规定，同时也介绍了水利水电工程建设中施工和验收方面的强制性标准，包括水利工程施工方面标准的强制性条文和电力工程施工及验收方面标准的强制性条文。

第一章　水利水电工程建设法规

第一节　《水法》中有关工程建设的规定

现行的《中华人民共和国水法》(以下简称《水法》)，是2002年8月29日经第九届全国人民代表大会常务委员会第二十九次会议通过的，以中华人民共和国主席令第74号发布，自2002年10月1日起施行。编制并实行《水法》，是为了在我国境内合理地开发、利用、节约和保护水资源(包括地表水和地下水)，防治水害，实现水资源的可持续利用，适应国民经济和社会发展的需要。

一、水资源规划方面的水工程建设许可要求

《水法》是1988年1月21日经第六届全国人大常委会审议通过，于同年7月1日实行的。随着形势的不断发展，原《水法》的一些规定已经不能适用实际需要，所以2002年8月29日第九届全国人民代表大会常务委员会第二十九次会议通过《中华人民共和国水法(修订草案)》，以中华人民共和国主席令第74号发布，自2002年10月1日起施行。《水法》共分为总则、水资源规划、水资源开发利用、水资源、水域和水工程的保护、水资源配置和节约使用、水资源配置和节约使用、水事纠纷处理与执法监督检查、法律责任、附则，共8章82条。

《水法》规定，水资源属于国家所有。水资源的所有权由国务院代表国家行使。农村集体经济组织的水塘和由农村集体经济组织修建管理的水库中的水，归各该农村集体经济组织使用。

《水法》强调，国家制定全国水资源战略规划。开发、利用、节约、保护水资源和防治水害，应当按照流域、区域统一制定规划。规划分为流域规划和区域规划。流域规划包括流域综合规划和流域专业规划；区域规划包括区域综合规划和区域专业规划。综合规划是指根据经济社会发展需要和水资源开发利用现状编制的开发、利用、节约、保护水资源和防治水害的总体部署。专业规划是指防洪、治涝、灌溉、航运、供水、水力发电、竹木流放、渔业、水资源保护、水土保持、防沙治沙、节约用水等规划。

《水法》水资源开发利用方面与工程建设有关的主要条目是：

1. 第19条，建设水工程，必须符合流域综合规划。在国家确定的重要江河、湖泊和跨省、自治区、直辖市的江河、湖泊上建设水工程，其工程可行性研究报告报请批准前，有关流域管理机构应当对水工程的建设是否符合流域综合规划进行审查并签署意见；在其他江河、湖泊上建设水工程，其工程可行性研究报告报请批准前，县级以上地方人民政府水行政主管部门应当按照管理权限对水工程的建设是否符合流域综合规划进行审查并签署意见。水工程建设涉及防洪的，依照防洪法的有关规定执行；涉及其他地区和行业的，建设单位应当事先征求有关地区和部门的意见。

《水法》水资源开发利用方面与工程建设有关的第 26 条、第 27 条、第 29 条的内容为：

2. 第 26 条，国家鼓励开发、利用水能资源。在水能丰富的河流，应当有计划地进行多目标梯级开发。

建设水力发电站，应当保护生态环境，兼顾防洪、供水、灌溉、航运、竹木流放和渔业等方面的需要。

3. 第 27 条，国家鼓励开发、利用水运资源。在水生生物洄游通道、通航或者竹木流放的河流上修建永久性拦河闸坝，建设单位应当同时修建过鱼、过船、过木设施，或者经国务院授权的部门批准采取其他补救措施，并妥善安排施工和蓄水期间的水生生物保护、航运和竹木流放，所需费用由建设单位承担。

在不通航的河流或者人工水道上修建闸坝后可以通航的，闸坝建设单位应当同时修建过船设施或者预留过船设施位置。

4. 第 38 条，在河道管理范围内建设桥梁、码头和其他拦河、跨河、林和建筑物、构筑物，铺设跨河管道、电缆，应当符合国家规定的防洪标准和其他有关的技术要求，工程建设方案应当依照防洪法的有关规定报经有关水行政主管部门审查同意。

因建设前款工程建设，需要扩建、改建、拆除或者损坏原有水工程设施的，建设单位应当负担扩建、改建的费用和损失补偿。但是，原有工程设施属于违法工程的除外。

二、对水工程实施保护的法规

《水法》中涉及水工程保护的条款主要有：

1. 第 35 条，从事工程建设，占用农业灌溉水源、灌排工程设施，或者对原有灌溉用水、供水水源有不利影响的，建设单位应当采取相应的补救措施；造成损失的，依法给予补偿。

2. 第 41 条，单位和个人有保护水工程的义务，不得侵占、毁坏堤防、护岸、防汛、水文监测、水文地质监测等工程设施。

3. 第 42 条规定，县级以上地方人民政府应当采取措施，保障本行政区域内水工程，特别是水坝和堤防的安全，限期消除险情。水行政主管部门应当加强对水工程安全的监督管理。

4. 第 43 条规定，国家对水工程实施保护。国家所有的水工程应当按照国务院的规定划定工程管理和保护范围。国务院水行政主管部门或者流域管理机构管理的水工程，由主管部门或者流域管理机构协商有关省、自治区、直辖市人民政府划定工程管理和保护范围。除此以外的其他水工程，应当按照省、自治区、直辖市人民政府的规定，划定工程保护范围和保护职责。

在水工程保护范围内，禁止从事影响水工程运行和危害水工程安全的爆破、打井、采石、取士等活动。

5. 第 65 条，在河道管理范围内建设妨碍行洪的建筑物、构筑物，或者从事影响河势稳定、危害河岸堤防安全和其他妨碍河道行洪的活动的，由县级以上人民政府水行政主管部门或者流域管理机构依据职权，责令停止违法行为，限期拆除违法建筑物、构筑物，恢复原状；逾期不拆除、不恢复原状的，强行拆除，所需费用由违法单位或者个人负担，并处 1 万元以上 10 万元以下的罚款。

未经水行政主管部门或者流域管理机构同意，擅自修建水工程，或者建设桥梁、码头和其他拦河、跨河、临河建筑物、构筑物，铺设跨河管道、电缆，且防洪法未作规定的，由县级以上人民政府水行政主管部门或者流域管理机构依据职权，责令停止违法行为，限期补办有关手续；逾期不补办或者补办未被批准的，责令限期拆除违法建筑物、构筑物；逾期不拆除的，强行拆除，所需费用由违法单位或者个人负担，并处1万元以上10万元以下的罚款。

虽经水行政主管部门或者流域管理机构同意，但未按照要求修建前款所列工程设施的，由县级以上人民政府水行政主管部门或者流域管理机构依据职权，责令限期改正，按照情节轻重，处1万元以上10万元以下的罚款。

第二节 《防洪法》中有关工程建设的规定

为了防治洪水，防御、减轻洪涝灾害，维护人民的生命和财产安全，保障社会主义现代化建设顺利进行，我国《防洪法》于1997年8月29日经第八届人民代表大会常务委员会第二十七次会议通过，自1998年1月1日起施行。《防洪法》共分为总则、防洪规划、治理与防护、防洪区和防洪工程设施的管理、防洪抗洪、保障措施、法律责任和附则，共8章66条。

防洪区是指洪水泛滥可能淹及的地区，分为洪泛区、蓄滞洪区和防洪保护区。其中洪泛区是指尚无工程设施保护的洪水泛滥所及的地区；蓄滞洪区是指包括分洪口在内的河堤背水面以外临时贮存洪水的低洼地区及湖泊等；防洪保护区是指在防洪标准内受防洪工程实施保护的地区。《防洪法》规定，洪泛区、蓄滞洪区和防洪保护区的范围，在防洪规划或者防御洪水方案中划定，并报请省级以上人民政府按照国务院规定的权限批准后予以公告。

一、防洪规划方面的规定

1.《防洪法》第5条规定，防洪工作按照流域或者区域实行统一规划、分级实施、流域管理与行政区域管理相结合的制度。

2.《防洪法》第9条指出，防洪规划是指为防治某一流域、河段或者区域的洪涝灾害而制定的总体部署，包括国家确定的重要江河、湖泊的流域防洪规划以及其他江河、河段、湖泊的防洪规划以及区域防洪规划，是江河、湖泊治理和防洪工程设施建设的基本依据。

防洪规划应当服从所在流域、区域的综合规划；区域防洪规划应当服从所在流域的流域防洪规划。

3.《防洪法》第17条规定，在江河、湖泊上建设防洪工程和其他水工程、水电站等，应当符合防洪规划的要求，其可行性研究报告按照国家规定的基本建设程序报请批准时，应当附具有关水行政主管部门签署的符合防洪规划要求的规划同意书。水库应当按照防洪规划的要求留足防洪库容。

4.《防洪法》第33条规定，在洪泛区、蓄滞洪区内建设非防洪建设项目，应当就洪水对建设项目可能产生的影响和建设项目对防洪可能产生的影响作出评价，编制洪水影响评价报告，提出防御措施。建设项目可行性研究报告按照国家规定的基本建设程序报请批准时，应当附具有关水行政主管部门审查批准的洪水影响评价报告。

在蓄滞洪区内建设的油田、铁路、公路、矿山、电厂、电信设施和管道，其洪水影响评价报告应当包括建设单位自行安排的防洪避洪方案。建设项目投入生产或者使用时，其防洪工程设施应当经水行政主管部门验收。

在蓄滞洪区内建造房屋应当采用平顶式结构。

5.《防洪法》第 35 条规定，属于国家所有的防洪工程设施，应当按照经批准的设计，在竣工验收前由县级以上人民政府按照国家规定，划定管理和保护范围。属于集体所有的防洪工程设施，应当按照省、自治区、直辖市人民政府的规定，划定保护范围。

在防洪工程设施保护范围内，禁止进行爆破、打井、采石、取土等危害防洪工程设施安全的活动。

二、在河道、湖泊上建设工程设施的防洪要求

根据《防洪法》，治理与防护方面与工程建设有关的第 21 条、第 27 条的内容为：

1.《防洪法》第 21 条，河道、湖泊管理实行按水系统一管理和分级管理相结合的原则，加强防护，确保畅通。

国家确定的重要江河、湖泊的主要河段，跨省、自治区、直辖市的重要河段、湖泊，省、自治区、直辖市之间的省界河道、湖泊以及国(边)界河道、湖泊，由流域管理机构和江河、湖泊所在地的省、自治区、直辖市人民政府水行政主管部门按照国务院水行政主管部门的划定依法实施管理。其他河道、湖泊，由县级以上地方人民政府水行政主管部门按照国务院水行政主管部门或者国务院水行政主管部门授权的机构的划定依法实施管理。

有堤防的河道、湖泊，其管理范围为两岸堤防之间的水域、沙洲、滩地、行洪区和堤防及护堤地；无堤防的河道、湖泊，其管理范围为历史最高洪水位或者设计洪水位之间的水域、沙洲、滩地和行洪区。

流域管理机构直接管理的河道、湖泊管理范围，由流域管理机构会同有关县级以上地方人民政府依照前款规定界定；其他河道、湖泊管理范围，由有关县级以上地方人民政府依照前款规定界定。

2.《防洪法》第 27 条，建设跨河、穿河、穿堤、临河的桥梁、码头、道路、渡口、管道、缆线、取水、排水等工程设施，应当符合防洪标准、岸线规划、航运要求和其他技术要求，不得危害堤防安全，影响河势稳定、妨碍行洪畅通；其可行性研究报告按照国家规定的基本建设程序报请批准前，其中的工程建设方案应当经有关水行政主管部门根据前述防洪要求审查同意。

前款工程设施需要占用河道、湖泊管理范围内土地，跨越河道、湖泊空间或者穿越河床的，建设单位应当经有关水行政主管部门对该工程设施建设的位置和界限审查批准后，方可依法办理开工手续；安排施工时，应当按照水行政主管部门审查批准的位置和界限进行。

三、防汛抗洪方面的紧急措施

根据《防洪法》，防汛抗洪方面与工程建设有关的第 6 条、第 38 条、第 45 条的内容为：

1. 任何单位和个人都有保护防洪工程设施和依法参加防汛抗洪的义务。

2.《防洪法》第 38 条，防汛抗洪工作实行各级人民政府行政首长负责制，统一指挥、分级分部门负责。

3.《防洪法》第 45 条，在紧急防汛期，防汛指挥机构根据防汛抗洪的需要，有权在其管辖范围内调用物资、设备、交通运输工具和人力，决定采取取土占地、砍伐林木、清除阻水障碍物和其他必要的紧急措施；必要时，公安、交通等有关部门按照防汛指挥机构的决定，依法实施陆地和水面交通管制。

依照前款规定调用的物资、设备、交通运输工具等，在汛期结束后应当及时归还；造成损坏或者无法归还的，按照国务院有关规定给予适当补偿或者作其他处理。取土占地、砍伐林木的，在汛期结束后依法向有关部门补办手续，有关地方人民政府对取土后的土地组织复垦，对砍伐的林木组织补种。

第三节 《水土保持法》中有关工程建设的规定

《中华人民共和国水土保持法》(以下简称《水土保持法》)于 1991 年 6 月 29 日经第七届全国人民代表大会常务委员会第二十次会议通过并施行，共分为总则、预防、治理、监督、法律责任、附则，共 6 章 43 条。

根据《水土保持法》，水土流失预防方面与工程建设有关的第 2 条、第 4 条、第 18 条的内容为：

1.《水土保持法》第 2 条，本法所称水土保持，是指对自然因素和人为活动造成水土流失所采取的预防和治理措施。

2.《水土保持法》第 4 条，国家对水土保持工作实行预防为主，全面规划，综合防治，因地制宜，加强管理，注重效益的方针。

3.《水土保持法》第 18 条，修建铁路、公路和水工程，应当尽量减少破坏植被；废弃的砂、石、土必须运至规定的专门存放地堆放，不得向江河、湖泊、水库和专门存放地以外的沟渠倾倒；在铁路、公路两侧地界以内的山坡地，必须修建护坡或者采取其他土地整治措施；工程竣工后，取土场、开挖面和废弃的砂、石、土存放地的裸露土地，必须植树种草，防止水土流失。

开办矿山企业、电力企业和其他大中型工业企业，排弃的剥离表土、矸石、尾矿、废渣等必须堆放在规定的专门存放地，不得向江河、湖泊、水库和专门存放地以外的沟渠倾倒；因采矿和建设使植被受到破坏的，必须采取措施恢复表土层和植被，防止水土流失。

4.《水土保持法》第 27 条，企业事业单位在建设和生产过程中必须采取水土保持措施，对造成的水土流失负责治理。本单位无力治理的，由水行政主管部门治理，治理费用由造成水土流失的企业事业单位负担。建设过程中发生的水土流失防治费用，从基本建设投资中列支；生产过程中发生的水土流失防治费用，从生产费用中列支。

第二章　水利水电工程建设强制性标准

工程建设强制标准，就是指《工程建设标准强制性条文》(以下简称《强制性条文》)，是根据建设部［2000］31号文的要求，由建设部会同各有关主管部门组织各方面专家共同编制，经各有关主管部门分别审查，由建设部审定发布。《强制性条文》中包括城乡规划、城市建设、工业建筑、水利工程、电力工程、信息工程、水运工程、公路工程、铁道工程、石油和化工建设工程、矿山工程、人防工程、广播电影电视工程和民航机场工程等部分，覆盖了工程建设的主要领域。

《强制性条文》的内容，是摘录工程建设标准中直接涉及人民生命财产安全、人身健康、环境保护和其他公众利益的、必须严格执行的强制性规定，并考虑了保护资源、节约投资、提高经济效益和社会效益等政策要求。

《强制性条文》是国务院《建设工程质量管理条例》的一个配套文件，是工程建设强制性标准实施监督的依据。《强制性条文》发布后，被摘录的现行工程建设标准继续有效，两者配套使用。所摘条文的条、款、项等序号，均与原标准相同。

现行《强制性条文》是2004年10月1日起施行的2004年版。

第一节　《工程建设标准强制性条文》(水利工程部分)中水利工程施工方面的主要内容

现行2004年版《强制性条文》(水利工程部分)由七篇组成，第一篇设计文件编制、第二篇水文测报与工程勘测、第三篇水利工程规划、第四篇水利工程设计、第五篇水利工程施工、第六篇机电与金属结构、第七篇环境保护水土保持和征地移民。

现行《强制性条文》(水利工程部分)中第五篇“水利工程施工”的内容共136条，本章分类介绍其主要内容。

一、土石方工程的主要强制性条文

《强制性条文》(水利工程部分)第五篇“水利工程施工”中涉及“土石方工程”的规定共14条，摘录自《水工建筑物岩石基础开挖工程施工技术规范》(SL 47—94)、《水工建筑物地下开挖工程施工技术规范》(SDJ—212—83)、《水工预应力锚固施工规范》(SL 46—94)、《水利水电地下工程锚喷支护施工技术规范》(SDJ 57—85)。主要内容是有关开挖过程中爆破方面的规定：

1. 严禁在设计建基面、设计边坡附近采用洞室爆破法或药壶爆破法施工。
2. 未经安全技术论证和主管部门批准，严禁采用自下而上的开挖方式。
3. 钻孔爆破施工中，对建筑物或防护目标的安全有要求时，应进行爆破监测。
4. 进行爆破时，人员应撤至受飞石、有害气体和爆破冲击波的影响范围之外，且无落石威胁的安全地点。单向开挖隧洞，安全地点距爆破工作面的距离，应不少于200m。

5.（水工建筑物地下开挖工程施工）相向开挖的两个工作面相距30m放炮时，双方人员均须撤离工作面；相距15m时，应停止一方工作单向开挖贯通。竖井或斜井单向自下而上开挖，距贯通面5m时，应自上而下贯通。

二、砌石工程的主要强制性条文

《强制性条文》(水利工程部分)第五篇“水利工程施工”中涉及“砌石工程”的规定共10条，主要摘录自《浆砌石坝施工技术规定》(SD 120—84)、《泵站施工规范》(SL 234—1999)、《堤防工程施工规范》(SL 260—98)、《小型水电站施工技术规范》(SL 172—96)等四本技术标准。主要内容是：

1. 干砌石砌筑应符合下列要求：

(1) 砌石应垫稳填实，与周边砌石靠紧，严禁架空；

(2) 严禁出现通缝、叠砌和浮塞；不得在外露面用块石砌筑，而中间以小石填心的在砌筑层面以小块石、片石找平；堤顶应以大块石或混凝土预制块压顶；

(3) 承受大风浪冲击的堤段，宜用粗料石丁扣砌筑。

2. 浆砌石施工应符合下列规定：

(1) 砌筑前应将石料刷洗干净，并保持湿润。砌体石块间应用胶结材料粘接、填实。

(2) 护坡、护底和翼墙内部石块间较大的空隙，应先灌填砂浆或细石混凝土并认真捣实，再用碎石块嵌实。不得采用先填碎石块，后塞砂浆的方法。

(3) 拱石砌筑，必须两端对称进行。各排拱石互相交错，错缝距离不小于10cm。

(4)（浆砌石）当最低气温在0～5℃时，砌筑作业应注意表面保护；最低气温在0℃以下时，应停止砌筑。

(5)（浆砌石）无防雨棚的仓面，在施工中遇大雨、暴雨时，应立即停止施工，妥善保护表面。雨后应先排除积水，并及时处理受雨后冲刷的部位，如表层混凝土或砂浆尚未初凝，应加铺水泥砂浆继续浇筑或砌筑，否则应按工作缝处理。

三、混凝土工程的主要强制性条文

《强制性条文》(水利工程部分)第五篇“水利工程施工”中涉及“混凝土工程”的规定共24条，主要摘录自《水工混凝土工程施工规范》(SDJ 207—82)、《水工建筑物滑动模板施工技术规范》(SL 32—92)，主要是温控、模板支护、钢筋绑扎、混凝土浇筑方面的，内容有：

1. 重要结构物的模板，承重模板，移动式、滑动式、工具式及永久性的模板，均须进行模板设计，并提出对材料、制作、安装、使用及拆除工艺的具体要求。

2. 除悬臂模板外，竖向模板与内倾模板都必须设置内部撑杆或外部拉杆，以保证模板的稳定性。

3. 拆除模板的期限，应遵守下列规定：

钢筋混凝土结构的承重模板，应在混凝土达到下列强度后（按混凝土设计强度等级的百分率计），才能拆除。

① 悬臂板、梁

跨度≤2m 70％；

跨度＞2m 100％。

② 其他梁、板、拱

跨度≤2m 50％；

跨度 2～8m 70％；

跨度＞8m 100％。

③ 经计算及试验复核，混凝土结构的实际强度已能承受自重及其他实际荷载时，可以提前拆模。

4.（滑动模板施工）牵引系统的设计应遵守以下规定：

(1) 地锚、岩石锚杆和锁定装置的设计承载能力，应为总牵引力的3～5倍；

(2) 牵引钢丝绳和承载能力为总牵引力的5～8倍。

5. 水工结构的非预应力混凝土中，不应采用冷拉钢筋。

6. 未经处理的工业污水和沼泽水，不得用于拌制和养护混凝土。

7. 为确保混凝土的质量，工程所用混凝土的配合比必须通过试验确实。

8. 岩基上的杂物、泥土及松动岩石均应清除。

9. 浇入仓内的混凝土应随浇随平仓，不得堆积。仓内若有粗骨料堆叠时，应均匀地分布于砂浆较多处，但不得用水泥砂浆覆盖，以免造成内部蜂窝。

10. 浇筑混凝土时，严禁在仓内加水。如发现混凝土和易性较差时，宜加强振捣等措施，以保证混凝土质量。

11. 不合格的混凝土严禁入仓；已经入仓的不合格混凝土必须清除。

12. 混凝土浇筑应保持连续性，如因故中止且超过允许间歇时间，则应按工作缝处理，若能重塑者，仍可继续浇筑混凝土。

13. 混凝土浇筑期间，如表面泌水较多，应及时研究减少泌水的措施。仓内的泌水必须及时排除。严禁在模板上开孔赶水，带走灰浆。

14. 施工中严格地进行温度控制，是防止混凝土裂缝的主要措施。混凝土的浇筑温度和最高温升均应满足设计要求，否则不宜浇筑混凝土。如施工单位有专门论证，并经设计单位同意后，才能变更浇筑块的浇筑温度。

15. 水工混凝土施工在高温季节施工时，应根据具体情况，采取下列措施，以减少混凝土的温度回升：

(1) 缩短混凝土的运输时间，加快混凝土的入仓覆盖速度，

(2) 混凝土的运输工具应有隔热遮阳措施；

(3) 宜采用喷水雾等方法，以降低仓面周围的气温；

(4) 混凝土浇筑应尽量安排在早晚和夜间进行，缩短混凝土的曝晒时间；

(5) 当浇筑块尺寸较大时，可采用台阶式浇筑法，浇筑块高度应小于1.5m。

16. 模板拆除时间应根据混凝土已经达到的强度及混凝土的内外温差而定，但应避免在夜间或气温骤降期间拆模。在气温较低季节，当预计拆模后混凝土表面温降可能超过6～9℃时，应推迟拆模时间；如必须拆模时，应在拆模后立即采取保护措施。

四、混凝土防渗墙、灌浆工程的主要强制性条文

《强制性条文》(水利工程部分)第五篇“水利工程施工”中涉及“混凝土防渗墙、灌浆工程”的规定共12条，摘录自《水利水电工程混凝土防渗墙施工技术规范》(SL 174—96)、《土石坝碾压式沥青混凝土防渗墙施工技术规范(试行)》(SD 220—87)、《水工建筑物水泥灌浆施工技术规范》(SL 62—94)、《土坝坝体灌浆技术规范》(SD 266—88)。主要内容是：

1.(混凝土防渗墙施工)防渗墙墙体应均匀完整，不得有混浆、夹泥、断墙、孔洞等。

2.(混凝土防渗墙施工)混凝土浇筑过程中导管堵塞、拔脱或漏浆需重新下设时，必须采用下列办法：

(1) 将导管全部拔出、冲洗并重新下设，抽净导管内泥浆继续浇筑；

(2) 继续浇筑前必须核对混凝土面高程及导管长度，确认导管的安全插入深度。

3.(碾压式沥青混凝土防渗墙施工)沥青混凝土防渗墙正式施工前，应进行现场铺筑试验，以确定沥青混合料的施工配合比，施工工艺参数，并检查施工机械的运行情况等。

4.(碾压式沥青混凝土防渗墙施工)接触沥青的人员，应发给必要的劳保用品和享受保健待遇。

5.(碾压式沥青混凝土防渗墙施工)沥青混凝土制备场所，要有除尘、防污、防火、防爆措施，并配备必要的消防器材。

6.(水泥灌浆施工)下列灌浆在施工前或施工初期应进行现场灌浆实验：

(1) 1、2级水工建筑物基岩帷幕灌浆；

(2) 地质条件复杂地区或有特殊要求的1、2级水工建筑物基岩固结灌浆和水工隧洞固结灌浆。

7.(水泥灌浆施工)蓄水前应完成蓄水初期最低库水位以下各灌区的接缝灌浆及其验收工作。蓄水后，各灌区的接缝灌浆应在库水位低于灌区底部高程时进行。

8.(土坝坝体灌浆)灌浆施工前应做灌浆试验。选择代表性坝段，按灌浆设计进行布孔、造孔、制浆、灌浆。观测灌浆压力、吃浆量及泥浆容量、坝体位移和裂缝等。

五、堤防工程与碾压式土石坝的主要强制性条文

《强制性条文》(水利工程部分)第五篇“水利工程施工”中涉及“堤防工程与碾压式土石坝”的规定共3条，摘录自《堤防工程施工规范》(SL 260—98)、《碾压式土石坝施工技术规范》(SDJ 213—83)。主要内容有：

1.(堤防工程施工)严禁在堤身两侧设计规定的保护范围内取土。

2.(堤防工程施工)当堤基冻结后有明显冰冻夹层和冻胀现象时，未经处理，不得在其上施工。

3.(堤防工程施工)堤基表层不合格土、杂物等必须清除，地基范围内的坑、槽、沟等，应按堤身填筑要求进行回填处理。

4.(堤防工程施工)堤身填筑作业应符合下列要求：

(1) 地面起伏不平时，应按水平分层由低处开始逐层填筑，不得顺坡铺填；堤防横断面上的地面坡度陡于1∶5时，应将地面坡度削至缓于1∶5。

(2) 作业面应分层统一铺土、统一碾压，并配备人员或平土机具参与整平作业，严禁出现界沟。

5.(堤防工程施工)填料作业应按设计要求将土料铺至规定部位，严禁将砂(砾)料或其他透水料与黏性土料混杂，上堤土料中的杂质应予清除。

6.(堤防工程施工)压实作业应分段填筑，各段应设立标志，以防漏压、欠压和过压。上下层的分段接缝位置应错开。

7.(碾压式土石坝施工)必须严格控制压实参数。压实机具的类型、规格等应符合施工规定。压实合格后始准铺筑上层新料。

8.(碾压式土石坝施工)心墙应同上下游反滤料及部分坝壳平起填筑，按顺序铺填各种坝料。优先采用先填反滤料后填土料的平起填筑法。

斜墙也应同下游反滤料及坝壳平起填筑。斜墙也可滞后于坝体填筑，但需预留斜墙施工场地，且紧靠斜墙的坝体必须削坡至合格面，方允许填筑。

9. 负温下填筑，应作好压实土层防冻保温工作，避免土层冻结。均质坝体及心墙、斜墙等防渗体不得冻结，否则必须将冻结部分挖除。

六、水闸、小型水电站与泵站的主要强制性条文

《强制性条文》(水利工程部分)第五篇“水利工程施工”中涉及“水闸、小型水电站与泵站”的规定共9条，摘录自《水闸施工规范》(SL 27—91)、《小型水电站施工技术规范》(SL172—96)、《泵站施工规范》(SL 234—1999)。主要内容是：

1.(水闸施工)基坑的排水设施，应根据坑内的积水量、地下渗流量、围堰渗流量、降雨量等计算确定。

抽水时，应适当限制水位下降速率。

2.(水闸施工)钢筋混凝土铺盖应按分块间隔浇筑。在荷载相差过大的邻近部位，应等沉降基本稳定后，再浇筑交接处的分块或预留的二次浇筑带。

在混凝土铺盖上行驶重型机械或堆放重物，必须经过验算。

3.(小型水电站施工)钢管安装前，应具备以下条件：

(1) 支持钢管的混凝土支墩或墙具有70%以上的强度。

(2) 钢管四周埋设的锚筋直径不小于20mm，埋设孔内的砂浆应具有70%以上的强度。

4.(小型水电站施工)预制钢筋混凝土管、沉陷缝、伸缩缝的位置、形式、止水材料以及管接头止水材料均应符合设计要求。止水材料应粘接牢固，封堵严密，无渗漏现象。

5.(小型水电站施工)厂房水下混凝土应在当年汛前达到相应的安全度汛高程并封堵与度汛有关的所有孔洞。

6.(泵站施工)机、泵座二期混凝土，应保证设计标准强度达到70%以上，才能继续加荷安装。

第二节 《工程建设标准强制性条文》(电力工程部分)中工程施工及验收方面的主要内容

《强制性条文》(电力工程部分)由三篇组成，即第一篇火力发电工程、第二篇水力发

电工程、第三篇电器输电工程。其中第二篇水力发电工程分为工程设计、工程施工及验收和其他等三章。工程施工及验收的条文有190条，下面分类介绍。

一、地质、开挖的主要强制性条文

《强制性条文》(电力工程部分)第二篇第二章“工程施工及验收”中涉及“地质和开挖”方面的规定共20条，摘录自《水电水利工程施工地质规程》(DL/T 5109—1999)、《水工建筑物岩石基础开挖工程施工技术规范》(SL 47—1994)。主要内容有：

1. 在施工地质工作中，应建立“施工地质日志”，及时记载有关施工地质事项，特别是地质变异情况和工程重大事项，以及工程处理要求和实施结果。

2. (岩石基础开挖工程施工)水工建筑物岩石基础开挖，应采用钻孔爆破法施工。严禁在设计建基面、设计边坡附近采用洞室爆破法或药壶爆破法施工。

其他部位如需采用洞室爆破法或药壶爆破法施工，必须通过专门试验(或安全技术论证)证明可行和制定补充规定，并经上级主管部门批准。

3. (岩石基础开挖工程施工)紧邻水面建基面，应采用预留岩体保护层并对其进行分层爆破的开挖方法，若采用其他开挖方法，必须通过试验证明可行，并经主管部门批准。

4. (岩石基础开挖工程施工)出渣运输和堆(弃)渣不得污染环境。

二、施工组织的主要强制性条文

《强制性条文》(电力工程部分)第二篇第二章“工程施工及验收”中涉及“施工组织”方面的规定共18条，摘录自《水利水电工程施工组织设计规范(试行)》(SDJ 338—1989)。主要内容有：

1. (施工组织设计)不同级别的导流建筑物，或同级导流建筑物的结构形式不同时，应分别确定洪水标准、堰顶超高值和结构设计安全系数。

2. (施工组织设计)土石方开挖应自上而下分层进行。坝基开挖应在截流前完成或基本完成两岸水上部分。水上水下分界高程可根据地形、地质、开挖时段和水文条件等因素确定。

3. (施工组织设计)坝基部位不得采用洞室爆破。

4. (施工组织设计)大体积混凝土施工必须进行温控防裂设计，采用有效的温控防裂措施以满足温控要求。有条件时宜用系统分析方法确定各种措施的最优组合。

5. (施工组织设计)混凝土生产必须满足质量、品种、出机口温度和浇筑强度的要求，小时生产能力可按月高峰强度计算，月有效生产时间可按500h计，不均匀系数按1.5考虑，并按充分发挥浇筑设备的能力校核。

6. (施工组织设计)对工地因停电可能造成人身伤亡或设备事故、引起国家财产严重损失的一类负荷必须保证连续供电，设两个以上电源；若单电源供电，须另设发电厂作备用电源。

7. (施工组织设计)初期导流泄水建筑物在导流任务完成后，封堵时段宜选在汛后，使封堵工程能在一个枯水期内完成。具体日期根据河流水文特征、施工难度、水库蓄水及下游供水要求等因素综合分析确定。如汛前封堵，必须有充分论证和确保工程安全度汛措施。

8.(施工组织设计)碾压式土石坝施工进度应根据导流与安全度汛要求安排，研究坝体的拦洪方案，论证土坝强度，确保大坝按期达到设计拦洪高程。

三、水工混凝土的主要强制性条文

《强制性条文》(电力工程部分)第二篇第二章“工程施工及验收”中涉及“水工混凝土”方面的规定共35条，摘录自《水工混凝土工程施工规范》(SDJ 207—82)，包括模板、钢筋、混凝土浇筑、止水等方面。

1. 模板方面的主要内容有：

(1) 模板及支架必须符合下列要求：

① 保证混凝土浇筑后结构物的形状、尺寸与相互位置符合设计规定；

② 具有足够的稳定性、刚度和强度；

③ 尽量做到标准化、系列化，装拆方便，周转次数高，有利于混凝土工程的机械化施工；

④ 模板表面光洁平整，接缝严密，不漏浆，以保证混凝土表面的质量。

(2) 模板及支架应按下列荷载计算：

① 基本荷载：模板及支架自重；新浇混凝土重量；钢筋重量；工作人员及浇筑设备、工具等荷载；振捣混凝土时产生的荷载；新浇混凝土的侧压力。

② 特殊荷载：风荷载；除上列七项荷载外的其他荷载。

(3) 模板安装过程中，必须经常保持足够的临时固定设施，以防倾覆。

(4) 模板及支架上，严禁堆放超过设计荷载的材料及设备。

(5) 脚手架、人行道等不宜支承在模板及支架上。必须支承时，模板结构应考虑其荷载。

(6) 混凝土浇筑时，必须按模板设计荷载控制浇筑顺序、速度及施工荷载。

(7) 滑模与拉模系统，必须有足够的整体刚度、稳定性及安全度。

2. 钢筋和混凝土浇筑方面的主要内容有：

(1) 在钢筋架设完毕，未浇筑混凝土之前，须按照设计图纸和本规定的标准进行详细检查，并作出检查记录。检查合格的钢筋，如长期暴露，应在混凝土浇筑之前，按上述规定重新检查，合格后方能浇筑混凝土。

(2) 在混凝土浇筑施工中，应安排值班人员经常检查钢筋架立位置，如发现变动应及时矫正。严禁为方便浇筑擅自移动或割除钢筋。

(3) 运至工地的水泥，应有制造厂的品质试验报告；试验室必须进行复验，必要时延应进行化学分析。

(4) 粗骨料中含有活性骨料、黄锈等，必须进行专门试验论证。

(5) 有抗冻要求的混凝土必须掺用加气剂，并严格限制水灰比。

(6) 浇筑混凝土前，应详细检查有关准备工作：地基处理情况，混凝土浇筑的准备工作，模板、钢筋、预埋件及止水设施等是否符合设计要求，并应做好记录。

(7) 浇筑混凝土时，严禁在仓内加水。如发现混凝土和易性较差时，必须采取加强振捣等措施，以保证混凝土质量。

(8) 混凝土浇筑期间，如表面泌水较多，应及时研究减少泌水的措施，仓内的泌水必须及时排除。严禁在模板上开孔赶水，带走灰浆。

(9) 在混凝土工程进行期间，必须有详细的施工记录。

3. 止水方面的主要内容有：

(1) 金属止水片的衔接，按其厚度分别采用折叠咬接或搭接。搭接长度不得小于20mm。咬接、搭接必须双面焊接，不得铆接或仅搭接而不焊接。焊工需经考试合格后，方可施焊。

(2) 安装好的止水片应加强保护。架立金属止水片时，不得在金属片上穿孔，应用焊接铅丝或其他方法加以固定。

四、碾压式土石坝的主要强制性条文

《强制性条文》(电力工程部分)第二篇第二章“工程施工及验收”中涉及“碾压式土石坝”方面的规定共25条，摘录自《碾压式土石坝施工技术规范》(SDJ 213—1983)，内容涉及工程防汛以及填筑前的要求。主要内容有：

1. 大坝合龙后的各年汛前，应根据确定的当年度汛洪水标准制订度汛技术措施，报上级审批。

度汛技术措施包括度汛标准论证、大坝及泄洪建筑物鉴定、库区及下游安排、水库调方案、非常泄洪设施、防汛组织、水文气象预报、通信、道路及防汛器材准备等内容，并应于汛前逐项检查落实。

2. 铺盖的填筑应符合下列规定：

在坝体以内与心墙或斜墙相连接的部分，应与心墙或斜墙同时铺筑。坝外铺盖的填筑，在任何情况下必须于库内充水前完成。

3. 防渗体(包括黏性土、砾质土)与岩石地基、岩石岸坡和混凝土接合时，必须按下列要求施工：

(1) 混凝土面在填土前，必须用钢丝刷等工具清除其表面的乳皮、粉尘、油毡等，并用风枪吹扫干净。

(2) 当填土与岩面直接接合时，应清除岩面上的泥土、污物、松动岩石等。

(3) 在混凝土或岩面上填土时，应洒水湿润，并边涂刷浓泥浆、边铺土、边夯实。泥浆涂刷高度必须与铺土厚度一致，并应与下部涂层衔接，严禁泥浆干涸后铺土和压实。泥浆的重量比可为1∶2.5～1∶3.0(土∶水)，涂层厚度3～5mm。

(4) 当在裂隙岩面上填土时，亦应先洒水，然后边涂刷浓泥浆或水泥砂浆，边铺土、边压实(砂浆初凝前必须碾压完毕)。涂层厚度可为5～10mm。

尊敬的读者：

感谢您选购我社图书！建工版图书按图书销售分类在卖场上架，共设22个一级分类及43个二级分类，根据图书销售分类选购建筑类图书会节省您的大量时间。现将建工版图书销售分类及与我社联系方式介绍给您，欢迎随时与我们联系。

★建工版图书销售分类表（详见下表）。

★欢迎登陆中国建筑工业出版社网站www.cabp.com.cn，本网站为您提供建工版图书信息查询，网上留言、购书服务，并邀请您加入网上读者俱乐部。

★中国建筑工业出版社总编室　电　话：010—58934845

传　真：010—68321361

★中国建筑工业出版社发行部　电　话：010—58933865

传　真：010—68325420

E-mail：hbw@cabp.com.cn

建工版图书销售分类表

一级分类名称（代码）	二级分类名称（代码）	一级分类名称（代码）	二级分类名称（代码）
建筑学（A）	建筑历史与理论（A10）	园林景观（G）	园林史与园林景观理论（G10）
	建筑设计（A20）		园林景观规划与设计（G20）
	建筑技术（A30）		环境艺术设计（G30）
	建筑表现・建筑制图（A40）		园林景观施工（G40）
	建筑艺术（A50）		园林植物与应用（G50）
建筑设备・建筑材料（F）	暖通空调（F10）	城乡建设・市政工程・环境工程（B）	城镇与乡（村）建设（B10）
	建筑给水排水（F20）		道路桥梁工程（B20）
	建筑电气与建筑智能化技术（F30）		市政给水排水工程（B30）
	建筑节能・建筑防火（F40）		市政供热、供燃气工程（B40）
	建筑材料（F50）		环境工程（B50）
城市规划・城市设计（P）	城市史与城市规划理论（P10）	建筑结构与岩土工程（S）	建筑结构（S10）
	城市规划与城市设计（P20）		岩土工程（S20）
室内设计・装饰装修（D）	室内设计与表现（D10）	建筑施工・设备安装技术（C）	施工技术（C10）
	家具与装饰（D20）		设备安装技术（C20）
	装修材料与施工（D30）		工程质量与安全（C30）
建筑工程经济与管理（M）	施工管理（M10）	房地产开发管理（E）	房地产开发与经营（E10）
	工程管理（M20）		物业管理（E20）
	工程监理（M30）	辞典・连续出版物（Z）	辞典（Z10）
	工程经济与造价（M40）		连续出版物（Z20）
艺术・设计（K）	艺术（K10）	旅游・其他（Q）	旅游（Q10）
	工业设计（K20）		其他（Q20）
	平面设计（K30）	土木建筑计算机应用系列（J）	
执业资格考试用书（R）		法律法规与标准规范单行本（T）	
高校教材（V）		法律法规与标准规范汇编/大全（U）	
高职高专教材（X）		培训教材（Y）	
中职中专教材（W）		电子出版物（H）	

注：建工版图书销售分类已标注于图书封底。